高等学校基础化学实验系列规划教材

江苏省高等学校重点教材（编号：2021-2-111）

江苏高校品牌专业建设工程资助项目

江苏高校一流本科专业

U0163195

有机化学实验

总主编 费正皓　戴兢陶　王彦卿

主　编 方　东　吴　林

副主编 房忠雪　李娄刚

编　委（按姓氏笔画排序）

于海艳　尹大伟　孙世新　张雪华

陈　干　郑文涛　钱存卫　徐国栋

黄兴才　董　军　焦昌梅

苏 州 大 学 出 版 社

图书在版编目(CIP)数据

有机化学实验/方东,吴林主编. —苏州:苏州
大学出版社,2022.1(2022.12重印)
高等学校基础化学实验系列规划教材
ISBN 978-7-5672-3870-1

Ⅰ. ①有… Ⅱ. ①方… ②吴… Ⅲ. ①有机化学－化
学实验－高等学校－教材 Ⅳ. ①O62-33

中国版本图书馆 CIP 数据核字(2022)第 016227 号

有机化学实验

方　东　吴　林　主编

责任编辑　徐　来

苏州大学出版社出版发行
(地址:苏州市十梓街 1 号　邮编:215006)
镇江文苑制版印刷有限责任公司印装
(地址:镇江市黄山南路 18 号润州花园 6-1　邮编:212000)

开本 787 mm×1 092 mm　1/16　印张 17.25　字数 338 千
2022 年 1 月第 1 版　2022 年 12 月第 2 次修订印刷
ISBN 978-7-5672-3870-1　定价:43.00 元

前言

有机化学实验是化学学科的一门重要基础实验课程。有机化学实验教材的编写及教师在教学过程中应做到以学生为中心，融合知识传授、能力培养和价值引领于一体，做到全员育人、全过程育人、全方位育人，提升化学专业人才的培养质量。本教材一方面传授有机化学实验基础知识和基本原理，系统训练有机化学实验基本技能，加深学生对有机化学基本理论、基础知识的理解，提高学生理论联系实际的能力，使学生具备牢固扎实的有机化学实验操作基本功和初步的实验设计、研究能力；另一方面，培养学生良好的实验素养和实验习惯，严谨求实的科学态度和脚踏实地、精益求精的科研作风，正确的自然科学观、团队协作能力和创新能力，为从事教学科研和实际生产应用，勇于探索化学科学的新知识、新发现、新应用打下良好基础。在此基础上，本教材将课程思政元素、绿色化学理念、实验安全知识融入实验内容中，培养学生良好的综合素养，以加强教材的育人功能，落实立德树人的根本任务。

本书由盐城师范学院长期从事有机化学实验教学的一线教师及有着丰富的企业管理、生产实践经验的工程师，根据学科发展方向、专业人才培养目标、课程思政教育教学改革要求及企业生产实践人才需求编写。在编写内容和结构体系安排上，本教材继承了传统有机化学实验教材的框架和优点，包含有机化学实验基础知识、基本实验技术、有机化合物物理常数测定、有机化合物合成与制备、有机化合物鉴定等章节，内容由基础至综合，由简单到复杂，课程思政元素及校企结合案例穿插其中，兼顾应用性，以推动有机化学实验教育教学改革与课程建设迈上新台阶。参加编写的人员有：方东、吴林、房忠雪、李娄刚、张雪华、郑文涛、钱存卫、徐国栋、黄兴才、孙世新、焦昌梅、董军、于海艳、尹大伟、陈干。

由于本教材系初次出版，加之编者水平有限，书中难免存在疏漏和不足之处，敬请同行专家和使用本教材的师生批评指正。本教材的出版得到了江苏省应用化学品牌专业的资助。

编　者

目 录

绪 论 ·· 001

第1章 有机化学实验基础知识 ································ 004

1.1 实验室一般规则 ··· 004

1.2 安全风险与预防 ··· 005

1.3 化学试剂基本知识 ······································ 010

1.4 常用实验仪器 ··· 013

1.5 有机化学文献资源简介 ································· 027

第2章 基本实验技术 ·· 033

2.1 重结晶 ··· 033

2.2 升华 ··· 038

2.3 蒸馏 ··· 040

2.4 分馏 ··· 043

2.5 减压蒸馏 ·· 046

2.6 水蒸气蒸馏 ··· 050

2.7 萃取和洗涤 ··· 054

2.8 物质的干燥 ··· 060

2.9 溶液浓缩 ·· 062

2.10 尾气吸收 ··· 064

2.11 薄层色谱 ··· 064

2.12 柱色谱 ·· 070

2.13 纸色谱 ·· 078

2.14　气相、液相色谱 ·· 080

2.15　绿色有机合成 ·· 083

2.16　无水无氧操作 ·· 087

2.17　不对称合成 ··· 089

第3章　有机化合物物理常数测定 ································ 092

3.1　熔点测定 ·· 092

3.2　沸点测定 ·· 097

3.3　折射率测定 ··· 099

3.4　旋光度测定 ··· 103

第4章　有机化合物合成与制备 ································· 106

4.1　烯烃 ··· 106

4.2　卤代烃 ··· 109

4.3　醇 ·· 114

4.4　醚 ·· 121

4.5　醛和酮 ··· 127

4.6　羧酸 ··· 136

4.7　羧酸酯 ··· 143

4.8　含氮化合物 ··· 149

4.9　杂环化合物 ··· 173

4.10　微波辅助有机化学反应 ·· 181

4.11　天然产物的提取 ··· 188

4.12　多步骤有机合成 ··· 197

4.13　不对称合成 ··· 214

4.14　聚合物制备 ··· 218

第5章　有机化合物鉴定 ··· 223

5.1　鉴定未知物的一般步骤和初步观察 ·································· 223

5.2　元素定性分析 ·· 224

5.3　溶解度试验 ··· 227

5.4　有机化合物官能团的鉴定 ·· 229

5.5　糖的鉴定 ·· 239

5.6 氨基酸及蛋白质的鉴定 ……………………………………………… 241

5.7 光谱分析法 ……………………………………………………………… 242

附 录 ……………………………………………………………………… 254

附录1 元素周期表 ………………………………………………………… 254

附录2 常用有机溶剂的沸点、密度、与水形成的二元共沸物的共沸点 …… 254

附录3 常用有机溶剂的纯化 ……………………………………………… 255

附录4 常用酸碱溶液的相对密度及组成表 …………………………… 263

附录5 压力单位换算表 …………………………………………………… 266

附录6 水的蒸气压表(0 ℃～100 ℃) …………………………………… 266

附录7 有机化学文献和手册中常见的英文缩写 ……………………… 267

绪　论

一、有机化学实验的重要性

有机化学实验是化学本科专业低年级学生必修的一门专业基础课,是化学实验科学的重要分支,以有机化学、无机及分析化学实验为基础,同时又是综合化学实验、精细化工实验等其他后续实验课程学习的基础。

二、有机化学实验课程目标

1. 通过本课程的学习,提高学生对有机化学实验的全面认识,巩固专业知识,掌握实验安全知识,增强绿色化学理念。

2. 熟练掌握有机化学实验的基础知识及基本技能,能正确运用各种实验操作技能,选择合适的合成、分离提纯和分析鉴定有机化合物的方法。

3. 掌握各种合成反应的实验原理,加深对典型有机反应的理解。

4. 能够根据不同化合物的合成原理,设计合理的实验方案,并能解决实验中遇到的问题。

5. 培养学生严谨踏实、求真务实的科学态度,以及良好的科学素养、科学研究能力、创新能力和团队协作精神。

三、有机化学实验课程学习方法

1. 有机化学是有机化学实验顺利开展的重要基础,实验前复习实验相对应的有机化学理论知识。

2. 实验前列出所用试剂、仪器、耗材,对试剂规格、用量及安全说明有全面的了解,对潜在的实验危险有预判,实验后及时完成实验报告。

3. 实验过程中严格遵守操作规程,勤于动脑,统筹安排实验时间,及时做好实验记录,遇到问题报告老师,分析原因并及时纠正。

4. 做到理论联系实际,了解基本实验操作或有机反应在工业生产中的用途,加深感性认识,促进知识的理解与掌握。

5. 实验结束,及时清洗所用仪器,放回原位,自觉养成良好的实验习惯。

四、实验预习、实验记录和实验报告

（一）实验预习

每一次实验前，必须进行充分预习，完成预习报告。预习报告内容主要包括以下几个方面。

1. 实验目的：通过某个具体的实验能掌握或巩固的知识、得到的训练及提升的能力。

2. 实验原理：实验的理论依据。本着学以致用的原则，做到理论联系实际，将有机化学理论课上所学的化学反应与实验、生产实际联系起来。

3. 实验仪器：玻璃仪器名称、规格及设备名称，还包括仪器是否需要烘干，如何搭建实验装置。画出主要实验装置草图。

4. 实验步骤：每一步操作目的、实验成败关键及注意事项。画出实验流程图及实验记录表。

5. 实验试剂：查阅文献，了解所用试剂及产品的相关理化常数，如熔点、沸点、密度、溶解性、腐蚀性、毒性和相关安全知识等。预测实验中可能存在的危险及如何预防。

总之，实验预习不是仅仅把实验内容简单抄一遍，而是要学会提炼要点，理清实验思路，对整个实验流程做到头脑清楚、心中有数，统筹安排实验进程，这样才能保证实验安全高效、平稳有序进行。

（二）实验记录

实验过程中，必须养成一边实验一边在记录本上进行记录的习惯，绝不可以在事后凭记忆补写或用零星纸条记录后再转抄到记录本上。当发现记录有错误时，为了方便以后对这些内容的检查，不要随意擦除或用涂改液抹掉，应用笔轻轻画几横，并在旁边写上正确的信息和数据。记录的内容主要包括以下几个方面。

1. 实验日期、时间、压力、室温及天气情况。

2. 实验中加入试剂的颜色、状态、用量、生产厂家及纯度。

3. 每步操作的时间、内容和所观察到的现象，如加热温度和加热后反应的变化、反应液颜色的变化、有无沉淀及气体出现、固体的溶解情况等，都应如实详细记录，尊重实验事实。

4. 最后得到产品的颜色、气味、状态、质量、熔点或沸点等物理数据。

（三）实验报告

在实验结束后，必须完成实验报告，分析实验现象、实验结果及遇到的问题，总结归纳实验过程的得失。这样既有助于把直接的感性认识提高到理性认识，巩固已取得的收获，同时也是撰写科研论文的基本训练。实验报告一般可采用以下两种格式：

1. 有机化合物性质实验的实验报告。

实验名称：

（1）实验目的：通过某个具体的实验能掌握或巩固什么知识，得到怎样的训练，提高什么能力等。

（2）实验现象和解释：

实验内容	实验现象	解释（反应式）

（3）实验思考题：完成每个具体实验后面的思考题。

（4）实验总结：通过实验是否实现了预期的实验目的。如果没有得到预期的实验结果或实验失败，需要详细分析原因，如实验步骤或实验方法可以在哪些方面进行改进或完善等。如果引用了参考文献，需依次列出。

2. 有机合成实验及基本操作实验的实验报告。

实验名称：

（1）实验目的：通个某个具体实验有何收获，如掌握或巩固什么知识，得到怎样的锻炼，提高什么能力等。

（2）实验原理：实验的理论依据（包括相关的化学反应式）。

（3）实验装置：画出主要实验装置图（用铅笔画图）。

（4）实验步骤：用简明清晰的流程图表示实验的操作步骤或实验过程。

（5）实验结果：产品的性状，如颜色、状态、熔点或沸点范围、产量及产率等。

$$产品的产率 = \frac{实际产量}{理论产量} \times 100\%$$

（6）实验思考题：完成每个具体实验后面的思考题。

（7）实验总结：总结自己在实验中所学到的理论和技术，分析实验成功或失败的关键因素，培养了哪方面的能力，有哪些可能的实验改进措施或建议，以及心得体会等。

第1章　有机化学实验基础知识

有机化学实验课程旨在系统训练学生有机化学实验基本操作技术,培养实验动手能力、理论联系实际的能力、科学分析问题和总结归纳的能力,培养严谨踏实、求真务实的科学态度和良好的实验素养,使学生具备扎实的实验操作基本功和初步实验设计能力,掌握有机化学研究的基本思路与方法,为从事有机化学科学研究,探索有机化学学科的新发现,培养创新思维提供实验知识和实践技能。本章主要介绍有机化学实验基础知识,使学生树立实验规范意识,重视实验安全,强化环境保护理念,提升利用信息技术获取专业知识的能力,拓宽科学视野。

1.1　实验室一般规则

为了保证有机化学实验安全高效、平稳有序进行,培养良好的实验习惯,学生必须严格遵守下列实验室规则:

一、实验前

学习实验室安全知识与急救常识,掌握个人防护知识。通过实验室安全知识培训考试,取得合格证书。每一次实验前认真预习实验目的、实验原理、实验步骤、所用仪器和药品,查阅相关文献,了解所用药品的物理和化学性质、危害及安全注意事项,认识潜在的危险,预测实验结果及实验过程中可能出现的问题,做到心中有数,按要求写好预习报告。没有按要求完成预习,不得进行实验。

实验人员进入实验室应穿实验服,不得戴隐形眼镜,不得披长发,不得穿背心、短裤、高跟鞋、拖鞋或凉鞋。书包、衣物及与实验无关物品应放在远离实验台的指定摆放处。在实验室里不允许戴耳机、玩手机、打电话、吸烟或进食,应保持安静,不大声喧哗,保持实验室的良好秩序。

熟悉实验室环境,如水、电和燃气的开关及总闸,灭火器等消防器材,以及护目镜、洗眼器与紧急淋浴器的位置,并且掌握它们的使用方法。了解各种安全警示标志和化学品危险标识。了解急救箱的位置及处理轻微割伤和灼伤的用品材料。熟悉实验室安全出口位置和紧急情况时的逃生路线。

整理实验台,清点仪器,检查仪器是否完好无损,设备能否正常运转;如发现玻璃仪器破损或缺失,应及时向指导老师报告,按规定填写仪器破损单,并及时补领。

二、实验中

正确选用仪器,搭建实验装置,不得乱拿乱放药品和仪器。取用药品要细心,看清试剂瓶标签,正确使用和处置量筒、滴管、注射器、药匙和称量纸,严格控制药品用量,防止药品散落在天平或实验台上,散落的药品要及时处理,取完药品及时盖好瓶盖;在通风橱里取完药品后要将药品和物品摆放整齐,保持通风橱台面整洁;严禁未经指导老师同意直接将多余的药品倒入水槽或垃圾桶,防止皮肤直接接触实验药品,节约水、电、气及其他实验消耗品。

严格按照实验步骤进行实验,不得擅自更改实验步骤或实验条件,仔细观察实验现象并如实记录,尊重实验事实,实事求是,思考产生实验现象的原因。实验过程中注意邻近实验台的实验状况,避免潜在的安全问题;严格遵守实验纪律,不得在整个实验室随意走动,不得擅自离开实验室;遇到疑难问题或发生意外事故要镇定,及时采取应急措施,同时必须向指导老师报告。

严防水银等有毒物质流失而污染实验室,温度计破损或发生意外事故要及时报告指导老师并立即采取必要的措施;不得独自在实验室做实验;重做实验必须经实验指导老师批准;损坏仪器、设备应如实说明情况并填写仪器破损单,按规定予以赔偿。

实验过程中保持实验台和地面整洁,仪器摆放整齐;废纸、火柴杆、碎玻璃等杂物不得扔进水槽以免堵塞,无机废物倒入指定的无机废物回收容器中,废弃有机溶剂倒入指定的有机废液回收容器中,不允许将有机、无机废液混装,正确处置固体废弃物。

三、实验后

及时清洗使用的玻璃仪器并放回原处,将自己的实验台打扫干净,公用仪器和试剂放回原处摆放整齐,用肥皂认真洗手;将实验记录交指导老师审阅、签字后方可离开实验室,不得将任何仪器、药品或实验产品带出实验室。值日生要认真打扫卫生,检查实验室安全,关闭实验室水、电、气闸门和窗户,待指导老师检查同意后方可离开实验室。每次实验结束后,必须认真完成实验报告,在下次实验前将实验报告交给课代表,课代表按学号顺序整理好,下一次实验时交给指导老师批阅。

1.2　安全风险与预防

尽管在有机化学实验过程中发生严重安全事故的概率极低,但轻微安全事故偶有发生。例如,有学生在观察实验现象时刘海被烧,硝化反应中混酸加入方式不当导致反应液冲出反应装置,冷凝管接橡皮管时方法不对导致碎玻璃扎伤手指,手上不小心沾到药品而使皮肤有灼伤感等。因此,在开始有机化学实验之前,应充分认识实验中可能存在的安全风险并学会预防风险,这样一旦遇到危险就能正确应对,并采取相应的急救措施。

一、化学暴露(Chemical Exposure)

大多数有机化学药品都有一定的毒性,若接触皮肤,可能会被皮肤吸收;有些药品具有挥发性,可能会通过呼吸道吸入人体内,进而对人体造成伤害。在实验中预防化学暴露要注意如下事项。

1. 实验前查阅相关文献资料,如《全球化学品统一分类和标签制度》(Globally Harmonized System of Classification and Labelling of Chemicals,GHS)、《化学品安全技术说明书》(Safety Data Sheets,SDS)等,了解药品的毒性、挥发性和危险性,使用过程中遵守相关操作规程。

2. 穿长袖和过膝的棉质实验服,不要穿露脚趾的鞋,根据实验情况采取必要的安全防护措施,如戴护目镜、防毒面罩、橡胶手套等,避免有毒药品触及五官或伤口。

3. 易挥发或有毒的药品在通风橱中取用,实验所用药品不得随意丢弃,实验结束应该及时认真洗手,不得在实验室吃东西或喝水。

4. 反应过程中可能有有毒气体或腐蚀性气体生成的实验,采用尾气吸收装置处理,并将尾气引导至室外。如果反应在通风橱内进行,不要把头伸入通风橱。

5. 小心使用水银温度计、气压计,防止破裂及汞流失,溅落汞的地方要迅速撒上硫黄石灰糊。

6. 实验过程中保持台面整洁,尽快清洗用过的仪器,及时清理实验台和天平周围散落的药品,离开实验室时脱下实验服,正确处理实验废液和固体废弃物。

二、化学毒性(Chemical Toxicity)

有机化学药品的毒性大小与药品本身的特性、使用剂量有关。有毒物质主要通过呼吸道和皮肤接触进入人体造成伤害。一般药品如溅到皮肤上,通常用大量的水冲洗 10～15 min。如果有轻微中毒症状,应到空气新鲜的地方休息,最好平卧;如果出现头昏、呕吐等较严重的症状,应立即送医院救治。如果药品溅入口中,尚未咽下的应立即吐出,用大量水冲洗口腔;如果已吞下,视如下具体情况进行处理,并立即送医院。

1. 强酸:先饮大量水,然后服用氢氧化铝膏、鸡蛋清、牛奶,不服呕吐剂。

2. 强碱:先饮大量水,然后服用醋、酸果汁、鸡蛋清、牛奶,不服呕吐剂。

3. 刺激性或神经性毒物:先服用牛奶或鸡蛋清,再将一大匙硫酸镁(约 30 g)溶于一杯水中饮下催吐,也可用手指伸入喉部促使呕吐。

4. 有毒气体：将中毒者迅速移至室外,解开衣领和纽扣;如果吸入少量氯气或溴蒸气,可用碳酸氢钠溶液漱口。

三、割伤(Cuts)

有机实验经常使用玻璃仪器,最常见的割伤由碎玻璃引起。因此,具体操作时应注意以下几点。

1. 不要使用边缘有断口的玻璃仪器。

2. 如果打碎了仪器,不要用手去捡玻璃片,应该用扫帚和畚箕打扫干净。

3. 不要把碎玻璃放入垃圾桶,碎玻璃应分开处理。

4. 新割断的玻璃管断口处特别锋利,使用时应将断口处用小火烧光滑或用锉刀锉光滑。

5. 如果玻璃塞和瓶口牢牢地粘在一起,不要强行拧开,应向指导老师寻求帮助。

6. 玻璃管(或温度计)插入软木塞、橡皮塞的塞孔时,可先用水或甘油润湿玻璃管插入的一端,然后一手持塞子,一手捏着玻璃管,边旋转边轻轻插入,用力处不要离塞子太远,应保持2～3 cm的距离,以防玻璃管折断而伤手。插入或拔出弯形玻璃管时,手指不应捏在弯曲处,因为该处易折断,必要时要垫软布或抹布。相关操作如图1.1所示。

正确　　　　　　错误　　　　　　正确　　　　　　错误

图 1.1　玻璃管插入塞子的方法

如果发生了玻璃割伤,割伤为轻伤时,应立即挤出污血,用消毒过的镊子取出伤口处的玻璃碎片,再用蒸馏水或生理盐水将伤口洗净,涂上“碘伏”,贴上“创可贴”;伤口较大时,用纱布包好伤口后送医院。若割破静(动)脉血管而流血不止,应先止血,具体方法是:在伤口上方5～10 cm处用绷带扎紧或用双手掐住,尽快送医院救治。若玻璃碎片溅入眼中,应用镊子移去,或者用清水冲洗,然后送医院治疗,切勿用手揉。

四、烫伤和灼伤(Scalds and Burns)

皮肤接触了高温(蒸汽或液体)、低温(如液氮、干冰)或腐蚀性物质后均可能被烫伤或灼伤。为避免烫伤或灼伤应做到如下几点。

1. 实验中不能用手直接接触药品,特别是剧毒药品和腐蚀性药品,在接触这些物质时,应戴好防护手套和防护眼镜。常用的防护手套有氯丁橡胶手套、丁腈橡胶手套和乳胶手套。针对不同的试剂戴不同的手套。使用完药品后应将药品严密封存,并立即洗手。

2．避免触碰高温物体表面,热源用完应及时关闭,不要直接将热仪器放在他人能触碰到的地方。

3．烘箱烘干的仪器等稍冷后再拿。

4．使用干冰或液氮时应戴绝缘手套。

发生烫伤或灼伤时应按下列要求处理。

1．被碱灼伤:先用大量水冲洗,再用1％～2％的乙酸或硼酸溶液冲洗,然后用水冲洗,最后涂上烫伤膏。

2．被酸灼伤:先用大量水冲洗,然后用1％～2％的碳酸氢钠溶液冲洗,最后涂上烫伤膏。

3．被溴灼伤:先用大量水冲洗,然后用酒精擦洗或用2％的硫代硫酸钠溶液洗至灼伤处呈白色,最后涂上甘油或鱼肝油软膏加以按摩。

4．被热水烫伤:一般在患处涂上红花油,然后擦烫伤膏。

5．被金属钠灼伤:可见的小块先用镊子移走,再用乙醇擦洗,然后用水冲洗,最后涂上烫伤膏。

6．以上这些物质(金属钠除外)一旦溅入眼睛中,应立即用大量水冲洗,并及时送医院治疗。

7．若腐蚀性、刺激性或有毒化学物质溅到衣服上,应紧急喷淋并尽快脱去被污染的衣服。

五、着火(Fires)

有机化学实验中所使用的试剂大多是易燃的,着火是最可能发生的事故之一。引起着火的原因很多,如用敞口容器加热低沸点溶剂,反应装置漏气等。为了防止着火,必须注意以下事项。

1．使用有机试剂应远离火源,不用明火直接加热。特别是使用低沸点易燃有机溶剂时,实验室里不得有明火。根据实验要求和溶剂的特性选择水浴、油浴、电热套等间接加热方式。

2．不能用敞口容器加热和盛放易燃、易挥发的溶剂。

3．保证实验装置的气密性,防止或减少易燃气体外逸,注意室内通风。

4．蒸馏或回流液体时应加沸石,防止液体暴沸冲出。蒸馏易燃溶剂时,将接收器支管与橡皮管连接,使多余的蒸气通往水槽或室外。

5．不得将易燃、易挥发溶剂直接倒入废液缸或垃圾桶,应按化合物的性质分别专门回收处理。

6．使用易燃、易爆气体(如氢气、乙炔等)时要保持室内空气畅通,严禁明火,并应防止一切火星的产生(如敲击、摩擦、扳动电器开关等)。

7. 实验室不得存放大量易燃、易挥发性试剂。

实验室一旦发生着火事故,应沉着冷静,并采取措施,以减少事故损失。首先,立即熄灭附近所有火源,切断电源,移走未着火的易燃物。其次,根据易燃物的性质和火势,采取适当的方法扑救。烧瓶内反应物着火时,用石棉布盖住瓶口灭火。衣服着火时,用石棉布或厚外衣盖灭,严重时就近卧倒,在地上打滚熄灭火焰,切忌在实验室内乱跑。地面或台面着火,火势较小时,可用湿抹布、石棉布或黄沙盖灭;火势较大时,应采用灭火器灭火,也可以撒上固体碳酸氢钠粉末。实验室常备灭火器有下面几种。

1. 二氧化碳灭火器:主要成分为液态 CO_2,适用于扑灭电气设备、油脂及其他贵重物品的着火。二氧化碳灭火器是有机化学实验室最常用的灭火器。使用时,一手提灭火器,一手应握在喷二氧化碳喇叭筒的把手上(不能手握喇叭筒,以免冻伤),打开开关,二氧化碳即可喷出。这种灭火器灭火后的危害小。

2. 四氯化碳灭火器:主要成分为液态 CCl_4,适用于扑灭电器内或电器附近、小范围的汽油或丙酮等的着火。不能用于扑灭活泼金属钾、钠的着火,因 CCl_4 高温下会分解,产生剧毒的光气,与钾、钠接触会发生爆炸。这种灭火器不能在狭小和通风不良的实验室中使用。

3. 泡沫灭火器:内含发泡剂 $Al_2(SO_4)_3$ 溶液和 $NaHCO_3$ 溶液,适用于一般失火和油类着火,但污染严重,后处理麻烦,且不能用于电器灭火。

4. 干粉灭火器:内含磷酸铵和碳酸氢钠等盐类物质,以及适量的润滑剂和防潮剂,适用于扑灭油类、可燃性气体、电气设备、精密仪器、图书文件等物品的初期火灾。

5. 酸碱灭火器:瓶胆和筒体内分别装有 65% 的工业硫酸和碳酸氢钠溶液,适用于扑灭一般可燃固体物质的初期火灾,但不宜用于扑救油类、忌水或忌酸物质及带电设备的火灾。

需要注意的是,不管用哪一种灭火器,都应从火的边缘向中心灭火。一般情况下,严禁用水灭火,因为一般有机溶剂比水轻,泼水后,火不但不熄灭,反而漂浮在水面燃烧,火随水流蔓延,将会造成更大的火灾事故。若火势不易控制,应立即拨打火警电话"119"。

六、爆炸(Explosions)

在有机化学实验室中,发生爆炸事故一般有以下几种情况。

1. 空气中混杂易燃气体或易燃有机溶剂的蒸气压达到某一极限时,遇到明火即发生燃烧爆炸。

2. 某些化合物如过氧化物、多硝基化合物、干燥的金属炔化物等,在受热或剧烈振动时易发生爆炸。例如,含过氧化物的乙醚在蒸馏时有爆炸的危险,乙醇和浓硝酸

混合在一起会引起极强烈的爆炸。

3. 仪器安装不正确或操作不当也可引起爆炸,如蒸馏或反应时实验装置被堵塞,减压蒸馏时使用不耐压的玻璃仪器等。

为了防止爆炸事故的发生,应注意以下几点。

1. 使用易燃易爆物品时,应严格按照操作规程操作,要特别小心。

2. 反应过于剧烈时,应适当控制加料速度和反应温度,必要时采取冷却措施。

3. 在用玻璃仪器组装实验装置之前,先检查玻璃仪器是否有裂纹或破损。

4. 常压操作时,全套装置必须与大气相通,不能使体系密闭,要经常检查实验装置是否被堵塞,如发现堵塞应停止加热或反应,将堵塞排除后再继续加热或反应。

5. 减压蒸馏时,不能用平底烧瓶、三角烧瓶等不耐压容器作为接收瓶或反应瓶。

6. 无论是常压蒸馏还是减压蒸馏,均不能将液体蒸干,以免局部过热或产生过氧化物而发生爆炸。

七、触电(Electrical Shock)

使用电器前应先进行调试,检查电线有无破损,线路连接是否正确,电器内外要保持干燥,不能进水或其他物质。实验开始时,应先缓缓接通冷凝水(水流大小适中),再接通电源,打开电热套开关,不能用潮湿的手或手握湿物去插(或拔)插头。实验过程中防止冷凝水溅入电器。实验做完后,应先关闭电源,再去拔插头,然后关冷凝水。值日生在完成值日工作后,要关闭所有的水闸及总电闸。如有人触电,应迅速切断电源,然后进行抢救。如遇电线起火,应立即切断电源,用沙或二氧化碳、四氯化碳灭火器灭火,禁止用水或泡沫灭火器灭火。

1.3 化学试剂基本知识

一、试剂纯度和等级(Purity and Grade of Reagents)

化学试剂按其纯度和杂质含量高低通常分为四个等级。市售化学试剂在瓶子标签上用不同的符号和颜色标明试剂的纯度和等级(表 1.1)。

表 1.1 化学试剂的纯度与级别

纯度(英文)	英文缩写	级别	标签颜色
优级纯(Guaranteed Reagent)	GR	一级	绿色
分析纯(Analytical Reagent)	AR	二级	红色
化学纯(Chemical Pure)	CP	三级	蓝色
实验试剂(Laboratory Reagent)	LR	四级	黄色

优级纯试剂,又称保证试剂,杂质含量最低,纯度最高,适用于精密分析及科学研究工作。分析纯试剂,适用于一般的分析研究及教学实验工作。化学纯试剂,其纯度与分析纯试剂相差较大,适用于工矿、学校一般分析工作。实验试剂只能用于一般性的化学实验及教学工作。

一些作为特殊用途的试剂:基准试剂(PT,绿标签),作为基准物质标定标准溶液;光谱纯试剂(SP),为光谱分析中的标准物质,表示光谱纯净;色谱纯(GC),用作色谱分析的标准物质;指示剂(Ind),配制指示溶液用;生物试剂(BR),用于配制生物化学检验试液;生物染色剂(BS),用于配制微生物标本染色液;其他特殊专用级别的试剂,如电子工业专用高纯化学品(MOS)、指定级(ZD)等。

另外,还有工业生产中大量使用的化学工业品(也分为一级品、二级品)及可供食用的食用级产品。

各种级别的试剂及工业品因纯度不同,其价格相差很大,工业品和优级纯试剂之间的价格可相差数十倍。所以使用时,在满足实验要求的前提下,应遵循节约的原则,选用适当规格的试剂。例如,配制大量洗液使用的 $K_2Cr_2O_7$、浓 H_2SO_4,发生气体大量使用的及冷却浴所使用的各种盐类等都可以选用工业品。

二、试剂使用和储存(Use and Storage of Reagents)

化学试剂在储存过程中,会受到温度、光照、空气和水分等外界因素的影响,容易发生潮解、霉变、聚合、氧化、分解、变色、挥发和升华等物理、化学变化,以致失效而无法使用,因此要采取适当的储存条件。有些化学试剂属于易燃、易爆、有腐蚀性、有毒或有放射性的化学品,有些化学试剂有一定的保质期,使用时一定要注意。总之,在使用化学试剂之前一定要对所用的化学试剂的性质、危害性及应急措施有所了解。实验室保存化学试剂时,一般应遵循以下原则。

1. 见光或受热易分解的试剂应该放置在阴凉干燥处,有些试剂应存放在棕色试剂瓶中,储放在黑暗且温度低的地方,避光保存,如硝酸、硝酸银等。

2. 易燃有机物要远离火源。强氧化剂要与还原性物质隔开存放。钾、钙、钠在空气中极易氧化,遇水发生剧烈反应,应放在盛有煤油的广口瓶中以隔绝空气。

3. 存放试剂的柜子、库房要经常通风。室温下易发生反应的试剂要低温保存。苯乙烯和丙烯酸甲酯等不饱和化合物在室温下易发生聚合,过氧化氢易发生分解,因此要在 10 ℃以下的环境中保存。

4. 化学试剂都要密封保存,如易挥发的试剂(浓盐酸、浓硝酸、液溴等),易被氧化的试剂(亚硫酸氢钠、氢硫酸、硫酸亚铁等),易与水蒸气、二氧化碳作用的试剂(无水氯化钙、苛性钠等)。汞(水银)要存放在搪瓷瓶中,并用水覆盖封存,以防挥发。

5. 氢氟酸不能存放在玻璃瓶中,强氧化剂、有机溶剂不能用带橡胶塞的试剂瓶存放,碱液、水玻璃等不能用带玻璃塞的试剂瓶存放。

三、试剂危险性(Hazard of Reagents)

化学药品的危险性包括易燃、易爆、强氧化性、腐蚀性、毒性、致癌性等,有些药品可能会同时存在几种危险。为了保护人类健康与环境,联合国《全球化学品统一分类和标签制度》(简称 GHS)及相关国家标准对化学品分类、安全标签和《化学品安全技术说明书》(简称 SDS)等进行了统一规定。GHS 化学危险品标志如表 1.2 所示。《化学品安全技术说明书》描述试剂的物理性质、危险性、安全处置及急救方法等信息,在相关化学试剂数据库或商业试剂网站均可查阅。

表 1.2　GHS 化学危险品标志

序号	危险类别	象形图	序号	危险类别	象形图	序号	危险类别	象形图
1	爆炸物质		4	健康危害		7	腐蚀性	
2	可燃气体		5	水环境危害		8	压力气体	
3	氧化剂		6	剧毒物质		9	警告标志	

四、实验废物处理(Disposal of Laboratory Waste)

所有实验废物要集中收集和处理,不能随意倒入水槽或垃圾桶,不同类型的实验废物要分别倒入指定的容器。倾倒前应反复检查废物成分及容器标签,倾倒后及时将容器的盖子盖上。

1. 废液:回收到指定的回收瓶或废液缸中集中处理,无机废液与有机废液要分开,卤代的有机废液与一般有机废液要分开。

2. 固体废物:任何固体废物(如沸石、棉花、废纸、镁屑等)都不能倒入水池中,而要倒入指定的垃圾桶中,最后由值日生在指导老师的指导下统一处理。

3. 易燃、易爆的废弃物(如金属钠)应由老师处理,学生切不可自主处理。

1.4 常用实验仪器

有机化学实验室中常用仪器一般分为普通仪器、标准磨口玻璃仪器及微型磨口玻璃仪器。

一、普通仪器(Ordinary Instrument)

常用普通仪器如图1.2所示。

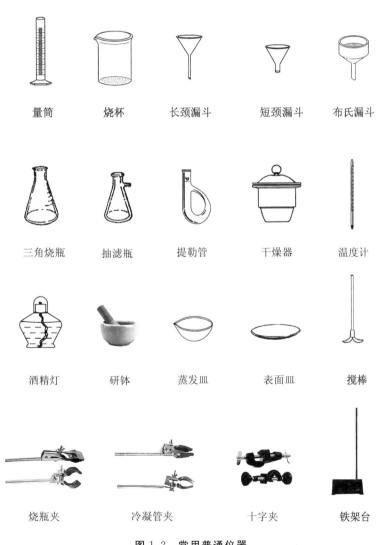

量筒　烧杯　长颈漏斗　短颈漏斗　布氏漏斗

三角烧瓶　抽滤瓶　提勒管　干燥器　温度计

酒精灯　研钵　蒸发皿　表面皿　搅棒

烧瓶夹　冷凝管夹　十字夹　铁架台

图1.2　常用普通仪器

二、标准磨口玻璃仪器(Standard Ground Glassware)

标准磨口玻璃仪器是指带有标准磨砂内磨口的玻璃仪器。相同编号、相同规格的接口均可严密连接,各部件能组装成各种配套实验装置。当不同规格的部件无法直接组装时,可使用转换接头连接。使用标准磨口玻璃仪器,既可免去选配橡皮塞的麻烦,又能避免因使用橡皮塞而引起的体系污染。

标准磨口玻璃仪器均按国际通用的技术标准制造。由于仪器的容量及用途不同,标准磨口玻璃仪器有不同的规格,每个部件在其口塞的上面或下面显著部位均具有烤印的白色标志标明规格。现在常用的是锥形标准磨口,磨口部分的锥度为1:10,即轴向长度 H 为 10 mm,锥体大端直径与小端直径之差为 1 mm。有的标准磨口玻璃仪器有两个数字,如 19/22,19 表示磨口大端的直径为 19 mm,22 表示磨口的高度为 22 mm。有机化学实验室常用的标准磨口玻璃仪器如表 1.3 和图 1.3 所示。

表 1.3 常用的标准磨口系列

编号	10	12	14	19	24	29	35
大端直径/mm	10.0	12.5	14.5	18.8	24.4	29.2	35.4

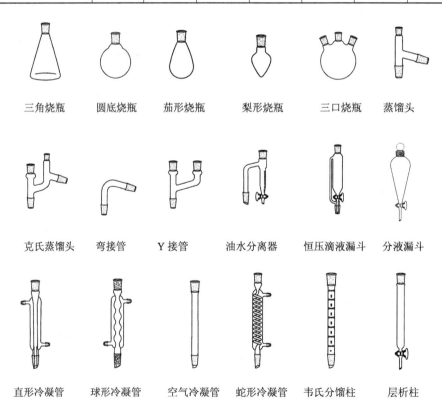

三角烧瓶　　圆底烧瓶　　茄形烧瓶　　梨形烧瓶　　三口烧瓶　　蒸馏头

克氏蒸馏头　　弯接管　　Y接管　　油水分离器　　恒压滴液漏斗　　分液漏斗

直形冷凝管　　球形冷凝管　　空气冷凝管　　蛇形冷凝管　　韦氏分馏柱　　层析柱

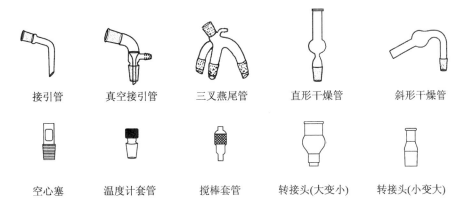

接引管　　　真空接引管　　　三叉燕尾管　　　直形干燥管　　　斜形干燥管

空心塞　　　温度计套管　　　搅棒套管　　　转接头(大变小)　　　转接头(小变大)

图 1.3　常规标准磨口玻璃仪器

使用磨口玻璃仪器时应注意以下几点。

1. 磨口处必须保持洁净。带活塞或塞子的磨口仪器,活塞或塞子不能任意调换。

2. 装配仪器时,磨口和磨塞轻轻对旋连接,不宜用力过猛,只要润滑密闭即可。

3. 常压使用时,磨口处无须涂润滑剂,以免污染反应物或产物。如果反应中使用强碱,则要涂适量的润滑剂,以免磨口连接处因碱腐蚀而黏结在一起无法打开。

4. 减压蒸馏时,应在磨口连接处均匀涂一薄层润滑脂(凡士林密封脂、真空脂或硅脂),保证装置的气密性。

5. 使用后及时拆卸,拆卸时注意各部件相对的角度,不能在角度偏差时进行硬性拆卸,以免造成破损。

6. 洗涤仪器时可用合成洗衣粉或洗涤剂洗涮,避免用强碱性去污粉等擦洗,以免损坏磨口。若仪器上有难以去除的残留物,则可以将仪器放入盛有氢氧化钠/醇溶液的碱缸里浸泡 5～30 min(浸泡时间尽可能短),然后用水彻底冲洗干净。

7. 洗净的湿仪器放入烘箱在 105 ℃下烘 30 min 或 120 ℃下烘 20 min。带活塞或塞子的磨口仪器,烘干时活塞或塞子必须与仪器分开。

8. 烘干的仪器用钳子取出,冷至室温,各部件分开存放,在活塞或塞子与磨口之间垫上纸片,防止长时间存放后磨口黏结得很紧而难以拆开。如果发生磨口黏结在一起很难拆开的情况,可以采取以下措施:将磨口竖立,往上面缝隙中滴几滴甘油,待甘油慢慢渗入磨口,最终可将磨口打开;也可用热水煮黏结处或用热风吹磨口处,使其膨胀而脱落;有时用木槌轻轻敲打黏结处也能打开。

三、微型磨口玻璃仪器(Miniature Ground Glassware)

当实验试剂的用量少于 300 mg 或反应体系的总体积少于 3 mL 时,如果使用常规标准磨口玻璃仪器,大部分产物会黏附在仪器壁上而造成损失,难以回收产物,此

时就要用到微型磨口玻璃仪器。图1.4所示为部分微型磨口玻璃仪器。微型磨口玻璃仪器通常是常规标准磨口玻璃仪器的缩小。微型磨口玻璃仪器通常用14/10标准口连接在一起,接口之间一般不能使用润滑脂,除非反应体系中用到强碱。

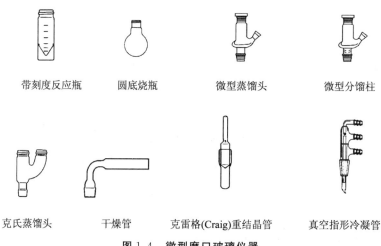

| 带刻度反应瓶 | 圆底烧瓶 | 微型蒸馏头 | 微型分馏柱 |

| 克氏蒸馏头 | 干燥管 | 克雷格(Craig)重结晶管 | 真空指形冷凝管 |

图1.4　微型磨口玻璃仪器

四、常用有机化学实验装置(Common Organic Lab Apparatus)

有机化学实验的各种反应装置常常是由各种玻璃仪器组装而成的,实验中应根据要求选择合适的仪器。仪器选用和搭配的一般原则如下。

1. 烧瓶的选择。根据液体的体积而定,一般液体的体积应占容器体积的1/3～1/2,最多不能超过2/3。进行水蒸气蒸馏时,液体体积不应超过烧瓶容积的1/3。

2. 冷凝管的选择。一般情况下回流用球形冷凝管,蒸馏用直形冷凝管。但是当蒸馏或回流温度超过130 ℃时,应改用空气冷凝管,以防温差较大时,由于仪器受热不均匀而造成冷凝管破裂。

3. 温度计的选择。实验室一般备有100 ℃、200 ℃和300 ℃三种温度计,根据所测的温度可选用不同量程的温度计。一般选用的温度计要高于被测温度10 ℃～20 ℃。

装配仪器时,应首先确定主要仪器的位置,往往根据热源的高低来确定烧瓶的位置,然后按一定的顺序逐个装配起来,从左到右,先下后上。拆卸时,一般先停止加热,移走加热源,待稍微冷却后,按与安装时相反的顺序逐个拆除。拆卸冷凝管时注意不要将水洒到加热的仪器上。仪器装配要求做到严密、正确、整齐美观和稳妥。在常压下进行反应的装置,必须保证反应体系与大气相通,不能密闭。

常用有机化学实验装置如图1.5～图1.27所示。

图 1.5　简单回流
装置

图 1.6　带干燥管的
防潮回流装置

图 1.7　带尾气吸收的
回流装置

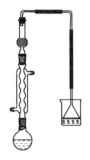

图 1.8　带尾气吸收的
防潮回流装置

图 1.9　带分水器的
回流装置

磁力搅拌器

图 1.10　带测温、磁力搅拌、
滴加的回流装置

图 1.11　带测温、
机械搅拌的回流装置

图 1.12　带机械搅拌、
滴加的回流装置

图 1.13　带机械搅拌、
滴加的防潮回流装置

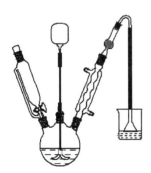

图 1.14　带尾气吸收、机械搅拌、
滴加的防潮回流装置

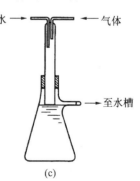

(a)　　　(b)　　　(c)

图 1.15　常见的气体吸收装置

图 1.16　简单蒸馏装置

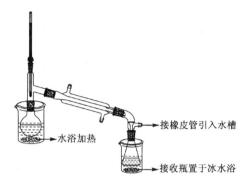

接橡皮管引入水槽
水浴加热
接收瓶置于冰水浴

图 1.17　低沸点易燃有机物蒸馏装置

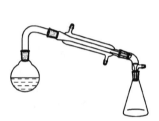

图 1.18　简易蒸馏装置

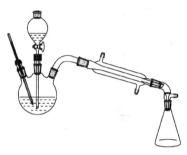

图 1.19　带滴加的连续蒸馏装置

图 1.20　带滴加的连续蒸馏反应装置

图 1.21　简单分馏装置

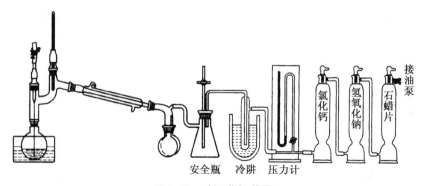

安全瓶　冷阱　压力计　氯化钙　氢氧化钠　石蜡片　接油泵

图 1.22　减压蒸馏装置

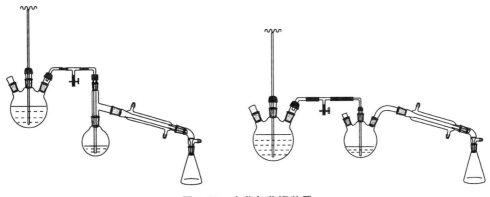

图 1.23　水蒸气蒸馏装置

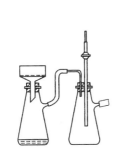

图 1.24　减压过滤装置

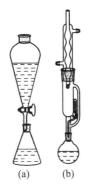

图 1.25　液-液和固-液萃取装置

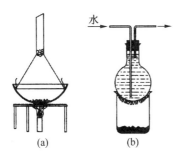

图 1.26　常压升华装置

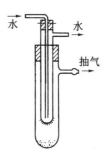

图 1.27　减压升华装置

五、常用仪器设备(Common Instrument and Equipment)

有机化学实验中,除用到玻璃仪器外,还经常要用到称量、干燥、测量、加热、冷却、搅拌、清洗及反应等各种辅助仪器和设备。

1. 托盘天平和电子天平(Top-loading Balance and Analytical Balance)。

托盘天平[图 1.28(a)]用于精度不高的称量。一般托盘天平的最大称重量为 1 000 g(也有 500 g 的),一般精确到 0.1 g 或 0.2 g。称量前若发现两边不平衡,应调节两端的平衡螺母使之平衡。称量时，被称量物质放在左边秤盘上，在右边秤盘上加砝码，最后移动游码，使两边平衡(固定在横梁上的指针不摆动且指向正中刻度，或左右摆动幅度较小且相等)，砝码质量与游码位置示数之和为待称重物体的质量。被称量的化学药品必须放在称量纸上、烧杯或烧瓶内，切不可直接放在秤盘上，以保持天平的清洁。称量后应将砝码放回砝码盒中。

电子天平也是实验室常用的称量设备，尤其在微量、半微量实验中经常使用。普通电子天平[(图1.28(b)]的最小分度为0.01 g，即称量时可以精确到0.01 g。与普通托盘天平相比，它具有称量简单、方便快捷的优点，能满足一般化学实验的要求。

电子分析天平[(图1.28(c)]是一种比较精密的仪器，称量时可以精确到0.000 1 g，因此，使用时应注意维护和保养。① 天平应放在清洁、干燥、稳定的环境中，以保证测量的准确性，勿放在通风、有磁场或产生磁场的设备附近，勿在温度变化大、有振动或存在腐蚀性气体的环境中使用。② 保持机壳和称量台的清洁，以保证天平的准确性，可用蘸有柔性洗涤剂的湿布擦洗。③ 天平在不使用时应拔掉交流适配器。④ 使用时，不要超过天平的最大量程。

(a) 托盘天平及砝码　　　　　(b) 普通电子天平　　　　　(c) 电子分析天平

图1.28　称量仪器

2. 电吹风(Hair Dryer)、气流烘干器(Airflow Dryer for Glassware)和红外线干燥箱(Infrared Drying Oven)。

电吹风可用于吹干一两件急用的玻璃仪器，先用热风将仪器吹干，再调至冷风挡吹冷。玻璃仪器先用低沸点溶剂(如丙酮、乙醇等)荡一下再吹更快些，但这时要先吹冷风，而后再用热风、冷风吹。电吹风不用时应放在干燥处，注意防潮、防腐蚀。

气流烘干器(图1.29)是一种用于快速烘干玻璃仪器的设备，有冷风挡和热风挡。使用时将洗净沥干的仪器挂在它的多孔金属管上，开启热风挡，可在数分钟内烘干，再用冷风吹冷，干燥的玻璃仪器不留水迹。气流烘干器的电热丝较细，当仪器烘干取下后应随手关掉开关，不可使其持续数小时吹热风，否则会烧断电热丝。若仪器壁上的水没有沥干，则水会顺多孔金属管滴落在电热丝上造成短路而损坏气流烘干器。

红外线干燥箱(图 1.30)是实验室常备的小型快速烘干设备,箱内装有产生热量的红外灯泡,常用于烘干固体样品。其可与变压器联用以调节温度,温度过高时会将样品烘熔或烤焦。使用时切忌将水溅到热灯泡上,否则会引起灯泡炸裂。

3. 烘箱(Drying Oven)。

烘箱如图 1.31 所示。实验室一般使用的是恒温鼓风干燥箱,其使用温度为50 ℃～300 ℃,主要用于干燥玻璃仪器或烘干无腐蚀性、无挥发性、热稳定性好的药品,切忌将易挥发、易燃、易爆物放在烘箱内烘烤。烘干玻璃仪器时,一般将温度控制在 100 ℃～120 ℃左右,鼓风可以加速仪器的干燥。刚洗好的玻璃仪器应尽量倒尽仪器中的水,然后把玻璃器皿依次从上层往下层放入烘箱烘干。器皿口应向上;若器皿口朝下,烘干的仪器虽可无水渍,但由于从仪器内流出来的水珠会滴到其他已烘干的仪器上,往往易引起后者炸裂。带有活塞或具塞的仪器,如分液漏斗和滴液漏斗,必须取下塞子,取出活塞并擦去油脂后才能放入烘箱内干燥。厚壁仪器、橡皮塞、塑料制品等不宜在烘箱中干燥。用完烘箱,要切断电源,确保安全。

实验室还经常使用真空干燥箱,主要用来干燥实验药品。由于在真空下加热,对一些熔点较低或在高温下容易分解的药品比较适合,干燥速度快。

图 1.29　气流烘干器

图 1.30　红外线干燥箱

图 1.31　烘箱

4. 调压变压器、电热套和恒温水浴锅(Voltage Regulating Transformer, Heating Mantle and Constant Temperature Water Bath)。

调压变压器(图 1.32)是调节电源电压的一种装置,常用来调节电炉、电热套、红外干燥箱的温度,调整电动搅拌器的转速等,使用时应注意以下几点:① 使用时注意接好地线,注意输入端与输出端切勿接错,不得超负荷使用;② 使用时,先将调压变压器调至零点,再接通电源,然后根据加热温度或搅拌速度将旋钮调至所需要的位置,调节变换时应缓慢均匀;③ 用完后应将旋钮调至零点,并切断电源。注意应保持仪器清洁,存放在干燥、无腐蚀的地方。

电热套如图 1.33 所示,一般用玻璃纤维丝与电热丝编织成半圆形的内套,外边加上金属或塑料外壳,中间填充保温材料。根据内套直径的大小分为 50 mL、100 mL、150 mL、200 mL、250 mL 等规格,最大可达 3 000 mL。此设备不用明火加

热,使用较安全。由于它的结构是半圆形的,在加热时,烧瓶处于热气流中,因此,加热效率较高。使用电热套时应注意,不要将药品洒在电热套中,以免加热时药品挥发污染环境,同时避免电热丝被腐蚀而断开;加热时,烧瓶不要贴在内套壁上。用完后将其放在干燥处,否则内部吸潮后会降低绝缘性能。

恒温水浴锅(图1.34)常用来加热或保温含有低沸点有机化合物的仪器,可控制温度在50 ℃～100 ℃之间。由于其无明火,所以可防止燃烧、爆炸事故的发生。使用时应注意:加水后方可通电加热,使用结束应将温控旋钮置于最小值并切断电源;若长时间不用,则应将锅体中的水排尽擦干。

  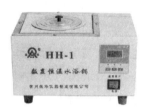

图1.32 调压变压器　　　图1.33 电热套　　　图1.34 恒温水浴锅

5. 磁力搅拌器(Magnetic Stirrer)。

磁力搅拌器能在完全密封的装置中进行搅拌。它由电机带动磁体旋转,磁体又带动反应器中的磁子旋转,从而达到搅拌的目的。磁力搅拌器一般都带有温度和转速控制旋钮,使用后应将旋钮回零,使用时应注意防潮防腐。图1.35所示是几种常见的磁力搅拌器。

(a) 电热套加热磁力搅拌器　　(b) 底盘加热磁力搅拌器　　(c) 水浴或油浴加热磁力搅拌器

图1.35 磁力搅拌器

6. 电动搅拌器(Electric Overhead Stirrer)。

电动搅拌器(图1.36)由机座、小型电动马达和调速变压器几部分组成,一般在常量有机化学实验的搅拌操作中使用,用于非均相反应。在开动搅拌器前,应用手先空试搅拌器转动是否灵活,如不灵活应找出摩擦点;如是电机问题,应向电机的加油孔中加一些机油以保证电机转动灵活,或更换新电机。

7. 旋转蒸发仪(Rotary Evaporator)。

旋转蒸发仪用来回收、蒸发有机溶剂,它由一台电机带动可旋转的蒸发器(一般用茄形烧瓶或圆底烧瓶)、冷凝管、接收瓶等组成,如图1.37所示。由于蒸发器在不断旋转,可免加沸石而不会暴沸;同时,液体附于壁上形成了一层液膜,加大了蒸发面积,使蒸发速度加快。它可在常压或减压下使用,一般在循环水真空泵(图1.38)减压下旋转蒸发,有机溶剂经蛇形冷凝管冷凝后进入接收瓶,以回收利用。低沸点有机溶剂不易冷凝,可使用低温冷却液循环泵来增强冷凝效果。

旋转蒸发仪的运行操作如下:

(1) 在烧瓶中加入待蒸液体,体积不要超过烧瓶容积的2/3。将烧瓶装在转动轴磨口上,用标准口卡子卡牢。

图1.36　电动搅拌器　　　图1.37　旋转蒸发仪　　　图1.38　循环水真空泵

(2) 开通冷凝水,打开循环水真空泵开关抽真空,缓缓关上真空活塞,待达到稳定的真空度后调节转速旋钮,使转速稳定。

(3) 用升降控制开关将烧瓶慢慢放入水浴中。

(4) 加热水浴,根据烧瓶内液体的沸点设定加热温度。减压蒸馏时,当温度、真空度较高时,瓶内液体可能会暴沸。此时应立即升高烧瓶的高度,离开水浴,待水浴温度降至合适的温度后再继续蒸馏。

(5) 在设定温度下旋转蒸发。

(6) 蒸完后用升降控制开关使烧瓶离开水浴,关闭转速旋钮,停止旋转,再打开真空活塞,至体系与大气相通后取下烧瓶。

8. 低温循环泵(Low Temperature Circulating Pump)。

低温循环泵(图1.39)是一种新型的实验设备,可代替干冰和液氮进行低温反应,底部带有强磁力搅拌,具有二级搅拌及内循环系统,使槽内温度更为均匀,可单独作低温、恒温循环泵使用及提供恒温冷源。

图1.39　低温循环泵

9. 真空泵(Vacuum Pump)。

实验室常用水泵或油泵来获得真空。水泵常因其结构、水压和水温等因素,不易得到较高的真空度,一般用于对真空度要求不高的减压体系中。循环水真空泵(图1.38)是以循环水作为流体,利用射流产生负压的原理设计的一种新型多用真空泵,广泛用于蒸馏、结晶、过滤、减压、升华等操作中。使用真空水泵时应注意:

(1)真空泵抽气口应接有一个缓冲瓶,以免停泵时发生倒吸现象,使体系受到污染。

(2)开泵前,应检查是否与体系连接好,然后打开缓冲瓶上的旋塞。开泵后,关闭旋塞,调至所需要的真空度。关泵前,先打开缓冲瓶上的旋塞,拆掉与体系的接口,再关泵。

(3)应经常补充和更换水泵中的水,以保持水泵的清洁和真空度。水温较高时,可在水箱中加入一些冰块,降低水的饱和蒸气压,以提高泵的抽气效果。

真空油泵(图1.40)也是实验室常用的减压设备。油泵常在对真空度要求较高的场合下使用。油泵的效能取决于泵的结构及油的好坏(油的蒸气压越低越好),较好的真空油泵的真空度能达到10~100 Pa。油泵的结构越精密,对工作条件要求就越高。

在用油泵进行减压蒸馏时,溶剂、水和酸性气体会对油造成污染,使油的蒸气压增加,真空度降低,同时这些气体可以引起泵体的腐蚀。为了保护泵和油,使用时应注意:

(1)定期检查,定期换油,防潮并防腐蚀。

(2)如蒸馏物质中含有挥发性物质,可先用水泵减压,然后改用油泵。

(3)在泵的进口处安装气体吸收塔,放置保护材料,如石蜡片(吸收有机物)、硅胶(吸收微量的水)、氢氧化钠(吸收酸性气体)、氯化钙(吸收水汽),并安装冷阱(冷凝杂质),如图1.41所示。

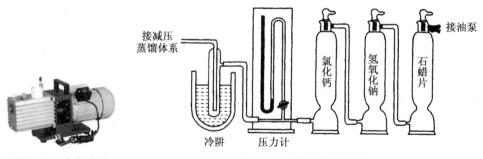

图1.40　真空油泵　　　　　　　图1.41　油泵的保护装置

10．超声波清洗器(Supersonic Cleaner)。

近年来,超声波作为一种新的能量形式用于有机化学反应,不仅使很多以往不能进行或难以进行的反应得以顺利进行,而且作为一种方便、迅速、有效和安全的合成技术,大大优于传统的搅拌、加热方法,是一种新兴的绿色化学技术。超声波清洗器(图1.42)可用于小批量的清洗、脱气、混匀、提取、有机合成、细胞粉碎等。

11．微波反应器(Microwave Reactor)。

微波辐射技术在有机合成上的应用日益广泛。通过微波辐射,反应物从分子内迅速升温,反应速率可提高几倍、几十倍甚至上千倍;同时,由于微波为强电磁波,产生的微波等离子中常存在热力学得不到的高能态原子、分子和离子,因而可使一些热力学上不可能或难以发生的反应得以顺利进行。图1.43所示是典型的微波反应器。

图 1.42　超声波清洗器　　　图 1.43　微波反应器

12．有机合成仪(Automated Organic Synthesizer)。

Vantage全自动平行有机合成仪(图1.44)装配有Area反应器,可控温度范围－78 ℃～150 ℃。在反应器之间温差小于1.5 ℃,反应条件多样,惰性气体环境可自动分布到各个操作体系,可同时合成96个化合物。

13．熔点仪(Melting Point Instrument)。

熔点的测定广泛用于药物、染料、香料等晶体有机化合物的初步鉴定或纯度检验。图1.45所示为常用的数字显微熔点测定仪和微机熔点仪。

图 1.44　有机合成仪　　　　图 1.45　熔点仪

14. 气体钢瓶与减压阀(Gas Cylinders and Pressure Reducing Valve)。

在有机化学实验中,有时会用到气体原料(如氢气、氧气)、气体保护气(如氮气、氩气)、气体燃料(如煤气、液化气)等。钢瓶是储存或运送气体的容器,若使用不当,将会引发重大事故。为了防止各种钢瓶在充装气体时混用,统一规定了瓶身、横条及标字的颜色。常用钢瓶的标色见表1.4。

表1.4 常用钢瓶的标色

气体类别	瓶身颜色	横条颜色	标字颜色	气体类别	瓶身颜色	横条颜色	标字颜色
氮气	黑	棕	黄	氨气	黄	—	黑
空气	黑	—	白	其他一切可燃气体	红	—	—
二氧化碳	黑	—	黄				
氧气	天蓝	—	黑	其他一切不可燃气体	黑	—	—
氢气	深绿	红	红				
氯气	草绿	白	白				

使用钢瓶时要注意:① 认准标色,不可混用。② 储放时要避免日晒、雨淋、烘烤、水浸和药品腐蚀。③ 搬运时要轻拿轻放并戴上瓶帽。④ 使用时要安放稳妥并装上减压阀;瓶中气体不可用完,应至少留下瓶压0.5%的气体。⑤ 装可燃气体的钢瓶需装有防回火装置。⑥ 定期检查钢瓶。

使用钢瓶时要用到减压阀、压力表。先将减压阀旋到最松位置(关闭状态),然后打开钢瓶的气阀门,瓶内的气压即在总压力表上显示。慢慢旋紧减压阀,使分压力表达到所需压力。用完后应先关紧钢瓶的气阀门,待总压力表和分压力表的指针复原到零时,再关闭减压阀。

15. 紫外分析仪(Ultraviolet Analyzer)。

箱式紫外分析仪(图1.46)由紫外线灯管及滤光片组成,有254 nm和365 nm两种波长,两种波长可相互独立使用。物质经过紫外线照射后发出荧光,不同结构的荧光物质有不同的激发光谱和发射光谱,呈现不同的斑点,因此可用荧光进行物质的鉴别。紫外分析仪特别适宜做薄层分析、纸层分析斑点的检测及跟踪反应进程。

16. 阿贝折射仪(Abbe Refractor)。

阿贝折射仪(图1.47)是根据光的折射原理设计的。它的主要部分为两块直角棱镜,用于测透明、半透明液体一定温度下的折射率,是石油工业、油脂工业、制药工业、造漆工业、食品工业、日用化学工业、制糖工业和地质勘察等有关工厂、教学及科研单位不可缺少的常用设备之一。

17. 旋光仪（Polarimeter）。

旋光仪（图 1.48）是测定物质旋光度的仪器，通过对样品旋光度的测量，可以分析确定物质的浓度、含量及纯度等，广泛应用于制药、药检、制糖，以及食品、香料、味精、化工、石油等工业生产，在科研、教学部门常用于化验分析或过程质量控制。

图 1.46　箱式紫外分析仪　　　图 1.47　阿贝折射仪　　　图 1.48　旋光仪

18. 制冰机（Ice Making Machine）。

有些化学反应需要在低温条件下进行，有时反应过程中须用冰水冷却，这就需要使用制冰机（图 1.49）。用制冰机制得的冰块大小均匀，方便快捷。

19. 升降台（Lab Lifting Platform）。

实验室经常用升降台（图 1.50）来调整仪器的高度。

图 1.49　制冰机　　　　　图 1.50　升降台

1.5　有机化学文献资源简介

查阅文献是化学工作者应具备的基本功之一。进入每个课题研究之前，了解有关资料和信息有助于开阔研究思路、创新研究方法、解释实验现象，从而少走弯路。有机化学文献资源种类繁多，如《有机化合物辞典》、理化数据或反应手册、波谱资料和期刊论文等，其数据来源可靠，并不断补充更新，是有机化学的知识宝库，也是化学工作者学习和研究的有力工具。随着计算机与互联网技术的发展，获取化学文献网络资源越来越便捷。

一、工具书(Handbooks and Dictionaries)

1. 专业词典。

例如,《英汉·汉英化学化工词汇》(化学工业出版社)、《英汉化学化工词汇》(科学出版社)。

2. 安全知识。

例如,《危险化学品安全实用技术手册》(化学工业出版社)。

3. 事实数据。

(1) *The Merck Index*(《默克索引》)。

《默克索引》是 Merck 公司出版的有关化学药品、药物及生物制品的手册。其主题范围涵盖农业化学、生物制品、人类药物、天然产物、商业和研究用的有机物与无机物。数据库中的每一条记录评述一种单一存在的化学物质或一组密切相关的化合物。化合物按名称的英文字母顺序排列,内容包括:标准化学名称、普通名称和商品名、CAS 登录号、分子式和分子量、物理和毒理数据、制备方法、参考文献、治疗应用、商业应用等。文献类型包括化学文献、生物医学文献和专利文献。可以输入名称、CAS 登录号、分子式、分子量进行查询。《默克索引》目前有网络版(https://www.rsc.org/merck-index)。

(2) *Dictionary of Organic Compounds*(《有机化合物辞典》)。

《有机化合物辞典》收集常见的有机化合物近 3 万条,连同衍生物在内共 6 万余条。其内容为有机化合物的组成、结构、性状、来源、物理常数、化学性质及其衍生物等,并附有参考文献以备查参考。各化合物按名称的英文字母顺序排列。自第 6 版以后,每年出一补编。中文译本名为《汉译海氏有机化合物辞典》,中文译本仍按化合物英文名称的字母顺序排列,在英文名称后面附有中文名称。因此,在使用中文译本时,仍然需要知道化合物的英文名称。该辞典目前有网络版(https://doc.chemnetbase.com)。

(3) *Handbook of Chemistry and Physics*(《CRC 化学物理手册》)。

这是美国化学橡胶公司(Chemical Rubber Company)出版的化学物理手册,为物理、化学及相关领域的研究者从事科学研究提供权威的、及时更新的数据信息。该书的有机化学部分按照 1979 年国际纯粹与应用化学联合会对化合物命名的原则,按照有机化合物英文名称的字母顺序排列,列出常见有机化合物的理化常数(熔点、沸点、密度、折射率、溶解度)、Merck Index 编号、CAS 登录号及参考书目等,查阅时只要知道化合物的英文名称,便可查出所需要的化合物分子式及其理化常数。该手册目前有网络版(https://hbcponline.com)。

（4）*Lange's Handbook of Chemistry*（《兰氏化学手册》）。

《兰氏化学手册》是一部资料齐全、数据翔实、使用方便、供化学及相关科学工作者使用的单卷式化学数据手册，在国际上享有盛誉，自 1934 年第 1 版问世以来，一直受到各国化学工作者的重视和欢迎。该手册提供无机化学、有机化学、光谱学、通用数据与换算表等足够的信息，满足一般使用者的需要。有机化学部分列出各类常见有机化合物的命名、结构式、分子量、物理性质（熔点、沸点、溶解度）、密度、黏度、表面张力、折射率、密度、蒸气压、可燃性等。光谱学部分包括红外光谱、紫外-可见光谱、荧光光谱、核磁共振谱、质谱等。

4. 有机化学丛书、实验辅助参考书。

（1）*Organic Reactions*（《有机反应》）。

本书自 1942 年开始出版，到 2021 年已出 108 卷。本书主要介绍有机化学中有理论价值和实际意义的反应，每个反应都分别由在该方面有一定经验的人来撰写。书中对有机反应的机理、应用范围、反应条件等都做了详尽的讨论，并用图表指出在有机反应的研究工作中做过哪些工作。卷末有以前各卷的作者索引、章节和题目索引。该书目前在 Wiley Online Library 有网络版。

（2）*Textbook of Practical Organic Chemistry*（《实用有机化学教材》）。

本书由 Longman Scientific & Technical 于 1989 年出版，内容包括有机化学实验的安全常识、有机化学基本知识、常用仪器、常用试剂的制备方法、常用的合成技术，以及各类典型有机化合物的制备方法。书中所列出的典型反应数据可靠，是一本比较好的实验参考书。

（3）*Purification of Laboratory Chemicals*（《实验室化学品的纯化》）。

Purification of Laboratory Chemicals 由世界图书出版公司出版，详细介绍了化学品的纯化方法（重结晶、干燥、色谱、蒸馏、萃取、衍生物的制备等），给出了几乎所有商品化有机化学品、无机化学品及生化试剂的基本理化性质和纯化过程，包括名称、CAS 登录号、分子量、熔点、沸点、相对密度、溶解性、离子化常数等。例如，重结晶的溶剂选择、纯化以前的处理步骤及纯化过程中的安全风险预防措施等，从粗略纯化到高度纯化都有详细说明，并附参考文献。

二、网络检索资源（Web Search Resources）

1. Chemical Abstracts（https：//scifinder. cas. org）。

Chemical Abstracts（美国《化学文摘》），简称 CA，创刊于 1907 年，由美国化学学会化学文摘社（Chemical Abstracts Service，CAS）编辑出版，收藏信息量大，收录范围广，收录的每一种化学物质对应唯一的 CAS 登录号。《化学文摘》网络版数据库整合了 Medline 医学数据库、欧洲和美国等 30 多家专利机构的全文专利资料，以及《化学

文摘》从 1007 年以来收录的所有资料。它涵盖的学科包括应用化学、化学工程、普通化学、物理、生物学、生命科学、医学、材料学和农学等诸多领域。它有多种先进的检索方式，如化学结构式和化学反应式检索等，还可以通过 Chemport 链接到全文资料库及进行引文链接，是目前应用最广泛，资料量最大，最具权威的化学、化工及相关学科的检索工具。

2. Reaxys 数据库(https：//www.reaxys.com)。

Reaxys 由 Elsevier 公司出版，将贝尔斯坦(Beilstein)、专利化学数据库(Patent)和盖墨林(Gmelin)的内容整合为统一的资源，并增加了很多新的特性。Beilstein 包含化学结构相关的化学、物理等方面的性质，化学反应相关的各种数据，以及详细的药理学、环境病毒学、生态学等信息资源。Patent 为 Beilstein 的补充。Gmelin 是一个无机和金属有机化合物数值和事实数据库，包含详细的理化性质及地质学、矿物学、冶金学、材料学等方面的信息资源。

3. Organic Syntheses(http：//www.orgsyn.org)。

Organic Syntheses 是由非营利性 Organic Syntheses 公司出版的网络检索系统，收录了 *Organic Syntheses* 自 1921 年以来的经典合成路线和具体操作，所有反应步骤均经过校验核对和重复，可以通过 CAS 登录号、结构式、名称等查询反应。

4. AIST 数据库(https：//www.aist.go.jp/aist_e/list/database/riodb)。

使用 AIST(National Institute of Advanced Industrial Science and Technology, Japan)可查询有机化合物谱图，通过 CAS 登录号、名称及相应谱图的化学位移、质谱解离质量数等可以查询得到相关化合物的红外、^{1}H NMR 谱、^{13}C NMR 谱、质谱和 Raman 光谱的标准谱图。

5. 化合物基本性质数据库(http：//www.chemfinder.com)。

ChemFinder 是 CambridgeSoft 公司推出的网络服务。通过该主页可以按化合物的分子式、英文名称、CAS 登录号和化合物结构查询该化合物的基本性质，包括分子结构、分子量、熔点、沸点、密度、溶解度等，以及该试剂的生产厂家、包装说明和购买方法。

6. 化学专业数据库(http：//www.organchem.csdb.cn/scdb/default.asp)。

中国科学院上海有机化学研究所化学专业数据库，包括了结构、反应、谱图、天然产物及毒性等多个专业数据库，内容丰富。

7. 其他查询化学数据的网址。

有许多网站可以免费查询化学元素的信息和化学品 CAS 登录号、分子量、物理性质、安全信息等，方便快捷。例如：

https：//www.webelements.com

https：//www. msdsonline. com

https：//www. sigmaaldrich. com

https：//www. acros. com

https：//www. aladdin-e. com

http：//www. chemspider. com

http：//www. chemexper. com

https：//www. baidu. com

https：//www. cdc. gov/niosh/npg/npgd0508. html

三、期刊全文数据库(Databases of Periodical Full-Text)

1. CNKI(https：//www. cnki. net)。

中国国家知识基础设施(China National Knowledge Infrastructure,CNKI)提供国内博士/硕士论文、专利、标准、学术期刊等文献服务,如《有机化学》、《合成化学》、《化学学报》、《高等学校化学学报》、《中国化学快报》(*Chinese Chemical Letters*)、《中国科学:化学》(*Science China Chemistry*)等。

2. ACS Publications(https：//pubs. acs. org)。

美国化学学会(American Chemical Society,ACS)一直致力于为全球化学研究机构、企业及从业者提供高品质的文献资讯及服务,成为享誉全球的科技出版机构之一。ACS 期刊数据库内容涵盖化学、材料、能源、环境、农业等领域,如 *Journal of the American Chemical Society*、*The Journal of Organic Chemistry*、*Organic Letters*、*Journal of Natural Products*、*Organic Process Research & Development*、*Organometallics*、*Chemical Reviews* 等。

3. ScienceDirect(https：//www. sciencedirect. com)。

ScienceDirect 由 Elsevier Science 公司出版,提供 1995 年以来的 4 200 多种期刊检索和全文下载服务,如 *Tetrahedron*、*Tetrahedron Letters*、*Tetrahedron：Asymmetry*、*Journal of Catalysis* 等。

4. RSC Publishing(https：//pubs. rsc. org)。

英国皇家化学学会(Royal Society of Chemistry,RSC)出版的期刊及数据库一直是化学领域的核心期刊和权威性数据库,涵盖核心化学科学及生物学、医学、材料、能源与环境、工程等相关领域,与有机化学有关的期刊有 *Chemical Communications*、*Chemical Society Reviews*、*Green Chemistry*、*Organic & Biomolecular Chemistry* 等。

5. Wiley Online Library(https://onlinelibrary. wiley. com)。

John Wiley & Sons,Inc. 国际出版公司的 Wiley Online Library 是一个综合性的网络出版及服务平台,包含化学、物理、工程、农业等多门类学科的图书和全文电子期刊,如 *Angewandte Chemie International Edition*、*Applied Organometallic Chemistry*、*European Journal of Organic Chemistry*、*Journal of Heterocyclic Chemistry* 等。

6. SpringerLink(https://link. springer. com)。

Springer 出版集团是世界著名的出版公司,其网上出版系统 SpringerLink 提供电子图书、参考工具书和全文电子期刊等在线服务,与有机化学相关的学术期刊如 *Amino Acids*、*Chemistry of Heterocyclic Compounds*、*Chemistry of Natural Compounds* 等。

7. Thieme E-journals(https://www. thieme. com)。

Thieme E-journals 是 Thieme 出版社提供的有机化学、有机合成方法的反应信息库,包括 *Synfacts*(《合成化学》)、*Synlett*(《合成化学快报》)、*Synthesis*(《合成》)等期刊。

 参考文献

[1] 曹健,郭玲香. 有机化学实验[M]. 3 版. 南京:南京大学出版社,2018.

[2] 熊万明,郭冰之. 有机化学实验[M]. 北京:北京理工大学出版社,2017.

[3] 兰州大学. 有机化学实验[M]. 4 版. 北京:高等教育出版社,2017.

[4] 北京大学化学与分子工程学院有机化学研究所. 有机化学实验[M]. 3 版. 北京:北京大学出版社,2015.

[5] 王梅,王艳华,高占先. 有机化学实验(英文)[M]. 北京:高等教育出版社,2011.

[6] MOHRIG J R, ALBERG D G, HOFMEISTER G E, et al. Laboratory techniques in organic chemistry[M]. 4th ed. New York:W. H. Freeman and Company,2014.

[7] MAYO D W, PIKE R M, FORBES D C. Microscale organic laboratory with multistep and multiscale syntheses[M]. 6th ed. New York:John Wiley & Sons,Inc. ,2015.

第 2 章　基本实验技术

2.1　重结晶

一、实验目的

1. 学习重结晶提纯固体有机化合物的原理和实验方法。

2. 掌握趁热过滤、减压过滤及剪、折叠滤纸的实验操作技术。

3. 培养严谨细致的实验习惯。

二、实验原理

重结晶是提纯固体有机化合物最简单且最有效的方法。其原理是利用混合物中各组分在某种溶剂中的溶解度不同,或在同一溶剂中不同温度下的溶解度不同,而将它们相互分离。结晶的化合物容易确定其纯度,比液体或油状物容易鉴别。晶体可以通过两种方法得到:一是由加热固体冷却得到,即升华;二是由饱和溶液得到。后一种方法是有机化学实验室中较常用的方法。

（一）有机化合物的重结晶

用重结晶法提纯有机化合物一般包括五个步骤:溶解、过滤、结晶、晶体的收集和晶体的干燥。重结晶技术包括将不纯的固体溶解在适量的热溶剂中,再通过过滤除去不溶的杂质,将得到的热溶液放在一边慢慢冷却,纯化合物的晶体就会从溶液中慢慢析出。重结晶后的溶液一般称为母液。为什么得到的固体是纯的呢? 因为结晶是一个平衡的过程:溶液中的分子与晶格中的分子处于平衡状态,晶格中的晶体是高度有序的,其他如杂质这些分子被排斥在晶格之外,而重新回到溶液中,因此目标化合物的分子留在晶格中,而杂质仍然保留在母液中。要使结晶成功,就要将热溶液慢慢冷却,这样,晶体形成的速度较慢,平衡过程不易被打破。如果冷却的速度较快,杂质分子有可能会被包在晶格当中,导致得到的晶体不纯,含有杂质。

1. 溶解。首先要解决的问题是选择合适的溶剂。重结晶用的溶剂应与被提纯的有机化合物不发生化学反应、具有较好的挥发性、容易与晶体分离、具有比重结晶固体的熔点要低的沸点、无毒性且不易燃,最重要的是化合物在热溶剂中能溶解,而在冷溶剂中几乎不溶解。多数情况下待重结晶的物质是已知化合物,通过查阅文献或实验手册就可以知道选用何种合适的溶剂;但对于一些未知物,就要事先选择好合适的溶剂。在实际工作中往往通过试验来选择溶剂。溶解度试验方法如下:

取 50 mg 待重结晶的物质于一小试管中,用滴管逐滴滴加溶剂,并不断振摇,待加入的溶剂为 1 mL 时,在水浴上加热至沸,完全溶解,冷却,析出大量晶体,这种溶剂一般可认为适用。若样品在冷却和加热时都能溶于 1 mL 溶剂中,表示这种溶剂不适用。若样品不完全溶于 1 mL 沸腾的溶剂中,则可逐步添加溶剂(每次约 0.5 mL),并加热至沸腾;若加入溶剂总量达 3 mL 时,样品在加热时仍然不溶解,则表示这种溶剂不适用,必须另外寻找其他溶剂。如果难以找到一种合适的溶剂,则可采用混合溶剂。混合溶剂一般由两种能以任何比例互溶的溶剂组成,其中一种对被提纯物质的溶解度较大,而另一种对被提纯物质的溶解度较小。一般常用的混合溶剂有乙醇和水,乙醇与乙醚,乙醇和丙酮,乙醚和石油醚等。用混合溶剂重结晶时,一般先用适量溶解度较大的溶剂,加热使样品溶解(溶液若有颜色,则可用活性炭脱色),趁热过滤除去不溶杂质,将滤液加热至接近沸点,然后慢慢滴加溶解度较小的溶剂至刚好出现浑浊,加热浑浊不消失时,再小心地滴加溶解度较大的溶剂,直到溶液变清,放置结晶。若已知两种溶剂的某一比例适用于重结晶,则可事先配好混合溶剂,按单一溶剂重结晶的方法操作。一旦找到合适的重结晶溶剂,即可准备将待重结晶的固体溶解。在溶解固体之前,最好称量一下固体的质量。此外,较大的晶体往往难于溶解,应事先碾细。

若选择的溶剂易燃、易挥发或有毒,应将粗产品置于圆底烧瓶中,同时加入沸石,烧瓶上安装回流冷凝管,如图 1.5 所示,同时根据溶剂的沸点和易燃性选择合适的热浴,以保证安全。添加溶剂时,必须先移去热源,从冷凝管上端加入。由于在热过滤时溶剂的挥发、温度的降低会引起晶体过早地在滤纸上析出而造成产品的损失,故一般比需要量多加 20% 的溶剂。有时,总有少量固体不能溶解,应将热溶液倒出或过滤,分出不溶物,在不溶剩余物中再加入溶剂,观察是否能溶解。如加热后慢慢溶解,说明此产品需要长时间加热才能完全溶解;如还不能溶解,则视为杂质去除。

2. 过滤。溶液加热至沸腾后,应迅速趁热过滤,除去一些不溶性固体,这些固体包括不溶的杂质、副产物或一些固体碎片(如沸石、玻璃或纸片)等。热溶液可以利用重力滤过一折叠好的菊花形滤纸,用三角烧瓶来接收液体。有时,有机化合物的溶液具有较深的颜色,则需要待溶液稍冷后加入活性炭,重新加热沸腾后再趁热过滤。根据杂质颜色的深浅,活性炭用量一般为固体用量的 2% 左右。不能向正在沸腾或接近沸腾的溶液中加入活性炭,否则会引起溶液暴沸。加入活性炭后,将溶液煮沸 5～10 min,撤去热源,待溶液稳定后,趁热迅速过滤。抽滤装置如图 2.1 所示。

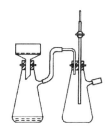

图 2.1　抽滤装置

过滤时,应先用少量热溶剂润湿滤纸,以免干滤纸吸收溶液中的溶剂时晶体析出而堵塞纸孔。漏斗上应盖上表面皿(凹面向下),起到保温和减少溶剂挥发的作用。过滤完毕,用少量热溶剂冲洗滤纸。若析出的晶体较多,必须用刮刀刮回原来的容器中,再加适量的溶剂溶解并过滤。为了提高过滤速度,最好使用扇形滤纸(又称折叠滤纸或菊花形滤纸)。具体折法如图 2.2 所示。将圆形滤纸对折,然后再对折成四分之一,以边 2 对边 3 叠成边 4,5,以边 3 对边 4 叠成边 6,以边 3 对边 5 叠成边 7,依次以边 1 对边 5 叠成边 9,边 2 对边 4 叠成边 8。在折叠时应注意,滤纸中心部位不可用力压得太紧,以免在过滤时,滤纸底部由于磨损而破裂。然后将滤纸在边 1 和边 9,边 5 和边 7,边 3 和边 6 等之间各朝相反方向折叠,做成扇形,打开滤纸,最后做成如图 2.2(f)所示的折叠滤纸,即可放在漏斗中使用。

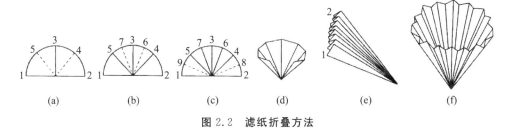

(a)　　　(b)　　　(c)　　　(d)　　　(e)　　　(f)

图 2.2　滤纸折叠方法

3. 结晶。将趁热收集到热滤液的三角烧瓶静置,盖上表面皿,防止空气中的灰尘污染,让它慢慢冷却下来。冷却速度决定了晶体的大小。快速冷却将会导致产生一些细小的晶体;冷却速度太慢会形成一些较大的晶体,其中往往会夹杂母液造成干燥困难。化合物在低于其熔点 50 ℃时结晶速度最快,在低于其熔点 100 ℃时析出晶体的数量最多。通常还可以将三角烧瓶放到冰浴中,使溶液从室温冷却到 0 ℃,这样会析出更多晶体。但一些特殊情况下不能这样做,因为冷却时会有一些水分进入溶液中。如果溶液冷却后仍不结晶,可用玻璃棒摩擦器壁引发晶体的生成,也可以向溶液中投入"晶种"。"晶种"是在溶解固体之前从固体中挑出的较好的晶体。若不析出晶体而得到油状物,则可加热至清液后,让其自然冷却至开始有油状物析出时立即剧烈搅拌,使油状物分散,也可搅拌至油状物消失。如果结晶不成功,则需要用色谱法、

离子交换树脂法来提纯。

4. 晶体的收集。晶体完全析出后,通常用过滤将母液和晶体分开。过滤之后,晶体应用少量新鲜的溶剂洗涤。如果溶解时用的是混合溶剂,那么在洗涤时同样应用混合溶剂。如待结晶的化合物较为稀有或价值较大,重结晶用的母液(现在的滤液)还可以进行第二次结晶,也就是将母液中的溶剂蒸发一部分至饱和,再像前面那样冷却、结晶。但需要注意的是,第二次结晶得到的晶体一般不太纯,因为母液中杂质的浓度比第一次重结晶时的浓度高。所以千万不要将两批得到的晶体合并在一起,除非已经检测其纯度。

5. 晶体的干燥。用重结晶法纯化后的固体,其表面还吸附有少量溶剂,需要将晶体干燥到恒定的质量。固体的干燥在后面将详细讨论(见 2.8 物质的干燥)。

(二)特殊的重结晶技术

1. 微量重结晶(如 Craig 结晶管重结晶)。Craig 结晶管对于少于 100 mg 的固体重结晶特别有用,其主要优点是它能使固体材料的转移次数最少,从而使晶体的产量最大化。用 Craig 结晶管从母液中分离出晶体非常有效,并且干燥晶体所需的时间很短。其步骤与使用三角烧瓶和 Hirsch 漏斗进行的大规模结晶基本相同:将固体置于 Craig 结晶管中,将几滴热溶剂添加到 Craig 结晶管中,然后将其在砂浴中加热,同时旋转并用微量刮刀连续搅拌。这有助于溶解溶质并防止沸腾的液体溢出。加入额外部分的热溶剂,直到固体完全溶解。不要添加太多溶剂,以使产量最大化。将热溶液在 Craig 管中缓慢冷却至室温,在室温下完成结晶,将 Craig 管放入冰浴中以使产量最大化。结晶完成后,用细铜线绕在 Craig 管上[图 2.3(a)],并在其顶部放置一个离心管。将铜线弯折挂在离心管的侧面[图 2.3(b)],将离心管倒置[图 2.3(c)]。溶剂从 Craig 管中渗出,将试管离心几分钟,以完成母液与晶体的分离,然后使用微量刮刀将晶体从内塞的末端或 Craig 管内刮下。

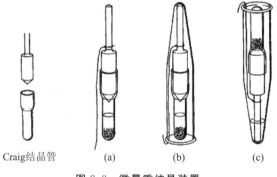

Craig结晶管　　(a)　　(b)　　(c)

图 2.3　微量重结晶装置

2. 单晶的培养。在用 X 射线确定化合物结构时,常需要很好的单晶。因此掌握培养单晶的技术是相当重要的,尽管这很需要耐心且常常不轻易能成功。最方便的办法就是让溶液中的溶剂在结晶烧瓶中慢慢挥发。一般是将烧瓶在室温下敞口放置,让溶剂慢慢挥发。另一种培养单晶的方法是通过两种不同的溶剂相互稀释。在用来重结晶的混合溶剂中,溶解度大的溶剂比溶解度小的溶剂的量要多。将化合物溶解于少量溶解度大的溶剂(如二氯甲烷等)中,所用容器应体积小而窄;再慢慢加入相同体积的另一种溶解度小的溶剂,盖上塞子,静置一边。最好是使两种溶剂的界面能看清楚。在接下来的几个小时或几天里,在两层之间慢慢出现浑浊,在界面上将产生晶体。尽管这个过程相当慢,但容易形成较好质量的单晶。

三、仪器和试剂

(一)主要仪器

150 mL 三角烧瓶、热水漏斗、抽滤装置、烧杯、表面皿。

(二)主要试剂

粗乙酰苯胺、活性炭。

四、实验步骤

称取 2 g 粗乙酰苯胺于 150 mL 三角烧瓶中,加入适量纯水,加热至沸腾,直至乙酰苯胺溶解。若乙酰苯胺不溶解,可添加少量热水,搅拌并加热至接近沸腾使乙酰苯胺溶解。稍冷后,加入适量活性炭于溶液中,煮沸 5～10 min,趁热用放有折叠滤纸的热水漏斗过滤,用一三角烧瓶收集滤液。在过滤过程中,热水漏斗和溶液均用小火加热保温以免冷却。滤液放置冷却后,有乙酰苯胺结晶析出,然后抽滤。抽干后,用玻璃棒或玻璃瓶塞压挤晶体,继续抽滤,尽量除去母液,然后进行晶体的洗涤工作。取出晶体,放在表面皿上晾干,或在 100 ℃以下烘干,称量。乙酰苯胺的熔点为 114 ℃。

乙酰苯胺在水中的溶解度:5.5 g/100 mL (100 ℃),0.53 g/100 mL(25 ℃)。

 注意事项

1. 折叠滤纸能提供较大的过滤表面,使过滤加快,同时可减小在过滤时析出晶体的可能性。注意在折叠时尖端处不要用力折压,以免滤纸破损。在过滤时,将折叠滤纸翻转后放入漏斗,使洁净面接触漏斗壁,避免在折叠过程中被手指弄脏的一面接触滤过的溶液。

2. 布氏漏斗常用于抽滤,瓷质,底部有许多小孔,有大小不一的各种规格(以直径计),选用时与所要过滤物的量相称。抽滤少量的结晶时,可用玻璃钉漏斗,以抽滤管代替抽滤瓶。

3. 安全瓶的作用是调节真空度,防止水倒流入抽滤瓶内。

五、思考题

1. 加热溶解待重结晶的粗产物时,为什么加入溶剂的量要比计算量略少,然后逐渐添加至恰好溶解,最后再加入少量的溶剂?

2. 用活性炭脱色时为什么要待固体物质完全溶解后才加入?为什么不能在溶液沸腾时加入活性炭?

3. 用水重结晶乙酰苯胺,在溶解过程中有无油珠出现? 如有油珠出现,应如何处理?

4. 使用布氏漏斗过滤时,如果滤纸大于布氏漏斗瓷孔面,有什么缺点?

5. 停止抽滤时,如不先打开安全瓶活塞就关闭水泵,会有什么现象产生? 为什么?

6. 在布氏漏斗上用溶剂洗涤滤饼时应注意什么?

7. 如何鉴定经重结晶纯化后产物的纯度?

六、拓展应用

重结晶是一种利用结晶过程中不同物质溶解度的差别而将固体物质分离提纯的方法。固体化合物在溶剂中的溶解度与温度有密切关系,一般是温度升高,溶解度增大。若把固体溶解在热溶剂中使其达到饱和,冷却时即由于溶解度降低,溶液变成过饱和而析出结晶。例如,农药中间体灭多威的精制过程就是典型的重结晶过程。

2.2　升华

一、实验目的

1. 学习升华的原理及意义。

2. 掌握升华的实验操作技术。

3. 培养学生理论联系实际的能力,遵守操作规范。

二、实验原理

升华是纯化固体物质的另外一种方法,特别适用于纯化在熔点温度以下蒸气压较高(高于 20 mmHg)的固体物质。利用升华可除去不挥发性杂质或分离不同挥发度的固体混合物,其产品具有较高的纯度,但操作时间长,损失较大,因此在实验室里升华一般用于较少量(1～2 g)化合物的提纯。

与液体相同,固体物质亦有一定的蒸气压,并随温度而改变。固体物质自固态不经过液态而直接转化为气态,这个过程称为升华。常采用升华的方法提纯某些固体物质,其原理是利用固体混合物中的被纯化固体物质与其他固体物质(或杂质)具有不同的蒸气压。若一种固体物质在熔点温度以下具有足够大的蒸气压,则可用升华方法来提纯。显然,被纯化物质中杂质的蒸气压必须很低,分离效果才好。但在常压下具有适宜升华蒸气压的有机物不多,常常需要减压以增加固体的升华速率,即采用减压升华。

把待精制的物质放入蒸发皿中,用一张具有若干小孔的圆形滤纸把玻璃漏斗的口包起来,把此漏斗倒盖在蒸发皿上,漏斗颈部塞一小团棉花,然后加热蒸发皿,逐渐升高温度,使待精制的物质升华,蒸气通过滤纸孔到达漏斗内壁即冷凝为晶体,附在漏斗内壁和滤纸上。在滤纸上穿小孔可防止升华后形成的晶体落回下面的蒸发皿中。较大量物质的升华可在烧杯中进行,操作方法:烧杯上放置一个通冷水的烧瓶,使蒸气在烧瓶底部凝结成晶体并附在瓶底上。升华前,必须把待精制的物质充分干燥。

图 1.26 所示为常压升华装置,图 1.27 所示为减压升华装置。

三、仪器和试剂

(一)主要仪器

常压升华装置、冷凝指、烧杯、蒸发皿、表面皿。

(二)主要试剂

粗樟脑、粗萘。

四、实验步骤

(一)樟脑的常压升华

称取 0.5 g 粗樟脑,采用常压升华装置进行升华。缓慢加热控温在 179 ℃ 以下,数分钟后,可轻轻地取下漏斗,小心翻起滤纸。如发现下面已挂满了樟脑,则可将其移入干燥的样品瓶中,并立即重复上述操作,直到樟脑升华完毕为止,使杂质留在蒸发皿底部。纯樟脑的熔点为 179 ℃。

(二)萘的减压升华

称取 0.5 g 粗萘,置于直径 2.5 cm 的抽滤管中,且使萘尽量摊匀,然后如图 1.27 所示装一直径为 1.5 cm 的冷凝指,冷凝指内通冷凝水,利用水泵或油泵对抽滤管进行减压。将抽滤管置于 80 ℃ 以下水浴中加热,使萘升华,待冷凝指底部挂足升华的萘时,即可慢慢停止减压,小心取下冷凝指,将萘收集到干燥的表面皿中。反复进行上述操作,直到萘升华完毕为止。纯萘的熔点为 80.6 ℃。

本实验约需 4~6 h。

注意事项

1. 升华发生在物质的表面,应将待升华的样品研得很细。被升华物一定要干燥,如有溶剂则会影响升华后固体的凝结。

2. 刺孔向上,以避免升华上来的物质再落到蒸发皿内。

3. 提高升华温度可以使升华加快,但会使产物晶体变小,产物纯度下降。注意在任何情况下,升华温度均应低于物质的熔点。

4. 升华面到冷凝面的距离必须尽可能短,以便获得较快的升华速度。

五、思考题

1. 什么样的物质可以用升华方法进行提纯?

2. 升华操作的基本原理是什么?升华温度应控制在什么范围内?为什么?

3. 升华时蒸发皿上为什么要盖一张带小孔的滤纸?漏斗颈部为何用棉花塞住?

六、拓展应用

升华提纯技术的应用领域涉及有机合成中间体、天然提取物、无机材料、有机光电材料、香料等化学品的提纯、分离与精制。许多化学品如咖啡因、草酸、水杨酸、对硝基苯甲酸、氨基蒽醌、均苯四甲酸二酐等具有升华特性。利用物质的升华特性进行升华分离,可从粗品中分离得到纯度很高的产品。

2.3 蒸馏

一、实验目的

1. 学习简单蒸馏的原理及意义。

2. 掌握简单蒸馏的实验操作技术。

3. 熟悉常量法测定沸点的方法。

4. 培养独立思考问题、分析问题的能力。

二、实验原理

在有机化学实验中,蒸馏是一种纯化挥发性液体的重要方法。它包括加热使物质汽化,然后将蒸气冷却重新变成液体的过程。在实际应用中,常根据待纯化物质的性质和杂质的性质不同来选择适当的蒸馏方式。常用的蒸馏技术包括简单蒸馏、连续蒸馏、减压蒸馏、短径蒸馏、微量蒸馏和水蒸气蒸馏等。

(一)气液平衡

当液态物质受热时,蒸气压增大,当蒸气压大到和大气压或所给压力相等时,液体沸腾,即达到沸点。对于一些加热不分解的纯液态有机化合物,每种化合物在一定压力下都具有固定的沸点,且沸点会随压力而改变。蒸馏纯净的液体时,温度上升到液体的沸点便不再上升。在沸点时,液相和气相相互达成一个热平衡,这样蒸馏就会在一个恒定的温度下进行。如果要纯化的混合物中,95%是所需要的物质,5%是杂质,或50%是产物,50%是起始原料,则都要先考虑液体的挥发性对蒸馏的影响。

相互混溶的液态有机化合物的蒸馏遵循两条定律——Dalton 分压定律和 Raoult 定律。Dalton 分压定律认为,气体的总压力或液体的蒸气压(p)等于各组分气体(组分 A 和组分 B)的分压力(p_A 和 p_B)之和,即

$$p = p_A + p_B$$

Raoult 定律认为,在一定的温度和压力下,每一组分气体的压力(p_A)等于该气体的纯化合物的压力($p_A^{纯}$)乘以该组分在混合气体中的摩尔分数(x_A),即

$$p_A = p_A^{纯} \cdot x_A$$

因此,混合液体的蒸气压跟各组分纯物质的蒸气压和混合物中各组分的摩尔分数有关。

（二）简单蒸馏

要进行简单蒸馏,可以如图 1.16 所示搭建实验装置。蒸馏装置主要包括汽化、冷凝和接收装置三部分。仪器主要包括圆底烧瓶、蒸馏头、冷凝管、接液管和事先称重的接收瓶。装置的安装一般先从热源开始,然后按照从下到上、从左到右的顺序进行安装,且应确保所有仪器都被铁夹固定好。使用玻璃仪器的大小应根据所蒸馏的量来选择。一般实验室蒸馏的实验规模是 2～100 g;有时也会蒸馏较少量的液体(2～10 g),就应选用较小的蒸馏装置;如果是更小规模的蒸馏(50 mg～2 g),就可选用短径蒸馏技术。不论是多大规模的蒸馏,蒸馏烧瓶的体积应是被蒸馏液体体积的 1.5 倍。

将准备蒸馏的液体用漏斗通过蒸馏头慢慢加入蒸馏烧瓶中,再加入 2～3 粒沸石防止暴沸。在蒸馏头上加上温度计套管并装上温度计,调节水银球的高度,使水银球的上缘恰好与蒸馏头支管接口的下缘在同一水平线上。选择合适的热源加热蒸馏烧瓶。对于沸点低于 85 ℃的易燃液体,应用热水浴或蒸汽浴加热。沸点高的液体可选用油浴或电热套加热。当液体开始沸腾时,用多个接收瓶分批接收液体。蒸馏沸点低于 130 ℃的有机液体时,用直形冷凝管冷凝,冷凝水应从夹套的下口进入,上口流出,以保证冷凝管夹套中充满水。蒸馏沸点高于 130 ℃的液体时,应改用空气冷凝管。

当待分离的两种液体的沸点相差 30 ℃以上时,就可以通过简单蒸馏将其分开。如果待分离的液体已经相当纯了,里面只含有少量沸点高的杂质,则在蒸馏时,当温度上升时,先用一事先称重的接收瓶收集少量的液体,当温度达到一恒定的值时,换另一事先称重的接收瓶,收集完大部分主要组分后停止加热。千万不要将液体蒸干,一般应留少量残液在蒸馏烧瓶中。

三、仪器和试剂

（一）主要仪器

100 mL 圆底烧瓶、蒸馏头、温度计套管、温度计、直形冷凝管、三角烧瓶、烧杯、真

空接引管、量筒、电热套。

（二）主要试剂

无水乙醇、沸石。

四、实验步骤

在 100 mL 圆底烧瓶中加入 40 mL 无水乙醇和 2 粒沸石，按图 1.17 所示搭建蒸馏装置（改用电热套作为热源）。开通冷却水，加热，当蒸气到达水银球周围时，温度计读数迅速上升，记录第一滴馏出液滴入接收器时的温度。调整加热温度，控制馏出速度为 1~2 滴/秒，分别记录馏出液为 5 mL、10 mL、15 mL、20 mL、25 mL、30 mL、35 mL 时的具体温度读数。用坐标纸以馏出液体积为横坐标、温度为纵坐标作出蒸馏曲线图。

本实验约需 3 h。

💡 注意事项

1. 具有固定沸点的液体不一定都是纯净的化合物，因为某些有机化合物与其他物质按一定比例组成的混合物也有固定的沸点，它们的液体组分与饱和蒸气的成分一样，这种混合物称为共沸混合物或恒沸物。共沸混合物的沸点低于或高于混合物中任何一个组分的沸点，称为共沸点。例如，乙醇-水共沸混合物的组成为乙醇 95.6%（体积分数）、水 4.4%，共沸点为 78.17 ℃。共沸混合物不能用蒸馏法分离。应注意，水能与多种物质形成共沸混合物，所以化合物在蒸馏前，必须用干燥剂除水。本书附录中有一些常见的共沸混合物，有关共沸混合物更全面的数据可从化学手册中查到。

2. 有时液体加热达到沸点时并不沸腾，这种现象称为"过热"。此时，一旦有一个气泡形成，由于液体在此温度时的蒸气压已远远超过大气压和液柱压力之和，因此上升的气泡增大得非常快，甚至将液体冲出瓶外，这种不正常沸腾称为"暴沸"。为了消除在蒸馏过程中的暴沸现象，常加入沸石（或素瓷片）或一端封口的毛细管，以引入汽化中心，产生平稳沸腾。沸石又称"止暴剂"或"助沸剂"。若加热后发现未加沸石，千万不能匆忙地投入沸石，因为当液体在过热或接近沸点时投入沸石，会引起猛烈的暴沸而将液体冲出瓶外，若是易燃的液体，则将会引起火灾。所以在补加沸石时，应移走热源，使液体冷却至沸点以下后才能加入。若沸腾中途停止后需要继续蒸馏，则必须在加热前补添新的沸石，因为起初加入的沸石在受热时逐出了部分空气，在冷却时吸进了液体，因而可能已经失效。

3. 如果没有液滴产生，可能有两种情况：一是温度低于沸点，体系内气-液相没有达到平衡；二是温度过高，出现过热现象，此时温度已超过沸点，应调节热源温度以达到要求。

五、思考题

1. 蒸馏时温度计的位置偏高和偏低,液体馏出速度太慢或太快,对沸点的读数有何影响?

2. 如果蒸馏出的物质易受潮分解、易挥发、易燃或有毒,应该采取什么办法?

3. 蒸馏时为什么要加沸石? 如果加热后才发现未加入沸石,应怎样处理?

六、拓展应用

蒸馏是目前应用最广的一类液体混合物分离方法。这是由于蒸馏技术比较成熟,操作简便,通常只需提供能量和冷却水,就能得到高纯度产品;而其他分离操作(如吸收、吸附和萃取等)都须使用分离剂(如吸收剂、吸附剂或萃取剂等),用过的分离剂常常需经过再生后循环使用,因而增加了附加操作。除此之外,蒸馏适用于各种浓度混合液的分离,而吸收、吸附和萃取等通常仅适用于低浓度混合液的分离。

2.4　分　馏

一、实验目的

1. 了解分馏的原理及其意义。

2. 掌握实验室分馏的实验操作技术。

3. 培养学生严谨的学习态度。

二、实验原理

通过简单蒸馏不能有效分离沸点相差小于 30 ℃的液体混合物,此时就需要用到分馏技术。如图 1.21 所示,分馏装置与简单蒸馏装置相比仅仅是多了一支分馏柱,装在蒸馏头和蒸馏烧瓶之间。分馏柱必须垂直放置,为避免热量的散失,一般用一层铝箔包在外面。因为在分馏时需收集不同的组分,在冷凝管后面一般应装上三叉燕尾管作为接液管。使用三叉燕尾管的目的是在接收不同的馏分时,只要转动三叉燕尾管而不用更换接收瓶。

分馏是怎样进行的呢? 实际上就是使沸腾的混合物蒸气通过分馏柱进行一系列的热交换。由于柱外空气的冷却,蒸气中高沸点的组分就被冷却为液体,回流入烧瓶中,故上升的蒸气中高沸点的组分相对减少,低沸点的组分相对增加,当冷凝回流途中遇到上升的蒸气,两者之间又进行热交换,上升的蒸气中高沸点的组分又被冷凝,低沸点的组分仍继续上升,易挥发的组分增加了,如此在分馏柱内反复进行着汽化、冷凝、回流等过程。当分馏柱的效率相当高且操作得当时,在分馏柱顶部出来的蒸气就几乎全是低沸点的组分,再通过冷凝管冷却便可将低沸点液体分离出来。最终便可将沸点不同的物质分离出来。

分馏柱的种类很多，一般实验室里常用的分馏柱有 Vigreux 柱、Widmer 柱、填充式分馏柱(图 2.4)。为了提高分馏柱的分离效率，在分馏柱内装有大表面积的填料，这样就可以增加回流液体的接触机会。填料有玻璃或陶瓷、金属等。玻璃、陶瓷填料的优点是不会与有机化合物反应。

影响分馏效率的因素有回流比、理论塔板数、柱的保温和填料。回流比，即单位时间内由柱顶冷凝返回柱中液体的量与蒸出物量之比。柱的残液量是指当蒸馏结束后仍然留在柱中的液体的数量。具有较大的表面积、较高的塔板数就会有较大的残液量。因此，尽管使用较长的分馏柱可以提高分馏效率，但同时也增加了样品的损失。较好的分馏柱可以将沸点差别在 0.5 ℃ 以内的混合物分开，当然这需要更为复杂而又精细的仪器。

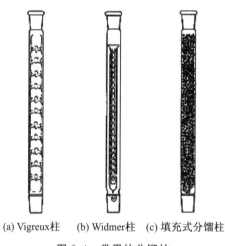

(a) Vigreux柱   (b) Widmer柱   (c) 填充式分馏柱

图 2.4 常用的分馏柱

三、仪器和试剂

（一）主要仪器

100 mL 圆底烧瓶、蒸馏头、分馏柱、温度计套管、温度计、直形冷凝管、三角烧瓶、烧杯、真空接引管、量筒。

（二）主要试剂

无水乙醇、沸石。

四、实验步骤

在 100 mL 圆底烧瓶中加入 40 mL 无水乙醇和 2 粒沸石，按图 1.21 所示搭建分馏装置(用电热套作为热源)。开通冷却水，加热，当蒸气到达水银球周围时，温度计读数迅速上升，记录第一滴馏出液滴入接收器时的温度，调整加热温度，控制馏出速度为每 2～3 秒 1 滴，分别记录馏出液 5 mL、10 mL、15 mL、20 mL、25 mL、30 mL、

35 mL 时的具体温度读数。用坐标纸以馏出液体积为横坐标、温度为纵坐标作出分馏曲线图。

本实验约需 3 h。

💡 **注意事项**

1. 分馏柱是一根长而垂直、柱身有一定形状的空管，或者管中填以特制的填料。其作用是增大液相和气相的接触面积，提高分馏效率。普通有机化学实验中常用刺形分馏柱，又称韦氏(Vigreux)分馏柱，它是一根分馏管，中间一段每隔一定距离向内伸入三根向下倾斜的刺状物，在柱中相交，每堆刺状物间排列成螺旋状。在需要更好的分馏效果时，要用填料柱，即在一根玻璃管内填上惰性材料，如环形、螺旋形、马鞍形等各种形状的玻璃、陶瓷或金属小片。

2. 能形成共沸混合物的液体不能通过分馏完全分离。比如，乙醇-水共沸混合物的组成为乙醇 95.6%(体积分数)、水 4.4%，共沸点为 78.17 ℃，通过分馏乙醇-水溶液，只能得到 95.6% 的乙醇。

3. 影响分馏效率的因素。

(1) 理论塔板数。分馏柱效率是用理论塔板数来衡量的。分馏柱中的混合物，经过一次汽化和冷凝的热力学平衡过程，相当于一次普通蒸馏所达到的理论分离效率，当分馏柱达到这一分离效率时，分馏柱就具有一块理论塔板。柱的理论塔板数越多，分离效果越好。不同的分馏柱理论板层高度不同。在高度相同的分馏柱中，理论板层高度越小，则柱的分离效率越高。

(2) 回流比。在单位时间内，由柱顶冷凝返回柱中液体的量与蒸出物量之比称为回流比。若全回流中每 10 滴收集 1 滴馏出液，则回流比为 9∶1。增加回流比可以提高混合物的分离效率。对于非常精密的分馏，使用高效率的分馏柱，回流比可达 100∶1。回流比的大小根据物系和操作情况而定，一般回流比控制在 4∶1。

(3) 柱的保温。对分馏来说，在柱内保持一定的温度梯度是极为重要的。在理想情况下，柱底的温度与蒸馏瓶内液体沸腾时的温度接近。柱内自下而上温度不断降低，直至柱顶时温度接近易挥发组分的沸点。一般情况下，柱内温度梯度的保持可以通过适当的保温、调节馏出液速度来实现。若加热速度快，则蒸出速度也快，会使柱内温度梯度变小，影响分离的效果。

(4) 填料。为了提高分馏柱的分馏效率，在分馏柱内装入具有较大表面积的填料，填料之间应保留一定的空隙，要遵守适当紧密且均匀的原则，这样就可以增加回流液体和上升蒸气的接触机会。填料有玻璃(如玻璃珠、短段玻璃管)、金属(如金属环、金属片)等，玻璃的优点是不会与有机化合物发生反应，金属则可与卤代烷之类的

化合物发生反应。

4. 回流液体在柱内聚集称为液泛。在分馏过程中,不论是用哪种分馏柱,都应防止液泛,否则会减少液体和蒸气的接触面积,或导致上升的蒸气将液体冲入冷凝管中,达不到分馏的目的。为了避免这种情况的发生,需在分馏柱外面包一定厚度的保温材料,以保证柱内具有一定的温度梯度,防止蒸气在柱内冷凝太快。当使用填充柱时,填料装得太紧或不均匀往往会造成柱内液体聚集,这时需要重新装柱。

五、思考题

1. 分馏与简单蒸馏在原理、装置和用途上有何区别?

2. 影响分馏分离效率的因素有哪些?

3. 分馏时若加热太快,分离的效率会显著下降,为什么?

4. 分馏溶液时,加热一段时间后,发现温度计读数下降,说明什么问题? 为什么?

5. 如何用分馏曲线和蒸馏曲线比较分馏与蒸馏的分离效率?

六、拓展应用

分馏是对某一混合物进行加热,针对混合物中各组分的不同沸点进行冷却分离成相对纯净的单一物质的过程。分馏实际上是多次蒸馏,它更适用于分离提纯沸点相差不大的液体有机混合物,如煤焦油的分馏和石油的分馏。若物质的沸点十分接近(相差小于 30 ℃),则无法使用简单蒸馏法,可改用分馏法。

2.5 减压蒸馏

一、实验目的

1. 学习减压蒸馏的原理及其意义。

2. 掌握减压蒸馏的实验操作技术。

3. 培养学生理论联系实际、实事求是的科学精神。

4. 培养学生良好的实验安全意识。

二、实验原理

某些沸点较高的有机化合物在加热还未达到沸点时就发生了分解或氧化,所以不能使用常压蒸馏。若此时使用减压蒸馏,则可以避免这种现象的发生。因为当系统内压力减小后,物质的沸点降低,当压力降低到 $1.3 \sim 2.0$ kPa($10 \sim 15$ mmHg)时,许多有机化合物的沸点可以比其常压下的沸点降低 80 ℃~100 ℃。因此,减压蒸馏对于分离或提纯沸点较高或性质比较不稳定的液态有机化合物具有特别重要的意义,是分离提纯液态有机化合物常用的方法。在减压蒸馏前,应先从文献中查阅该化合物在所选择的压力下的相应沸点。如果文献中缺乏此数据,可用下述经验规律大致推算,以供参考:当蒸馏在 1 333～1 999 Pa(10～15 mmHg)下进行时,压力每相差 133.3 Pa(1 mmHg),沸点相差约 1 ℃;也可以通过图 2.5 所示的不同压力下相应沸点换算图来查找,即从某一压力下的沸点值可以近似地推算出另一压力下的沸点。例如,水杨酸乙酯常压下的沸点为 234 ℃,减压至 1 999 Pa(15 mmHg)时,沸点为多少度? 可在图中(b)线上找到 234 ℃的点,再在(c)线上找到 1 999 Pa(15 mmHg)的点,然后通过两点连直线,该直线与(a)线的交点为 113 ℃,即水杨酸乙酯在 1 999 Pa(15 mmHg)时的沸点约为 113 ℃。

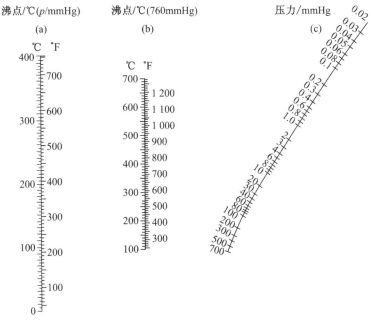

图 2.5　不同压力下相应沸点换算图

（一）减压蒸馏装置

减压蒸馏装置主要包括蒸馏烧瓶、克氏蒸馏头、冷凝管、接收瓶、吸收装置、压力计、安全瓶、减压泵等,如图 1.22 所示。减压蒸馏前,先按图 1.22 所示安装仪器,并检查系统能否达到所要求的压力。检查方法为:首先关闭安全瓶上的活塞并旋紧克氏蒸馏头上橡皮管的螺旋夹,然后用抽气泵抽气,观察能否达到要求的压力(如果仪器装置紧密不漏气,系统内应能保持真空)。慢慢旋开安全瓶上的活塞,放入空气,直到内外压力相等为止。加入需要蒸馏的液体于蒸馏烧瓶中(不得超过容积的 1/2),关好安全瓶上的活塞,开动抽气泵调节毛细管导入空气量,以能冒出一连串小气泡为宜。当达到所要求的压力且压力稳定后开始加热,热浴的温度一般较液体的沸点高 20 ℃～30 ℃左右。液体沸腾时应调节热源,经常注意压力计上所示的压力,如果不符,则应进行

调节,蒸馏速度以 $1\sim2$ 滴/秒为宜。待达到所需的沸点时,更换接收瓶,继续蒸馏。

蒸馏完毕,除去热源,慢慢旋开毛细管上橡皮管的螺旋夹,并慢慢打开安全瓶上的活塞,平衡内外压力,使压力计的水银柱慢慢地恢复原状,然后关闭抽气泵。此外,还应注意两点:旋开螺旋夹和打开安全瓶均不能太快,否则水银柱会很快上升,可能会冲破压力计;必须待内外压力平衡后,才可关闭油泵,以免抽气泵中的油倒吸入干燥塔。最后按照与安装相反的程序拆除仪器。

(二)旋转蒸发仪

旋转蒸发仪主要用于在减压条件下连续蒸馏大量易挥发性溶剂,尤其适用于对萃取液的浓缩和色谱分离时接收液的蒸馏,同时可以分离和纯化反应产物。其构造如图 2.6 所示。旋转蒸发仪的基本工作原理就是减压蒸馏。在减压状态下,当溶剂蒸馏时,蒸馏烧瓶连续转动。蒸馏烧瓶是一个带有标准磨口接口的梨形或圆底烧瓶,通过一回流蛇形冷凝管与减压泵相连,回流冷凝管另一开口与带有磨口的接收瓶相连,用于接收被蒸发的有机溶剂。在冷凝管与减压泵之间有一三通活塞,当体系与大气相通时,可以将蒸馏烧瓶、接收瓶取下,转移溶剂;当体系与减压泵相通时,体系处于减压状态。使用时,应先减压,再开动电动机转动蒸馏烧瓶;结束时,应先停机,再通大气,以防蒸馏烧瓶在转动中脱落。作为蒸馏的热源,常配有相应的恒温水槽。

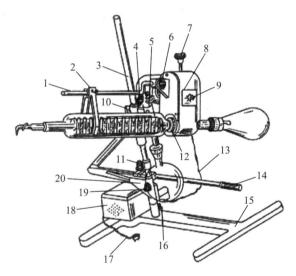

1. 夹子杆;2. 夹子;3. 座杆;4. 传动部分固定旋钮;5. 连接支架;6. 夹头杆调正旋钮;7. 传动部分角度调节旋钮;8. 传动部分;9. 调速旋钮;10. 水平旋转旋钮;11. 升降固定套;12. 联轴节螺母;13. 传动部分电源线;14. 升降调节手柄;15. 底座;16. 座杆固定旋钮;17. 电源线;18. 变压器罩壳;19. 手柄水平旋转旋钮;20. 升降杠杆座

图 2.6　旋转蒸发仪的构造

三、仪器和试剂

（一）主要仪器

50 mL 圆底烧瓶、克氏蒸馏头、温度计套管、温度计、冷凝管、真空接引管、量筒。

（二）主要试剂

苯甲醛、真空脂。

四、实验步骤

由于苯甲醛在实验室久置后会因氧化而产生杂质苯甲酸，所以使用前往往需要提纯。但由于其沸点较高（178 ℃），若使用常压蒸馏，则苯甲醛易被空气中的氧气氧化成苯甲酸，故必须通过减压蒸馏进行提纯。实验步骤如下：

如图 1.22 所示，取 50 mL 圆底烧瓶，安装减压蒸馏装置。旋紧螺旋夹，开动真空泵，逐渐关闭安全瓶上的二通活塞，调试压力使其稳定在 10 mmHg 以下。开通安全瓶上的二通活塞，徐徐放入空气，待压力与大气平衡后，关闭真空泵。

取 20 mL 苯甲醛，加入蒸馏烧瓶中，检查各仪器接口处的严密性后开动真空泵，使压力稳定在 10 mmHg 以下。调节螺旋夹，控制减压毛细管的进气量，使蒸馏烧瓶内的液体中有连续平稳的小气泡逸出。待压力计稳定后读数，由图 2.6 估算出此外压下苯甲醛的沸点。比如，如果此时气压计的读数为 10 mmHg，估算出苯甲醛的沸点为 62 ℃左右，此时可选择水浴加热（高出沸点 20 ℃～30 ℃），收集沸程为 60 ℃～63 ℃左右（1.33 kPa）的馏分，并记下压力和沸程。收集完大部分馏出液后，停止加热，移开热源。降温后，慢慢松开毛细管上的螺旋夹，再慢慢打开安全瓶上的活塞，使体系与大气相通。当压力计中的水银柱慢慢回复原状后，关闭真空泵，并按顺序拆卸减压蒸馏装置。

本实验约需 3 h。

💡 注意事项

1. 如果一化合物常压下的沸点为 200 ℃，欲减压至 4.0 kPa（30 mmHg），它相应的沸点应是多少？我们可以先在图 2.5 所示直线（b）上找出其常压时的沸点 200 ℃，然后将此点与直线（c）上 30 mmHg 处的点连接成一直线，延长此直线与直线（a）相交，交点 100 ℃即表示该物质在 4.0 kPa（30 mmHg）时的近似沸点。利用图 2.5 也可以反过来估计减压时要求的压力。

2. 用封闭式水银压力计测量压力时，压力计中两水银液面高度之差即为蒸馏系统中的真空度。读数时，把刻度标尺的 0 点对准 U 形压力计右边水银柱的顶端，可直接从刻度标尺上读出系统内的实际压力。封闭式压力计比较轻巧，但常常因残留空气，以致读数不够准确，常需要用开口式压力计来校正。为了维护水银压力计 U 形管不让水或其他脏物进入,在蒸馏过程中,待系统内的压力稳定后,可关闭压力计的旋塞,使之与减压系统隔绝,当需要观察压力时临时开启旋塞,记下压力计读数,再关闭旋塞。

3. 吸收塔的有效工作时间是有限的,应适时定期更换装填物。装填物吸附饱和后,不能起到保护真空泵的作用,还会阻塞气体通道,使真空度下降。如装填物长期不更换,则会胀裂玻璃塔身(如装氯化钙的塔),或使玻璃瓶塞与塔身黏合,不能开启而报废(如装碱性填充物的塔)。所以要经常观察吸收塔内装填物的形态,如是否有潮湿状等,及时更换装填物,以保证真空泵有良好的工作性能。

4. 待减压蒸馏的试剂可以选择合成实验中用到的原料,如苯甲醛、呋喃甲醛、苯胺、乙酸酐、乙酰乙酸乙酯等,而这些原料在使用前往往需要进一步的提纯。

五、思考题

1. 什么情况下需要采用减压蒸馏?

2. 在进行减压蒸馏时,为什么必须用水浴或油浴加热?

3. 使用油泵减压时,需有哪些吸收和保护装置?其作用是什么?

4. 减压蒸馏过程中,如何防止液体加热暴沸?为何不能使用沸石?

5. 为什么进行减压蒸馏时须抽成真空后才能加热?

6. 需要结束减压蒸馏时,应如何停止蒸馏?为何放空后才能关泵?

六、拓展应用

减压蒸馏是分离或提纯有机化合物的常用方法之一。减压的最大好处是降低物质的沸点,因为沸点是液体的蒸气压与外界压力相等时的温度,当外界压力下降时,沸点也降低,所以减压蒸馏可以保护一些受热易破坏、易分解的物质,适用于它们的提取分离。减压蒸馏也可以用来回收低沸点易燃有机溶剂。例如,用乙醇提取了某种成分后需要去除乙醇,就可以利用旋转蒸发仪进行减压蒸馏以回收乙醇。

2.6 水蒸气蒸馏

一、实验目的

1. 学习水蒸气蒸馏的原理及其意义。

2. 掌握水蒸气蒸馏的实验操作技术。

3. 培养分析问题和独立思考的能力。

二、实验原理

在一定温度下,互不混溶的挥发性物质的混合物每一组分(i)都有各自的蒸气压(p_i),p_i的大小与该组分单独存在时一样,与其他组分是否存在及其存在量的多少无关,也就是说混合物中的每一组分是独立蒸发的。当有机化合物(与水不互溶)和水

一起加热时,根据道尔顿(Dalton)分压定律,液面上的总蒸气压等于各组分蒸气压之和,即

$$p_总 = p_水 + p_A + p_B + \cdots$$

当 $p_总$ 等于外界大气压时,液体开始沸腾,此时的温度即为混合物的沸点。此沸点必定较任一组分的沸点低。这样,在常压下应用水蒸气蒸馏(Steam Distillation)就能在低于 100 ℃ 的情况下将高沸点的有机化合物与水一起蒸馏出来。

由理想气体状态方程可知,蒸馏液中各组分的气体分压(p_A、p_B)之比等于它们的物质的量(n_A、n_B 表示组分 A、B 在一定容积的气相中的物质的量)之比,即

$$\frac{p_A}{p_B} = \frac{n_A}{n_B}$$

而 $n_A = \frac{m_A}{M_A}$,$n_B = \frac{m_B}{M_B}$。其中,m_A、m_B 为各物质的质量,M_A、M_B 为其摩尔质量。因此

$$\frac{m_A}{m_B} = \frac{M_A \cdot n_A}{M_B \cdot n_B} = \frac{M_A \cdot p_A}{M_B \cdot p_B}$$

可见,这两种物质在馏出液中的相对质量(它们在蒸气中的相对质量)与它们的蒸气压、摩尔质量成正比。

水蒸气蒸馏是分离和纯化有机化合物的重要方法之一,它广泛用于从天然原料中分离出液休和固体产物,尤其适用于分离那些在其沸点附近易分解的物质;适用于分离含有不挥发性杂质或大量树脂状杂质的产物;也适用于从较多固体反应混合物中分离出被吸附的液体产物,其分离效果较常压蒸馏或重结晶好。

使用水蒸气蒸馏时,被分离或纯化的物质应具备的条件有:一般不溶或难溶于水;在沸腾状态下与水能长时间共存而不发生化学反应;在 100 ℃ 左右时应具有一定的蒸气压(一般不小于 10 mmHg)。

(一)水蒸气蒸馏装置

水蒸气蒸馏装置由水蒸气发生器和简单蒸馏装置组成,如图 1.23 所示为实验室常用水蒸气蒸馏装置。当用直接法进行水蒸气蒸馏时,用简单蒸馏或分馏装置即可。水蒸气发生器上安装一根玻璃管(长约 0.5 m,直径约 5 mm)作为安全管,将安全管插入发生器底部,距底部距离约 1~2 cm,可用来调节体系内部的压力并可防止系统发生堵塞时出现危险。水蒸气出口管与玻璃 T 形管相连,T 形管的一端与发生器连接,另一端与蒸馏装置连接,下口接一段软的橡皮管,用螺旋夹夹住,以便调节水蒸气量。在与蒸馏系统连接时管路越短越好,否则水蒸气冷凝后会降低蒸馏烧瓶内温度,影响蒸馏效果。与蒸馏装置连接的部分要用玻璃导管将水蒸气导入蒸馏烧瓶,水蒸气导入管要正对烧瓶底中央,距瓶底约 3~5 mm。

（二）水蒸气蒸馏的操作要点

1. 在水蒸气发生器中，加入约2/3体积的水和几粒沸石，蒸馏烧瓶可选用圆底烧瓶，也可用三口烧瓶。被蒸馏液体的体积不应超过蒸馏烧瓶容积的1/3。将混合液加入蒸馏烧瓶后，打开 T 形管上的螺旋夹，开始加热水蒸气发生器，使水沸腾。当有水蒸气从 T 形管下面喷出时，将螺旋夹拧紧，使水蒸气进入蒸馏系统。调节进气量，保证蒸馏烧瓶内的进气速度与馏出液的馏出速度平衡。控制加热速度，使馏出速度为每秒2～3滴。

2. 在蒸馏过程中，若在插入水蒸气发生器中的玻璃管内，水蒸气突然上升至几乎喷出，则说明蒸馏系统内压增高，可能系统发生堵塞。此时应立刻打开螺旋夹，移走热源，停止蒸馏，待故障排除后方可继续蒸馏。当蒸馏烧瓶内的压力大于水蒸气发生器内的压力时，将发生液体倒吸现象，此时应打开螺旋夹或对蒸馏烧瓶进行保温，加快蒸馏速度。

3. 当馏出液不再浑浊时，用小试管接收少量馏出液并加入少量水，在日光或灯光下观察是否有油珠状物质，如果没有，可停止蒸馏。

4. 停止蒸馏时先打开 T 形管上的螺旋夹，移走热源，待稍冷却后，将水蒸气发生器与蒸馏系统断开，收集馏出物或残液（有时残液是产物），最后拆除仪器。

三、仪器和试剂

（一）主要仪器

水蒸气发生器（可用 250 mL 四口烧瓶代替）、100 mL 圆底烧瓶、分液漏斗、蒸馏头、温度计套管、温度计、T 形管、直形冷凝管、接引管、量筒。

（二）主要试剂

薄荷末、乙醚、氯化钠、无水硫酸镁。

四、实验步骤

在水蒸气发生器中加2/3～3/4的水和数粒沸石，在蒸馏烧瓶中加入10 g 干薄荷末和约 20 mL 热水，然后按图1.23所示安装仪器，打开螺旋夹，开启冷凝水，加热水蒸气发生器至沸腾。

当有水蒸气从 T 形管的支管冲出时，旋紧螺旋夹，让水蒸气进入蒸馏烧瓶中，控制馏出速度为每秒2～3滴（如速度太慢，可对蒸馏烧瓶进行辅助加热）。调节冷凝水，防止在冷凝管中有固体析出，使馏分保持液态。如果已有固体析出，可暂时停止通冷凝水，必要时可将冷凝水放掉，以使物质熔融后随热馏出液流入接收器。必须注意：当重新通入冷凝水时，要小心而缓慢，以免冷凝管因骤冷而破裂。

当馏出液澄清透明且不再含有有机物油滴时（在通冷凝水的情况下），可停止蒸馏。先打开螺旋夹，与大气相通，然后停止加热。在馏出液中加入适量氯化钠至饱和,然后转移入分液漏斗中,每次加 10 mL 乙醚萃取两次,合并萃取液,加适量无水硫酸镁干燥,振摇、静置、过滤,将滤液转移到圆底烧瓶中,用旋转蒸发仪蒸去乙醚即得薄荷油。

本实验约需 4～6 h。

💡 **注意事项**

1. 通过水蒸气蒸馏还可分离具有特殊结构的有机化合物。例如,许多邻位二取代苯的衍生物比相应的间位和对位二取代苯的衍生物随水蒸气蒸发的能力要强。能形成分子内氢键的化合物如邻氨基苯甲酸、邻硝基苯甲醛、邻硝基苯酚等都可随水蒸气蒸发,而对氨基苯甲酸、对硝基苯甲醛、对硝基苯酚等不能形成分子内氢键,只能形成分子间氢键,故随水蒸气蒸发的能力很弱,据此用水蒸气蒸馏的方法可将邻位产物与对位产物分开。

2. 安全管的作用:① 可以观察到整个水蒸气蒸馏系统是否畅通。若管内液面上升很高,则说明蒸馏系统不畅通,有某一部分堵塞了,这时应立即旋开螺旋夹,移去热源,拆开装置进行检查(一般是水蒸气导入管下端被树脂状或焦油状物质堵塞)和处理,否则就有可能发生塞子冲出、液体飞溅的危险。② 当水蒸气发生器内温度下降而造成负压时,大气会通过安全管进入水蒸气发生器,以保持体系内外压的平衡,避免蒸馏部分的液体通过蒸气导管倒吸至水蒸气发生器内。

3. T 形管的作用:① 用来除去水蒸气冷凝形成的水;② 在操作不正常的情况(如导气管堵塞或产生暴沸)下,可旋开螺旋夹使水蒸气发生器与大气相通。

五、思考题

1. 水蒸气蒸馏具有哪些用途?又必须符合哪些条件?

2. 安全管与 T 形管各有何作用?

3. 蒸馏部分的蒸气导入管末端为什么要插入至接近于容器的底部?什么情况下要辅助加热?

4. 如何判断水蒸气蒸馏可以停止?

5. 水蒸气蒸馏结束时,为何要先打开螺旋夹?

6. 水蒸气发生器与蒸馏烧瓶中都要加沸石吗?

六、拓展应用

水蒸气蒸馏就是利用液体混合物中各组分挥发度的差别,使液体混合物部分汽化并随之使蒸气部分冷凝,从而实现其所含组分的分离。它是一种传质分离的单元操作,广泛应用于炼油、化工、轻工、制药等领域。例如,中药中的挥发油、某些小分子生物碱(如麻黄碱、槟榔碱等),以及某些小分子的酸性物质(如丹皮酚等)均可用该方法提取。

2.7 萃取和洗涤

一、实验目的

1. 学习萃取与洗涤的原理及其实验方法。
2. 掌握分液漏斗操作技术。
3. 以青蒿素的提取为例,增强学生的专业自豪感和家国情怀。

二、实验原理

萃取是物质从一相向另一相转移的操作过程,是有机化学实验中用来分离或纯化有机化合物的基本操作之一。应用萃取可以从固体或液体混合物中提取出所需要的物质,也可以用来洗去混合物中的少量杂质。通常将前者称为"萃取"(或"抽提"),后者称为"洗涤"。

根据被提取物质状态的不同,萃取可分为三种:① 用溶剂从液体混合物中提取所需物质,称为液-液萃取;② 用溶剂从固体混合物中提取所需物质,称为液-固萃取;③ 利用固体吸附剂将液体样品中的目标化合物吸附出来,称为固相萃取。

(一)液-液萃取

液-液萃取是利用物质在两种互不相溶(或微溶)的溶剂中溶解度或分配系数的不同,使物质从一种溶剂转移到另一种溶剂中。分配定律是液-液萃取的主要理论依据。在两种互不相溶的混合溶剂中加入某种可溶性物质时,它能以不同的溶解度分别溶于这两种溶剂中。实验证明,在一定温度下,若该物质的分子在此两溶剂中不发生分解、电离、缔合和溶剂化等作用,则此物质在两液相中的浓度之比是一个常数,不论所加物质的量是多少都是如此,用公式可表示为

$$\frac{c_A}{c_B} = K$$

式中,c_A、c_B表示一种物质在 A、B 两种互不相溶的溶剂中的物质的量浓度;K 是常数,称为"分配系数",它可以近似地看作是物质在两溶剂中的溶解度之比。由于有机化合物在有机溶剂中一般比在水中溶解度大,因而可以用与水不互溶的有机溶剂将有机物从水溶液中萃取出来。为了节省溶剂并提高萃取效率,根据分配定律,用一定量的溶剂一次加入溶液中萃取,不如将同量的溶剂分成几份后多次萃取效率高,可用下式来说明:

$$W_n = W\left(\frac{KV}{KV+S}\right)^n$$

式中,V 为被萃取溶液的体积(mL),W 为被萃取溶液中有机物的总量(g),W_n 为萃取

n 次后有机物剩余量(g),S 为萃取溶剂的体积(mL)。

当用一定量的溶剂萃取时,希望有机物在水中的剩余量越少越好。而上式 $KV/(KV+S)$ 总是小于 1,所以 n 越大,W_n 就越小,即将溶剂分成数份后多次萃取比用全部量的溶剂一次萃取的效果好。但是,萃取的次数也不是越多越好,因为溶剂总量不变时,萃取次数 n 增加,S 就要减小,当 $n>5$ 时,n 和 S 两个因素的影响几乎相互抵消,n 再增加,$W_n/(W_n+1)$ 的变化很小,所以一般同体积溶剂分 3～5 次萃取即可。

一般从水溶液中萃取有机物时,选择合适萃取溶剂的原则是:溶剂在水中溶解度很小或几乎不溶;被萃取物在溶剂中要比在水中溶解度大;溶剂与水和被萃取物都不反应;萃取后溶剂易与溶质分离开,因此最好用低沸点溶剂,萃取后溶剂可通过常压蒸馏回收。此外,价格便宜、操作方便、毒性小、不易着火也应考虑。经常使用的萃取溶剂有:乙醚、苯、四氯化碳、氯仿、石油醚、二氯甲烷、二氯乙烷、正丁醇、醋酸酯等。一般水溶性较小的物质可用石油醚萃取,水溶性较大的物质可用苯或乙醚萃取,水溶性极大的物质可用乙酸乙酯萃取。

常用的萃取操作包括:① 用有机溶剂从水溶液中萃取有机反应物;② 通过水萃取,从反应混合物中除去酸碱催化剂或无机盐类;③ 用稀碱或无机酸溶液萃取有机溶剂中的酸或碱,使之与其他有机物分离。

液-液萃取常用的仪器是分液漏斗。使用前应先检查下口活塞和上口塞子是否有漏液现象,在活塞处涂少量凡士林,旋转几圈将凡士林涂均匀。在分液漏斗中加入一定量的水,将上口塞子塞好,上下摇动分液漏斗中的水,检查是否漏水,确定不漏后再使用。将待萃取的原溶液倒入分液漏斗中,再加入萃取剂(如果是洗涤,应先将水溶液分离后再加入洗涤溶液),将塞子塞紧。用右手的拇指和中指拿住分液漏斗,食指压住上口塞子,左手的食指和中指夹住下口管,同时,食指和拇指控制活塞,如图 2.7(a)所示。然后将漏斗平放,前后摇动或做圆周运动,使液体振动起来,两相充分接触。在振动过程中应注意不断放气,以免萃取或洗涤时内部压力过大,造成漏斗的塞子被顶开而使液体喷出,严重时会引起漏斗爆炸,造成伤人事故。放气时,将漏斗的下口向上倾斜,使液体集中在下面,用控制活塞的拇指和食指打开活塞放气,注意不要对着人,一般摇动两三次就放一次气。经几次摇动放气后,将漏斗放在铁架台的铁圈上,将塞子上的小槽对准漏斗上的通气孔,静置 2～5 min[图 2.7(b)],待液体分层后将萃取相(有机相)倒出,放入一个干燥的三角烧瓶中,在萃余相(水相)中再加入新萃取剂继续萃取。重复以上操作过程,萃取后,合并萃取相,加入干燥剂进行干燥。干燥后,先将低沸点的物质和萃取剂用简单蒸馏的方法蒸出,然后视产品的性质选择合适的纯化手段。

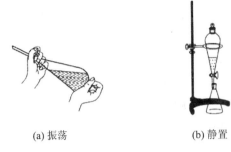

(a) 振荡   (b) 静置

图 2.7　液-液萃取操作示意图

有时需要采取微量萃取技术进行萃取。取一支离心分液管放入原溶液和萃取剂,盖好盖子,用手摇动分液管或用滴管向液体中鼓气,使液体充分接触,并注意随时放气。静置分层后,用滴管将萃取相吸出,在萃余相中加入新的萃取剂继续萃取。之后的操作如前所述。

在萃取操作中应注意以下几个问题:

1. 分液漏斗中的液体不宜太多,以免摇动时影响液体接触而使萃取效果下降。

2. 液体分层后,上层液体由上口倒出,下层液体由下口经活塞放出,以免污染产品。

3. 在溶液呈碱性时,常产生乳化现象。有时由于存在少量轻质沉淀、两液相密度接近或两液相部分互溶等都会引起分层不明显或不分层。此时,静置时间应长一些,可加入一些食盐,增加两相的密度,使絮状物溶于水中,有机物溶于萃取剂中,或加入几滴酸、碱、醇等,以破坏乳化现象。若上述方法不能将絮状物破坏,则在分液时应将絮状物与萃余相(水层)一起放出。

4. 液体分层后应正确判断萃取相(有机相)和萃余相(水相),一般根据两相的密度来确定,密度大的在下面,密度小的在上面。如果一时判断不清,应将两相分别保存起来,待弄清后,再弃掉不需要的液体。

(二) 液-固萃取

从固体混合物中萃取所需要的物质是利用固体物质在溶剂中的溶解度不同来达到分离、提取的目的。通常用长期浸出法或采用 Soxhlet 提取器(脂肪提取器)来提取物质。

长期浸出法是用溶剂长期的浸润溶解而将固体物质中所需物质浸出来,然后用过滤或倾析的方法把萃取液和残留的固体分开。这种方法效率不高,时间长,溶剂用量大,实验室不常采用。

Soxhlet 提取器[图 1.25(b)]是利用溶剂加热回流及虹吸原理,使固体物质每一次都能被纯溶剂所萃取,因而效率较高并节约溶剂,但对受热易分解或变色的物质不宜采用。Soxhlet 提取器由三部分构成,上部是冷凝管,中部是带有虹吸管的提取桶,下部是烧瓶。萃取前应先将固体物质研细,以增加液体浸溶的面积。然后将固体物质放入滤纸套内,并将其置于中部,内装物不得超过虹吸管顶部,溶剂由中部经虹吸管加入烧瓶中。当溶剂沸腾时,蒸气通过提取桶侧管上升,被冷凝管冷凝成液体,滴入提取桶中。当液面超过虹吸管的最高处时,由于虹吸作用,萃取液自动流入烧瓶,因而萃取出溶于溶剂的部分物质。再蒸发溶剂,如此循环多次,直到被萃取物质大部分被萃取为止。固体中可溶物质富集于烧瓶中,然后用适当方法将萃取物质从溶液中分离出来。

（三）固相萃取（Solid Phase Extraction,简称 SPE）

利用分析物在不同介质中被吸附的能力差将标的物提纯,有效地将标的物与干扰组分分离,大大增强了对分析物特别是痕量分析物的检出能力,提高了被测样品的回收率。较常用的方法是使液体样品溶液通过吸附剂,保留其中的被测物质,再选用适当强度的溶剂冲去杂质,然后用少量溶剂迅速洗脱被测物质,从而达到快速分离净化与浓缩的目的。也可选择性吸附干扰杂质,而让被测物质流出;或同时吸附杂质和被测物质,再使用合适的溶剂选择性洗脱被测物质。

在固相萃取中最常用的方法是将固体吸附剂装在一个针筒状柱子里,使样品溶液通过吸附剂床,样品中的化合物或通过吸附剂,或保留在吸附剂上（依靠吸附剂对溶剂的相对吸附）。图 2.8 所示为固相萃取过程。"保留"是一种存在于吸附剂和分离物分子间吸引的现象,即当样品溶液通过吸附剂床时,分离物在吸附剂上不移动。保留是三个因素作用的结果:分离物、溶剂和吸附剂。所以,给定的分离物的保留行为在不同溶剂和吸附剂存在下是变化的。"洗脱"是一种保留在吸附剂上的分离物从吸附剂上去除的过程,通过加入一种对分离物的吸引比吸附剂更强的溶剂来完成。

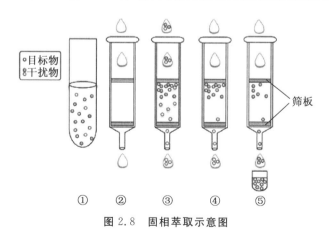

图 2.8　固相萃取示意图

固相萃取操作包括:

1. 选择 SPE 小柱或滤膜。首先应根据待测物的理化性质和样品基质,选择对待

测物有较强保留能力的固定相。若待测物带负电荷,则可用阴离子交换填料;反之可用阳离子交换填料。若为中性待测物,可用反相填料萃取。SPE 小柱或滤膜的大小与规格应视样品中待测物的浓度大小而定。对于浓度较低的样品,一般应选用尽量少的固定相填料萃取较大体积的样品。

2. 活化。萃取前先用充满小柱的溶剂冲洗小柱或用 5～10 mL 溶剂冲洗滤膜。一般可先用甲醇等水溶性有机溶剂冲洗填料,因为甲醇能润湿吸附剂表面,并渗透到非极性的硅胶键合相中,使硅胶更容易被水润湿;之后再加入水或缓冲液冲洗。加样前,应使 SPE 填料保持湿润,填料干燥会降低样品保留值;而各小柱的干燥程度不一会影响回收率的重现性。

3. 上样。一般可采取以下措施:① 用 0.1 mol/L 酸或碱调节,使 pH<3 或 pH>9,离心后取上层液萃取;② 用甲醇、乙腈等沉淀蛋白质后取上清液,以水或缓冲液稀释后萃取;③ 用酸或无机盐沉淀蛋白质后取上清液,调节 pH 后萃取;④ 超声处理 15 min 后加入水、缓冲液,取上清液萃取。尿液样品中的药物浓度较高,加样前先用水或缓冲液稀释,必要时可用酸、碱水解反应破坏药物与蛋白质的结合,然后萃取。流速应控制为 1 mL/min,流速快则不利于待测物与固定相结合。

4. 淋洗。反相 SPE 的清洗溶剂多为水或缓冲液,可在清洗液中加入少量有机溶剂、无机盐或调节 pH。加入小柱的清洗液应不超过一个小柱的容积,而 SPE 滤膜应用 5～10 mL 清洗液。

5. 洗脱待测物。应选用 5～10 mL 离子强度较弱但能洗下待测物的洗脱溶剂。若需较高灵敏度,则可先将洗脱液挥发干,再用流动相重组残留物后进样。样品洗脱后多含有水,可选用冷冻干燥法。保留能力较弱的 SPE 填料可用小体积、较弱的洗脱液洗下待测物,再用极性较强的 HPLC 分析柱(如 C18 柱)分析洗脱物。若待测物可电离,可调节 pH,抑制样品离子化,以增强待测物在反相 SPE 填料中的保留。洗脱时调节 pH 使其离子化并用较弱的溶剂洗脱,收集洗脱液后再调节 pH 使其在 HPLC 分析中达到最佳分离效果。在洗脱过程中应减慢流速。用两次小体积洗脱代替一次大体积洗脱,回收率更高。

三、仪器和试剂

(一)主要仪器

100 mL 圆底烧瓶、球形冷凝管、分液漏斗、量筒、三角烧瓶、烧杯。

(二)主要试剂

苯甲酸、萘、乙醚、5% NaOH 溶液、浓盐酸、饱和食盐水。

四、实验步骤

分别称取苯甲酸、萘各 2 g 置于圆底烧瓶中,加入 30 mL 乙醚和两颗沸石,圆底烧瓶上安装球形冷凝管,通冷凝水后水浴加热回流,使固体溶解。待固体完全溶解后冷却。将此乙醚液倒入 125 mL 的分液漏斗中,分别用 20 mL 5% NaOH 水溶液萃取三次,合并碱萃取液,再分别用 15 mL 乙醚萃取碱液中的萘两次,将所得的醚液与上面的醚液合并。所得的碱液用浓盐酸中和至酸性,析出固体,抽滤得苯甲酸。

所得到的醚溶液分别用 20 mL 饱和食盐水洗涤两次,然后用蒸馏水洗至中性。干燥,将醚液移入烧瓶中水浴蒸馏,蒸出大部分乙醚,待有大量固体萘析出后,停止蒸馏,取出,自然晾干。所得到的苯甲酸、萘可分别进行重结晶,测定其熔点。

本实验约需 4～6 h。

 注意事项

1. 注意不能把活塞上附有凡士林的分液漏斗放在烘箱内烘干,分液漏斗使用后应用水冲洗干净。玻璃塞用薄纸包裹后塞回去。

2. 有时有机溶剂和某些物质的溶液一起振荡,会形成较稳定的乳浊液,没有明显的两相界面,无法从分液漏斗中分离。在这种情况下,应该避免剧烈振荡。如果已形成乳浊液,且一时又不易分层,则可用以下几种方法破乳:① 加入食盐使溶液饱和,降低乳浊液的稳定性;② 加入几滴醇类溶剂(如乙醇、异丙醇、丁醇或辛醇)以破坏乳化;③ 若因溶液呈碱性而产生乳化,常可加入少量稀硫酸破除乳浊液;④ 通过离心机离心或抽滤以破坏乳化;⑤ 在一般情况下,长时间静置分液漏斗,可达到乳浊液分层的目的。

3. 分离液层时,下层液体应经活塞放出,上层液体应从上口倒出。如果上层液体也经活塞放出,则漏斗活塞下面颈部所附着的残液就会把上层液体污染。在萃取或洗涤时,从分液漏斗所分出的拟弃去的液体可收集在三角烧瓶中保留到实验完毕,一旦发现取错液层,尚可及时纠正;否则如果操作发生错误,便无法补救。

4. 液体分层后应正确判断萃取相和萃余相,一般根据两相的密度来确定,密度大的在下层,密度小的在上层。如果一时判断不清,可取少量下层液体置一小试管中,用滴管轻轻滴入几滴水后观察是否互溶,若互溶则分液漏斗的下层是水相,否则为有机相。

五、思考题

1. 什么是萃取?什么是洗涤?指出两者的异同点。

2. 使用分液漏斗前必须检查哪些项目?分液漏斗用完后又应怎样处理?

3. 振荡过激,乳化后如何破乳?

4. 如何判断水层和有机层的位置?这两种液体应如何放出才合适?

5. 从分液漏斗下端放出液体时为何不要流得太快?当界面接近旋塞时,为什么要将旋塞关闭,静置片刻后再进行分离?

6. 在 100 mL 水中溶有 5.0 g 有机化合物,用 50 mL 乙醚萃取,则用 50 mL 一次萃取和分两次萃取后有机物在水中的残余量分别是多少?(设分配系数为乙醚∶水＝3∶1)

六、拓展应用

萃取已成为一项得到广泛应用的分离提纯技术。这一技术的实质是利用溶质在两种不相溶或部分互溶的液相之间的分配系数不同,来实现溶质之间的分离或提纯。由于它具有选择性高、分离效果好、易于实现大规模连续化生产的优点,所以早在二次世界大战期间就受到先进国家的重视。经过多年的科研与应用实践,现在它已成熟地在化工、制药、有色金属湿法冶金、原子能等领域得到大规模的应用。

2.8 物质的干燥

干燥是常用的除去固体、液体或气体中少量水分或少量有机溶剂的方法。例如,在进行有机物波谱分析、定性或定量分析及测物理常数时,往往要求预先干燥,否则测定结果不准确。液体有机物在蒸馏前也需干燥,否则沸点前馏分较多,产物损失,甚至沸点也不准。此外,许多有机反应需要在无水条件下进行,因此,溶剂、原料和仪器等均需干燥。可见在有机化学实验中,试剂和产品的干燥具有重要的意义。

一、干燥方法

干燥方法可分为物理方法和化学方法两种。

(一)物理方法

物理方法包括烘干、晾干、吸附、分馏、共沸蒸馏和冷冻等,近年来还常用离子交换树脂和分子筛等方法进行干燥。离子交换树脂是一种不溶于水、酸、碱和有机溶剂的高分子聚合物。分子筛是含水硅铝酸盐的晶体。

(二)化学方法

化学方法即采用干燥剂来除水,根据除水作用原理又可分为两种:

一种是能与水可逆地结合,生成水合物。例如:

$$CaCl_2 + nH_2O \rightleftharpoons CaCl_2 \cdot nH_2O$$

另一种是与水发生不可逆的化学变化,生成新的化合物。例如:

$$2Na + 2H_2O \rightleftharpoons 2NaOH + H_2 \uparrow$$

使用干燥剂时要注意以下几点:

1. 干燥剂与水的反应为可逆反应时,反应达到平衡需要一定时间。因此,加入干燥剂后,一般最少要 2 h 或更长时间后才能收到较好的干燥效果。因反应可逆,不能将水完全除尽,故干燥剂的加入量要适当,一般为溶液体积的 5% 左右。当温度升高时,这种可逆反应的平衡向脱水方向移动,所以在蒸馏前,必须将干燥剂滤除,否则被除去的水将返回液体中。另外,若把盐倒(或留)在蒸馏瓶底,受热时会发生迸溅。

2. 干燥剂与水发生不可逆反应时,使用这类干燥剂在蒸馏前不必滤除。

3. 干燥剂只适用于干燥少量水分。若水的含量大,则干燥效果不好。为此,萃取时应尽量将水层分尽,这样干燥效果好,且产物损失少。

二、液体有机化合物的干燥

1. 干燥剂的选择。干燥剂应与被干燥的液体有机化合物不发生化学反应,包括溶解、配位、缔合和催化等作用。例如,酸性化合物不能用碱性干燥剂干燥。

2. 使用干燥剂时要考虑干燥剂的吸水容量和干燥效能。干燥效能是指达到平衡时液体被干燥的程度。对于形成水合物的无机盐干燥剂,常用吸水后结晶水的蒸气压来表示干燥效能。例如,硫酸钠能形成 $Na_2SO_4 \cdot 10H_2O$,在 25 ℃时的蒸气压为 260 Pa;氯化钙最多能形成 $CaCl_2 \cdot 6H_2O$,其吸水容量为 0.97,在 25 ℃时的蒸气压为 39 Pa。因此,硫酸钠的吸水容量较大,但干燥效能弱;氯化钙的吸水容量较小,但干燥效能强。在干燥含水量较大而又不易干燥的化合物时,常先用吸水容量较大的干燥剂除去大部分水,再用干燥效能强的干燥剂进行干燥。

3. 干燥剂的用量。根据水在液体中的溶解度和干燥剂的吸水量,可计算出干燥剂的最低用量。但是,干燥剂的实际用量是大大超过计算量的。一般干燥剂的用量为每 10 mL 液体约需 0.5~1 g 干燥剂。但在实际操作中,主要通过现场观察来判断。

(1) 观察被干燥液体。干燥前,液体呈浑浊状,经干燥后变澄清,这可简单地作为水分基本除去的标志。例如,在环己烯中加入无水氯化钙进行干燥,未加干燥剂之前,由于环己烯中含有水,环己烯不溶于水,溶液处于浑浊状态。当加入干燥剂吸水后,环己烯呈清澈透明状,即表明干燥合格;否则应补加适量干燥剂继续干燥。

(2) 观察干燥剂。例如,用无水氯化钙干燥乙醚时,乙醚中的水无论除尽与否,溶液总是呈清澈透明状,判断干燥剂用量是否合适,则应看干燥剂的状态。加入干燥剂后,因其吸水变黏而粘在器壁上,摇动不易旋转,表明干燥剂用量不够,应适量补加无水氯化钙,直到新加的干燥剂不结块,不粘壁,干燥剂棱角分明,摇动时旋转并悬浮(尤其是 $MgSO_4$ 等小晶粒干燥剂),表示所加干燥剂用量合适。由于干燥剂还能吸收一部分有机液体,影响产品收率,故干燥剂用量应适中。加入少量干燥剂后应静置一段时间,观察用量不足时再补加。

4. 干燥时的温度。对于生成水合物的干燥剂,加热虽可加快干燥速度,但远远不如水合物放出水的速度快,因此,干燥通常在室温下进行。

5. 操作步骤与要点。首先把待干燥液中的水分尽可能除尽,不应有任何可见的水层或悬浮水珠。然后把待干燥的液体加入三角烧瓶中,取颗粒大小合适(如无水氯

化钙应为黄豆粒大小并不夹带粉末）的干燥剂加入液体中，用塞子盖住瓶口，轻轻振摇，经常观察，判断干燥剂是否足量，静置半小时（最好过夜）。最后把干燥好的液体滤入蒸馏瓶中蒸馏。

三、固体有机化合物的干燥

干燥固体有机化合物，主要是为除去残留在固体中的少量低沸点溶剂，如水、乙醚、乙醇、丙酮、苯等。由于固体有机物的挥发性比溶剂小，所以采取蒸发和吸附的方法来达到干燥的目的。常用的干燥方法如下：

1. 晾干。

2. 烘干：用恒温烘箱、恒温真空干燥箱或红外灯烘干。

3. 冻干。

4. 遇到难以抽干的溶剂时，把固体从布氏漏斗中转移到滤纸上，上下均放 2～3 层滤纸，挤压，使溶剂被滤纸吸干。

5. 干燥器干燥。所用干燥器有普通干燥器、真空干燥器、真空恒温干燥器（干燥枪）。

四、气体的干燥

在有机化学实验中常用气体有 N_2、O_2、H_2、Cl_2、NH_3、CO_2 等，有时要求气体中只含很少或几乎不含 CO_2、H_2O 等，因此，就需要对上述气体进行干燥。干燥气体常用的仪器有干燥管、干燥塔、U 形管、各种洗气瓶（常用来盛液体干燥剂）等。常用气体干燥剂列于表 2.1。

表 2.1　有机化学实验中常用气体干燥剂的选择

干燥剂	可干燥气体
CaO、碱石灰、NaOH、KOH	NH_3 类
无水 $CaCl_2$	H_2、HCl、CO_2、CO、SO_2、N_2、O_2、低级烷烃、醚、烯烃、卤代烃
P_2O_5	H_2、N_2、O_2、CO_2、SO_2、烷烃、乙烯
浓 H_2SO_4	H_2、N_2、HCl、CO_2、Cl_2、烷烃
$CaBr_2$、$ZnBr_2$	HBr

2.9　溶液浓缩

溶液浓缩是指使溶剂蒸发而提高溶液的浓度，泛指使不需要的部分减少而使需要部分的相对含量增高，就是从溶液中除去部分溶剂（通常是水）的操作过程，也是溶质和溶剂均匀混合液的部分分离过程。通过浓缩可除去食品中大量的水分，减小质量和体积,降低食品包装、贮存和运输费用;可以提高制品浓度,增大渗透压,降低水分活度,抑制微生物生长,延长保质期;可作为干燥、结晶或完全脱水的预处理过程;可以降低食品脱水过程中的能耗,降低生产成本;还可以有效除去不理想的挥发性物质和不良风味,改善产品质量。但是物料在浓缩过程中会丧失某些风味或营养物质,因此,选择合理的浓缩方法和适宜的条件是非常重要的。

一、平衡浓缩和非平衡浓缩

浓缩方法从原理上讲分为平衡浓缩和非平衡浓缩两种。

(一)平衡浓缩

平衡浓缩是利用两相在分配上的某种差异而获得溶质和溶剂分离的方法。蒸发浓缩和冷冻浓缩属于平衡浓缩。其中,蒸发浓缩利用溶剂和溶质挥发度的差异,获得一个有利的气液平衡条件,达到分离目的;冷冻浓缩利用稀溶液与固态冰在凝固点下的平衡关系,即利用有利的液固平衡条件达到分离目的。以上两种浓缩方法都是通过热量的传递来完成的。不论蒸发浓缩还是冷冻浓缩,两相都是直接接触的,故称为平衡浓缩。

(二)非平衡浓缩

非平衡浓缩是利用固体半透膜来分离溶质与溶剂的过程。两相被膜隔开,分离不靠两相的直接接触,故称为非平衡浓缩。利用半透膜不但可以分离溶质和溶剂,还可以分离各种不同大小的溶质。膜浓缩过程是通过压力差或电位差来完成的。

二、常用浓缩方法

常用浓缩方法包括:

1. 沉淀法。在抽提液中加入适量的中性盐或有机溶剂,使有效成分变为沉淀。经离心除去不溶物,获得的上清液通过透析或凝胶过滤脱盐,即可供纯化使用。

2. 吸附法。将干葡聚糖凝胶 G25(或吸水棒)加入抽提液中,两者比例为 1 : 5。由于凝胶吸水,抽提液的体积可缩小为原来的 1/3 左右,回收蛋白质量约 80%。若凝胶(或吸水棒)对有效成分吸附力强或吸水后对有效成分的性质有影响,则此法不宜采用。

3. 超过滤法。把抽提液装入超过滤装置,在空气或氮气中(5.05×10^5 Pa),使小分子物质(包括水分)通过半透膜(如硝酸纤维素膜),大分子物质留在膜内。

4. 透析法。把装抽提液的透析袋埋在吸水力强的聚乙二醇(Polyetheylene Glycol,PEG,分子量大于 20 kDa)或甘油中,10 mL 抽提液可在 1 h 内浓缩到几乎无水的程度。

5. 减压蒸馏法。将抽提液装入减压蒸馏器的圆底烧瓶中,在减压真空状态下进行蒸馏。当真空度较高时,溶液的沸点可控制在 30 ℃ 以下。这种方法一般适用于常温下稳定性好的物质。

6 冷冻干燥法。冷冻的抽提液在真空状态下,可以由固体直接变为气体。用此原理进行浓缩,有效成分几乎不会被破坏。冻干机主要由低温干燥箱、真空泵和冷冻机构成。在冻干小体积样品时,可以将其置于玻璃真空干燥器中进行。具体做法是:把分装至小瓶中的样品冷冻后放入装有五氧化二磷或硅胶吸水剂的真空干燥器中,连续抽真空使其达到浓缩、干燥状态。

2.10　尾气吸收

　　在有机化学实验中,常用有刺激性甚至有毒的化合物(如氯、溴、氯化氢、溴化氢、三氧化硫、光气等)作为反应物,多数情况下这些反应物不能完全转化,会散发到空气中;有些实验中合成的产物是有害气体;有些实验的副产物是有害气体,如氯化氢、溴化氢、二氧化硫、氧化氮等。无论是从实验者的安全还是从环境保护角度考虑,对有害气体都必须进行处理。最方便、最有效的方法是用吸收剂将其吸收后再做处理。

　　气体吸收主要有两种方法:一种是物理吸收法,即气体溶解于吸收剂中;另一种是化学吸收法,即气体与吸收剂反应生成新的物质。物理吸收法使用的吸收剂由气体的溶解度决定。如有机物气体常用有机溶剂作吸收剂,而无机物气体常用水作吸收剂。卤化氢可由水吸收得到稀的氢卤酸溶液,少量的氯也可用水吸收得到氯水。化学吸收法的吸收剂由被吸收的气体的化学性质决定。酸性气体如卤化氢、二氧化硫、硫醇等可用 NaOH、Na_2CO_3 等碱性溶液吸收,氯也可用碱溶液吸收。碱性气体如有机胺可用稀盐酸溶液吸收。

　　常见的气体吸收装置见图 1.15,用于吸收反应过程中生成的有刺激性和水溶性的气体(如氯化氢等)。其中,图 1.15(a)和图 1.15(b)所示可用作少量气体的吸收装置。图 1.15(a)所示烧杯中的玻璃漏斗应略微倾斜使漏斗口一半在水中,一半在水面上,避免形成密闭装置,这样既能防止气体逸出,又可防止水被倒吸至反应器中。若反应过程中有大量气体生成或气体逸出很快,则可使用图 1.15(c)所示的装置,水(可利用冷凝管流出的水)从上端流入抽滤瓶中,在恒定的平面上溢出,粗的玻璃管恰好伸入水面,被水封住,防止气体逸入大气中。

2.11　薄层色谱

一、实验目的

1. 学习薄层色谱的原理及其意义。

2. 掌握薄层色谱的实验操作技术。

3．培养动手能力和严谨的学习态度。

二、实验原理

色谱(Chromatography)，又称层析，是分离、提纯和鉴定有机化合物的重要方法，其分离原理是利用混合物中各个成分物理和化学性质的差别，当选择某一个条件使各个成分流过支持剂或吸附剂时，各成分可由于其性质的不同而得到分离。色谱法的分离效果远比分馏、重结晶等一般方法好，而且适用于常量、少量或微量物质的处理。近年来，这一方法在化学、生物学、医学中得到了普遍的应用。色谱法可分为吸附色谱、分配色谱、离子交换色谱、凝胶色谱等；根据操作条件的不同，色谱法又可分为柱色谱、薄层色谱、纸色谱、气相色谱及高效液相色谱等类型。本节主要介绍薄层色谱。

薄层色谱(Thin Layer Chromatography，TLC)，又称薄层层析，是快速分离和定性分析微量物质的一种重要的实验技术，具有设备简单、操作方便而快速的特点。它是将固定相支持物均匀地铺在载玻片上制成薄层板，将样品溶液点加在起点处，置于层析容器中用合适的溶剂展开而达到分离的目的。薄层色谱可用于精制样品、化合物鉴定、跟踪反应进程和柱色谱的先导(为柱色谱摸索最佳条件)等方面。薄层色谱也可以分离较大量的样品(可达几百毫克)，特别适用于挥发性较低或在高温下易发生变化而不能用气相色谱进行分离的化合物。

薄层色谱按分离机制不同可分为吸附薄层色谱、分配薄层色谱、离子交换薄层色谱等，最常用的为吸附薄层色谱。吸附薄层色谱中，样品在薄层板上连续、反复地被吸附剂吸附及展开剂解吸，由于不同的物质被吸附及解吸的能力不同，故在薄层板上以不同速度移动而得以分离。通常用比移值(R_f值)表示物质移动的相对距离，如图 2.9 所示。

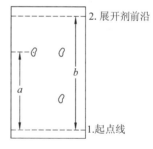

图 2.9　薄层色谱

$$R_f = \frac{色斑最高浓度中心至原点中心的距离\ a}{展开剂前沿至原点中心的距离\ b}$$

物质的 R_f 值随化合物的结构、薄层板、吸附剂、展开剂的性质及温度而变化，但在一定条件下每一种化合物的 R_f 值都为一个特定的数值。故在相同条件下分别测定已知和未知化合物的 R_f 值，再进行对照，即可确定是否为同一物质。下面介绍吸附薄层色谱的操作规程。

(一)吸附剂的选择

一种合适的吸附剂应该具备的条件是：① 它能够可逆地吸附被层析的物质；② 它不会引起被吸附物质的化学变化；③ 它的粒度大小应该能使展开剂以合适的

速率展开。此外,吸附剂最好是白色或浅色的。最常用的吸附剂是硅胶和氧化铝,其颗粒的大小对层析速率、分离效果均有明显的影响。颗粒太大,其总表面积相对小,吸附量低,展开速率快,层析后组分的斑点较大,不集中,分离效果不好;反之,颗粒太小,层析速率慢,各组分分不开,效果也不好。一般干法铺层所用的硅胶和氧化铝颗粒大小以 150～200 目较合适;湿法铺层则要求 200 目以上。

吸附薄层色谱和吸附柱色谱一样,化合物的吸附能力与它们的极性成正比,具有较大极性的化合物吸附较强,因而 R_f 值较小。所以,利用极性不同,用硅胶或氧化铝薄层色谱可将一些结构相近的物质或顺、反异构体分开。

1. 硅胶。硅胶是无定形多孔物质,略具酸性,适用于酸性和中性物质的分离和分析。薄层色谱用的硅胶分为以下几种。

(1) 硅胶 H:不含黏合剂。

(2) 硅胶 G:含黏合剂(煅石膏),标记 G 代表石膏(Gypsum)。

(3) 硅胶 HF_{254}:含荧光物质,可在波长 254 nm 的紫外光下发出荧光。

(4) 硅胶 GF_{254}:既含黏合剂,又含荧光剂。

黏合剂除煅石膏外,还有淀粉、聚乙烯醇和羧甲基纤维素钠(CMC)。使用时,一般配成水溶液。例如,羧甲基纤维素钠的质量分数一般为 0.5%～1%,淀粉的质量分数为 5%。

2. 氧化铝。氧化铝也分为氧化铝 G、氧化铝 HF_{254} 及氧化铝 GF_{254}。氧化铝的极性比硅胶大,适用于分离极性小的化合物。

(二) 薄板的制备和活化

薄板的制备方法有两种:一种是干法制板,另一种是湿法制板。

1. 干法制板一般用氧化铝作吸附剂。涂层时不加水,将氧化铝倒在玻璃板上,取直径均匀的一根玻璃棒,将两头用胶布缠好,在玻璃板上滚压,把吸附剂均匀地铺在玻璃板上。这种方法简便,展开快,但是样品展开点易扩散,制成的薄板不易保存。

2. 湿法制板是实验室最常用的制板方法。选用一定规格的玻璃板,用肥皂水洗净,用蒸馏水淋洗两次后烘干,用时再用酒精棉球擦除手印至对光平放无斑痕。在洁净的 50 mL 研钵中加 8 mL 1% 羧甲基纤维素钠的水溶液,然后一边分批放入 3 g 硅胶 GF_{254},一边充分研磨,使浆料搅成均匀的糊状。用吸管或玻璃棒迅速将浆料涂于上述洁净的玻璃板上,用食指和拇指拿住玻璃板,前后左右摇晃摆动,使流动的硅胶 GF_{254} 均匀地平铺在玻璃板上。必要时,可在实验台面上让其一端接触台面而另一端轻轻跌落数次并互换位置。然后把薄层板放在水平的长玻璃板上晾干,半小时至数小时后移入烘箱内,缓慢升温至 110 ℃,恒温半小时,称为活化。取出,稍冷后置于干燥器中备用。

（三）点样

在距薄层板一端 1 cm 处,用铅笔轻轻地画一条线,作为起点线。用毛细管(内径小于 1 mm)吸取样品溶液(一般以氯仿、丙酮、甲醇、乙醇、苯、乙醚或四氯化碳等作溶剂,配成 1% 溶液),垂直地轻轻接触到薄层的起点线,称为点样。若溶液太稀,待第一次点样干后再点第二次,每次点样都应在同一圆心上。点样的次数依样品溶液浓度而定,一般为 2~3 次。若样品的量太少,则有的成分不易显出;若样品的量太多,则易造成斑点过大,互相交叉或拖尾,不能达到很好的分离效果。点样后斑点以扩散成 1~2 mm 圆点为度。若为多处点样,则点样间距为 1~1.5 cm。

（四）展开

薄层色谱展开剂的选择和柱色谱一样,主要考虑样品的极性、溶解度、吸附剂的活性等因素。溶剂的极性越大,则对化合物的洗脱力也越大,即 R_f 值也越大。良好的分离要求 R_f 值在 0.15~0.75 之间。若发现样品各组分的 R_f 值较大,则可考虑换用一种极性较小的溶剂,或在原来的溶剂中加入适量极性较小的溶剂去展开,反之亦然。薄层色谱用的展开剂绝大多数是有机溶剂,各种溶剂的极性参见柱色谱部分。

薄层色谱的展开需在密闭的容器(层析缸)中进行。先将展开剂放在层析缸中,液层高度约 0.5 cm,在层析缸中衬一滤纸,使展开剂蒸气饱和 5~10 min;再将点好样品的薄板按图 2.10 所示放入层析缸中进行展开。注意:展开剂液面的高度应低于样品斑点。在展开过程中,样品斑点随着展开剂向上迁移,当展开剂前沿至薄层板上边约 0.5 cm 时,立刻取出薄层板,用铅笔或小针画出展开剂前沿的位置,放平晾干后即可显色。

(a) 广口瓶式层析缸　　　　　　　(b) 长方形盒式层析缸

图 2.10　层析缸

（五）显色

如果化合物本身有颜色,展开后就可直接观察它的斑点。但大多数有机化合物是无色的,看不到色斑,只有通过显色才能使斑点显现。常用的显色方法有显色剂法和紫外光显色法。

    1. 显色剂法:在溶剂蒸发前用显色剂喷雾显色。不同类型的化合物需选用不同的显色剂,见表2.2。薄层色谱可使用腐蚀性的显色剂,如浓硫酸、浓盐酸和浓磷酸等;也可用卤素斑点试验法来使薄层色谱斑点显色。许多有机化合物能与碘生成棕色或黄色的配合物。利用这一性质,可将几粒碘和适量硅胶置于密闭容器中,待容器充满碘蒸气后,将展开后的色谱板放入,碘与展开后的有机化合物可逆地结合,在几秒到数分钟内化合物斑点的位置呈黄棕色。色谱板自容器中取出后,呈现的斑点一般在几秒内消失,因此必须用铅笔标出化合物的位置。碘熏显色法是观察无色物质的一种简便有效的方法,因为碘可以与除烷烃和卤代烃以外的大多数有机物形成有色配合物。

表 2.2 常用的显色方法(显色剂法)

显色剂	配制方法	能被检出对象
碘蒸气	将薄层板放入缸内被碘蒸气饱和数分钟	许多有机化合物显黄棕色(烷烃和卤代烃除外)
碘的氯仿溶液	0.5%碘的氯仿溶液	许多有机化合物显黄棕色(烷烃和卤代烃除外)
磷钼酸乙醇溶液	5%磷钼酸乙醇溶液,喷后120 ℃烘,还原性物质显蓝色,氨熏,背景变为无色	还原性物质显蓝色
浓硫酸	98%	大多数有机化合物在加热后可显出黑色斑点
铁氰化钾-三氯化铁试剂	1%铁氰化钾与1%三氯化铁使用前等量混合	还原性物质显蓝色,再喷2 mol/L盐酸,蓝色加深,检出酚、胺、还原性物质
四氯邻苯二甲酸酐	2%溶液,溶剂:丙酮-氯仿(体积比10:1)	芳烃
硝酸铈铵	6%硝酸铈铵的2 mol/L硝酸溶液	薄层板在105 ℃烘5 min,喷显色剂,多元醇在黄色底色上有棕黄色斑点
香兰素-硫酸	3 g香兰素溶于100 mL 95%乙醇中,再加入0.5 mL浓硫酸	高级醇及酮显绿色
茚三酮	0.3 g茚三酮溶于100 mL乙醇中,喷在色谱板上,100 ℃加热至斑点出现	氨基酸、胺、氨基糖、蛋白质

    2. 紫外光显色法:用硅胶GF_{254}制成的薄板,由于加入了荧光剂,在紫外灯光下观察,展开后的有机化合物在亮的荧光背景上呈暗色斑点,此斑点就是样品点。用各种显色方法使斑点出现后,应立即用铅笔圈出斑点的位置,并计算R_f值。

三、仪器和试剂

(一) 主要仪器

层析缸、毛细管、玻璃板、烧杯。

(二) 主要试剂

硅胶 GF_{254}、1‰羧甲基纤维素钠水溶液、石油醚、乙酸乙酯、无水乙醇、氯仿、对硝基苯胺、邻硝基苯胺。

四、实验步骤

邻硝基苯胺和对硝基苯胺的薄层色谱：

1. 用 1‰羧甲基纤维素钠水溶液和吸附剂硅胶 GF_{254} 制备浆料铺板，薄板干燥、活化后备用。

2. 将邻硝基苯胺和对硝基苯胺及它们的混合物分别用无水乙醇溶解，配制成约 0.1%的浓度后点样，每块薄板上点两个样点，距离约 1 cm。

3. 将展开剂氯仿加入层析缸中，盖上盖子，3～5 min 后形成饱和蒸气状态，将薄板斜放在层析缸中展开。展开剂到薄板上端约 0.5 cm 时取出，画出展开剂前沿的位置，晾干，直接观察或经紫外分析仪显色后观察斑点。测量，计算比移值 R_f。

💡 注意事项

1. 制板常用 2.5 cm×7.5 cm 的玻璃片。目前有市售已铺好的薄板供应。

2. 薄板制备的好坏直接影响色谱的分离效果，在制备过程中应注意以下几点：① 涂层浆料要制成均匀而又不带块状的糊状，在研体中搅拌比在烧杯中效果更佳。② 铺板前一定要将玻璃板洗净、擦干。③ 涂布速度要快。④ 铺板时，涂层厚度 (0.25～1 mm) 要尽量均匀，不能有气泡、颗粒等；否则，在展开时溶剂前沿不齐，色谱结果也不易重复。

3. 铺好的薄板不得风吹及避免尘埃飘落，应放在水平的平板上室温下自然晾干，千万不要快速干燥，否则薄板会出现裂痕。为保证晾干充分，最好将铺好的薄板放置过夜后再活化。

4. 把涂好的薄板置于室温自然晾干后，再放在烘箱内加热活化，进一步除去水分。活化时需慢慢升温。硅胶板一般在 105 ℃～110 ℃的烘箱中活化 0.5 h 即可。氧化铝板在 200 ℃烘 4 h 可得到活性 Ⅱ 级的薄板，在 150 ℃～160 ℃烘 4 h 可得到活性 Ⅲ～Ⅳ 级的薄板。活化后的薄板应保存在干燥器中备用。

5. 试样也可选择间硝基苯胺、2,4-二硝基苯胺。

6. 本实验还可以用石油醚-乙酸乙酯作为展开剂，$V_{石油醚} : V_{乙酸乙酯} = 4 : 1$。

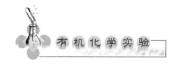

五、思考题

1. 影响比移值 R_f 的因素有哪些？

2. 影响薄板分离效果的因素有哪些？

3. 展开剂的液面高出薄板的样点，将会产生什么后果？

4. 用薄层色谱分析混合物时，如何确定各组分在薄板上的位置？如果斑点出现拖尾现象，可能的原因是什么？

六、拓展应用

薄层色谱是色谱法中的一种，是快速分离和定性分析少量有机物质的重要实验手段。它属于固液吸附色谱，兼顾了纸色谱和柱色谱的优点，一方面适用于少量样品的分离和精制，另一方面可以用作有机反应进程的监测。薄层色谱应用领域广泛，如药品质量控制和杂质检查可以通过薄层色谱来实现。

2.12 柱色谱

一、实验目的

1. 学习柱色谱的原理及其意义。

2. 掌握柱色谱分离有机化合物的实验操作技术。

3. 培养学生关注、分析、解释社会和生活中化学问题的能力。

二、实验原理

柱色谱（Column Chromatography），又称柱层析，是通过色谱柱（层析柱）来实现分离、提纯少量有机化合物的有效方法。常用的柱色谱有吸附柱色谱和分配柱色谱两类，前者常用氧化铝和硅胶作固定相，后者则以附着在惰性固体（如硅藻土、纤维素等）上的活性液体作为固定相（也称固定液）。实验室中最常用的是吸附色谱，因此这里重点介绍吸附柱色谱。

液体样品从柱顶加入，当溶液流经吸附柱时，各组分同时被吸附在柱的上端，然后从柱顶加入洗脱剂洗脱。当洗脱剂流下时，由于固定相对各组分的吸附能力不同，各组分以不同的速度沿柱下移，若是有色物质，则在柱上可以直接看到色带。继续用洗脱剂洗脱时，吸附能力最弱的组分随洗脱剂首先流出，吸附能力强的组分后流出，分别收集各组分，再逐个鉴定。若是无色物质，可用紫外光照射，有些物质呈现荧光，可进行检查；或在洗脱时，分段收集一定体积的洗脱液，然后通过薄层色谱逐个鉴定，再将相同组分的收集液合并在一起，蒸除溶剂，即得到单一的纯净物质。如此可将各组分分离开。

色谱法能否获得满意的分离效果，关键在于色谱条件的选择及其操作的规范性。

下面介绍柱色谱条件的选择及其操作规程。

（一）吸附剂的选择

常用的吸附剂有氧化铝、硅胶、氧化镁、碳酸钙和活性炭等。选择吸附剂的首要条件是与被吸附物及展开剂均无化学作用。吸附能力与颗粒大小有关。颗粒太粗，流速快，分离效果不好；颗粒太细则流速慢。通常使用的吸附剂的颗粒大小以 100～150 目为宜。色谱用的氧化铝可分酸性、中性和碱性三种。酸性氧化铝是用 1‰盐酸浸泡后，用蒸馏水洗至悬浮液 pH 为 4～4.5，用于分离酸性物质；中性氧化铝的 pH 为 7.5，用于分离中性物质，应用最广；碱性氧化铝的 pH 为 9～10，用于分离生物碱、胺、碳氢化合物等。市售的硅胶略带酸性。

吸附剂的含水量和活性等级关系见表 2.3。

表 2.3　吸附剂的含水量和活性等级关系

活性等级	I	II	III	IV	V
氧化铝含水量/%	0	3	6	10	15
硅胶含水量/%	0	5	15	25	38

一般常用的是 II 级吸附剂。I 级吸附剂的吸附性太强，且易吸水；V 级吸附剂的吸附性太弱。吸附剂按其相对的吸附能力可粗略分类如下。

1. 强吸附剂：低含水量的氧化铝、硅胶、活性炭。

2. 中等吸附剂：碳酸钙、磷酸钙、氧化镁。

3. 弱吸附剂：蔗糖、淀粉、滑石粉。

吸附剂的吸附能力不仅取决于吸附剂本身，还取决于被吸附物质的结构。化合物的吸附性与它们的极性成正比，化合物分子中含有极性较大的基团时，吸附性也较强。以氧化铝为例，对各种化合物的吸附性按以下次序递减：

酸和碱＞醇、胺、硫醇＞酯、醛、酮＞芳香族化合物＞卤代物＞醚＞烯＞饱和烃

（二）洗脱剂的选择

在柱色谱分离中，洗脱剂的选择是至关重要的，通常根据被分离物中各组分的极性、溶解度和吸附剂活性来选择。首先，洗脱剂的极性不能大于样品中各组分的极性，否则会由于洗脱剂在固定相上被吸附，迫使样品一直保留在流动相中。在这种情况下，组分在柱中移动的速度非常快，难以建立起分离所要达到的平衡，影响分离效果。另外，所选择的洗脱剂必须能够将样品中各组分溶解。如果被分离的样品不溶于洗脱剂，则各组分可能会牢固地吸附在固定相上，而不随流动相移动或移动很慢。一般洗脱剂的选择是通过薄层色谱实验来确定的（具体方法见薄层色谱），哪种展开剂能将样品中各组分完全分开，即可作为柱色谱的洗脱剂。当单纯一种展开剂达不

到所要求的分离效果时,可考虑选用混合展开剂。

色谱柱的洗脱首先使用极性最小的溶剂,使最容易脱附的组分分离,然后逐渐增加洗脱剂的极性,使极性不同的化合物按极性由小到大的顺序自色谱柱中洗脱下来。常用洗脱剂的极性及洗脱能力按如下顺序递增:

己烷和石油醚<环己烷<四氯化碳<三氯乙烯<二硫化碳<甲苯<苯<二氯甲烷<氯仿<环己烷-乙酸乙酯(80∶20)<二氯甲烷-乙醚(80∶20)<二氯甲烷-乙醚(60∶40)<环己烷-乙酸乙酯(20∶80)<乙醚<乙醚-甲醇(99∶1)<乙酸乙酯<丙酮<正丙醇<乙醇<甲醇<水<吡啶<乙酸

极性溶剂对于洗脱极性化合物是有效的,非极性溶剂对于洗脱非极性化合物是有效的。若分离复杂组分的混合物,则通常选用混合溶剂。

所用洗脱剂必须纯净和干燥,否则会影响吸附剂的活性和分离效果。

(三)色谱柱的大小和吸附剂的用量

柱色谱的分离效果不仅依赖于吸附剂和洗脱剂的选择,而且还与色谱柱的大小和吸附剂的用量有关。一般要求柱中吸附剂用量为待分离样品量的 30~40 倍(需要时可增至 100 倍),柱高和直径之比一般为 10∶1。

(四)装柱

装柱是柱色谱中最关键的操作,直接影响分离效率。装柱之前,先将空柱洗净干燥,然后将柱垂直固定在铁架台上。如果色谱柱下端没有砂芯横隔,可取一小团脱脂棉或玻璃棉,用玻璃棒将其推至柱底,再在上面铺上一层厚 0.5~1 cm 的石英砂,然后进行装柱。装柱的方法有湿法和干法两种。

1. 湿法装柱。

将吸附剂用洗脱剂中极性最低的洗脱剂调成糊状,在柱内先加入约 3/4 柱高的洗脱剂,再边敲打柱身边将调好的吸附剂倒入柱中,同时打开柱子下端的活塞,在色谱柱下面放一个干净干燥的三角烧瓶,接收洗脱剂。当装入的吸附剂至一定高度时,洗脱剂流下速度变慢,待所用吸附剂全部装完后,用流下来的洗脱剂转移残留的吸附剂,并将柱内壁残留的吸附剂淋洗下来。在此过程中,应不断敲打色谱柱,以使色谱柱填充均匀并没有气泡。柱子填充完成后,在吸附剂上端覆盖一层约 0.5 cm 厚的石英砂或覆盖一片比柱内径略小的圆形滤纸。在整个装柱过程中,柱内洗脱剂的高度始终不能低于吸附剂最上端,否则柱内会出现裂痕和气泡。

2. 干法装柱。

在色谱柱上端放一个干燥的漏斗,将吸附剂倒入漏斗中,使其成为细流连续地装入柱中,并轻轻敲打色谱柱柱身,使其填充均匀,再加入洗脱剂湿润。也可先加入 3/4 的洗脱剂,然后倒入干的吸附剂。由于氧化铝和硅胶的溶剂化作用易使柱内形成缝隙,所以这两种吸附剂不宜用于干法装柱。

如果装柱时吸附剂的顶面不呈水平,将会造成非水平的谱带;若吸附剂表面不平整或内部有气泡,则会造成沟流现象(谱带前沿一部分向前伸出)。相关现象如图 2.11 所示。所以,吸附剂要均匀装入管内,装柱时要不断地轻轻敲击柱子,以除尽气泡,不留裂痕,防止内部造成沟流现象,影响分离效果。但不要过分敲击,以防吸附剂太紧密而流速太慢。

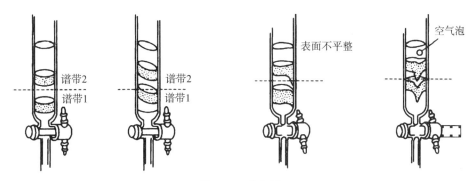

图 2.11　柱色谱

（五）加样及洗脱

液体样品可以直接加入色谱柱中,如浓度低可浓缩后再进行分离。固体样品应先用少量的溶剂溶解后再加入柱中。在加入样品时,应先将柱内洗脱剂排至稍低于石英砂表面,再用滴管沿柱内壁把样品一次加完。在加入样品时,应注意滴管尽量向下靠近石英砂表面。样品加完后,打开下旋塞,使液体样品进入石英砂层后,再加入少量的洗脱剂将壁上的样品洗脱下来。待这部分液体的液面和吸附剂表面相齐时,即可打开安置在柱上装有洗脱剂的滴液漏斗的活塞,加入洗脱剂,进行洗脱。

洗脱剂的流速对柱色谱分离效果具有显著影响。在洗脱过程中,样品在柱内的下移速度不能太快,否则混合物得不到充分分离;如果洗脱剂的流速控制得较慢,则样品在柱中的保留时间长,各组分在固定相和流动相之间能得到充分的吸附或分配,从而使混合物,尤其是结构、性质相似的组分得以分离。但样品在柱内的下移速度也不能太慢(甚至过夜),因为吸附剂表面活性较大,时间太长有时可能会造成某些成分被破坏,使谱带扩散,影响分离效果。因此,层析时洗脱速度要适中。若洗脱剂下移速度太慢,则可适当加压或用水泵减压,以加快洗脱速度,直至所有谱带被分开。

（六）分离成分的收集

如果样品中各组分都有颜色,则可根据不同的色带用三角烧瓶分别进行收集,然后分别将洗脱剂蒸除得到纯组分。但大多数有机物是没有颜色的,只能先分段收集洗脱液,再用薄层色谱或其他方法鉴定各段洗脱液的成分,成分相同者可以合并。

快速柱色谱(Flash Column Chromatography)是一种快速且通常情况下较容易分离复杂混合物的方法。因为是用压缩空气将溶剂推过柱子,故称其为快速柱色谱。这不仅使分离效果更好,而且可缩短过柱时间。

制备和操作快速柱色谱的方法:

1. 确定干燥、不含溶剂的待分离混合物的质量。

2. 用薄层色谱选取溶剂体系,使 R_f 的值处于 0.2~0.3 之间(如果混合物复杂,这可能不现实)。在比较复杂的情况下,可能需要借助梯度洗脱的方式,简单地说,就是在纯化洗脱的过程中不断提高溶剂的极性。但是在薄层色谱分析中,必须确定哪种溶剂体系将会使不同的点样处于 R_f 在 0.2~0.3 的范围之内。

3. 确定用于样品上柱的方法,有三种选择:净试样法、溶液法和硅胶吸附法。

(1) 净试样法。如果样品是非黏性油状物,使用净试样法最为容易。可以用一个长的滴管过滤器将液体引入柱中,然后用预先确定的溶剂体系进行淋洗,把所有组分洗入柱子中。

(2) 溶液法。净试样法有时可能会引起分离柱断层。因此,对于液体和固体,更为普遍的方法是将样品溶于溶剂中,然后将溶液加入分离柱。最理想的状态是,混合物中所有组分在该溶剂体系(通常是戊烷或己烷)中的 R_f 为 0。但这在多数情况下是难以实现的。所以可选用只移动混合物中一种化合物的溶剂,或者可以简单地用所选择的洗脱液。但这两种选择对于难度较大的分离纯化是有风险的。

(3) 硅胶吸附法。将化合物沉积(吸附)到硅胶上,这对部分液体和所有固体都是有用的。但硅胶是酸性的,因此这一步骤将会破坏一些对酸敏感的化合物,它们通常需要在硅胶柱上再生。首先,在一圆底烧瓶中将混合物溶解在二氯甲烷中,加入硅胶(硅胶的质量约是化合物质量的 2 倍),在旋转蒸发仪上浓缩该溶液。注意:硅胶是非常细的粉末,很容易被吸入旋转蒸发仪中。用玻璃毛塞住接头或泵的保护装置,以防止固体被吸入泵中。快速转动亦可以避免这个问题的出现。当固体基本上干燥时(多数固体从容器壁上脱落,说明固体已经干燥),从旋转蒸发仪上卸下烧瓶,再用真空泵将溶剂抽尽(假设混合物中没有易挥发性物质)。注意:必须用玻璃毛塞住真空泵接头,否则硅胶及化合物可能进入真空管并沉积在那里。一旦其完全干燥(固体中再没有气泡产生),从真空系统中取下烧瓶,用干净的刮刀从壁上刮下固体。然后用漏斗将这部分固体加到分离柱的顶端,用洗脱液淋洗(每次 1.5 mL)。

4. 确定硅胶和化合物合适的比例。对于简单的分离,通常要求两者的比例为(30~50):1(质量比);但对比较困难的分离,需要的比例高达 120:1。

5. 选取合适的分离柱。所需用的硅胶量决定了分离柱的尺寸。使用短而粗还是长而细的分离柱,迄今为止还没有定论。

6. 选取合适的收集用试管。简单的方法:将硅胶体积除以 4,然后选取能装下这一体积硅胶的试管即可(如 200 mL 的硅胶对应于 50 mL 的组分)。

7. 一旦选定了分离柱,需要堵住活塞底端以避免硅胶流失。通常用一小团棉花或者玻璃毛加一根长玻璃棒即可完成。

8. 在通风橱中填充分离柱。考虑到要用大量挥发性溶剂,以及干燥硅胶对于健康的危害,不允许在通风橱外进行柱的操作。检查并确定柱子是否完全垂直,倾斜的柱子不利于分离。

9. 关上活塞并且加入几英寸高的洗脱液。

10. 用漏斗向分离柱中加入一些经过洗涤、干燥的石英砂,目的是避免硅胶落入收集瓶中。

11. 量取适量的硅胶,最安全的方式是在通风橱中量取。硅胶的密度约是 0.5 g/mL,因此可以直接用三角烧瓶量取(100 g 相当于 200 mL)。硅胶的体积不超过烧瓶容积的 1/3。

12. 在刚量取的硅胶中加入至少 1.5 倍体积的溶剂,将其制成浆状,用力振荡和强烈搅拌,使其充分混合,并且除去硅胶中的气体(气泡的存在将会使分离柱的效率降低)。

13. 用漏斗小心缓慢地将浆状物移入分离柱中,注意不要破坏下面的砂层。在灌浆的过程中不断搅拌浆状物,以确保硅胶混合均匀。灌浆结束后,用洗脱液反复冲洗烧瓶几次,并且将余下的溶剂硅胶混合物加入分离柱中。

14. 用滴管和洗脱液将黏附在柱子顶部边缘上的硅胶冲洗到溶剂层中。

15. 当所有的硅胶都被洗离柱壁后,打开活塞,用压缩空气给柱加压,柱内的硅胶将会压缩到原来高度的一半左右。检查以确保柱子的顶端平坦,如果不平,必须重新搅拌,然后沉降下来。在加压下,加入过量的洗脱液,用铅笔头或橡皮塞轻轻地敲打柱子,这将使硅胶颗粒填充得更加紧密。收集从柱子中流出的所有洗脱液,在加入化合物之后重复使用。(注意:切记不要让溶剂液面低于填充层。)

16. 当柱子填充好以后,在硅胶的顶部加入石英砂作为保护层。砂层需要填充得比较平整,厚度在 2 cm 左右,在添加溶剂时可以起到保护柱子的作用。当溶剂加入过快时,如果没有砂层的保护,溶剂可能会破坏填充硅胶的平整表面,影响分离效果。

17. 溶剂还没有达到砂层之前,可以用压缩空气促使溶液层下降。

18. 关闭活塞,将第一支试管放在柱子的出口下面。

19. 小心地向分离柱中加入淋洗液。当添加液体时,确保是沿柱子的壁加入,而不要直接滴加在柱的顶端。当冲洗含有混合物的烧瓶时,小心地一次性地将满满一滴管淋洗液加到分离柱中。然后打开活塞,当液体下降到填充物的顶端时关掉活塞。如此冲洗烧瓶三次。对沉积在硅胶上的混合物,还要再加 2 cm 厚的保护砂层。

20. 小心地在分离柱中加满洗脱液。开始时可以用巴斯德球管加入溶剂。当加入了 1 cm 高度的溶剂之后,打开活塞。继续用滴管滴加溶剂,直到溶剂高于柱内的填充层几厘米。然后可以通过一个漏斗从三角烧瓶中加入溶剂,缓慢地让它沿柱子壁加入。一定要有耐心,不要破坏柱内填充物的顶端。

21. 当把洗脱液装满分离柱之后,就可以开始"过柱"了。较快的流速有利于分离更好地进行。调整空气压力,使其达到一个较快的流速。保持压力,在收集试管装满后换上一支新的试管。注意随时向柱内补充溶剂。

22. 用薄层色谱跟踪柱子的分离进程。一边收集样品,一边进行薄层色谱分析。

23. 当操作梯度洗脱时,先用一种溶剂以保证具有较大 R_f 的化合物先从柱中被洗脱出来。当它们被安全地洗脱到收集试管中之后,便可以更换一种极性更大的溶剂继续洗脱。注意:逐步提高溶剂的极性。过于急速的极性变换可能会使硅胶分裂,对分离非常不利。因此,以每 100 mL(或更多)溶剂中增加 5% 左右的极性为宜,直至达到所希望的溶剂。然后,用该种洗脱剂洗脱,直到目标化合物被洗脱出来。

24. 确定所有目标化合物都已经从柱内被洗脱出来后,在分离柱的底端放置一个大烧瓶,用一个夹子切断连通分离柱的压缩气体的气路,让气体将剩余的溶剂全部压出柱子,然后干燥硅胶。对于大的分离柱,这个过程差不多要耗费 1 h。

25. 在干燥分离柱之时,可开始将组分合并起来。用薄层色谱确定哪个试管中含有所需的纯样品。将相似纯度的组分合并放在大的圆底烧瓶中,并用旋转蒸发仪进行浓缩。对于费时较长的柱子,可在柱分离过程中就合并流出的组分,以加速进程。

26. 当完全除去溶剂后,用核磁共振谱(NMR)分析所得到的化合物。

三、仪器和试剂

(一)主要仪器

分离柱、烧杯、量筒。

(二)主要试剂

95% 乙醇、中性氧化铝(100～200 目)、荧光黄、碱性湖蓝 BB。

四、实验步骤

荧光黄和碱性湖蓝 BB 均为染料,由于它们的结构不同、极性不同,吸附剂对它们的吸附能力不同,洗脱剂对它们的解吸速度也不同。极性小、吸附能力弱、解吸速度快的碱性湖蓝 BB 先被洗脱下来,而极性大、吸附能力强、解吸速度慢的荧光黄后被洗脱下来,从而使两种物质得以分离。

（一）装柱

将层析柱(20 mm×300 mm)洗净干燥后垂直固定在铁架台上。取少许脱脂棉放于干净的色谱柱底,用长玻璃棒将脱脂棉轻轻塞紧,在脱脂棉上覆盖一层厚 0.5 cm 的石英砂,色谱柱下端置一三角烧瓶。关闭柱下部活塞,向柱内倒入 95％乙醇至柱高的 3/4 处,打开活塞,控制乙醇流出速度为每秒 1～2 滴。然后将用乙醇溶剂调成糊状的一定量的吸附剂中性氧化铝(100～200 目)通过一只干燥的粗柄短颈漏斗从柱顶加入,使溶剂慢慢流入三角烧瓶。填充吸附剂的过程中要敲打柱身,使装入的氧化铝紧密均匀,顶层水平。当装柱至 1/2 时,再在上面加一层 0.5 cm 厚的石英砂。操作时一直保持上述流速,但要注意不能使砂子顶层露出液面,不能使柱顶变干。

（二）加样

把 1 mg 荧光黄和 1 mg 碱性湖蓝 BB 溶于 1 mL 95％乙醇中。打开色谱柱的活塞,将其顶部多余的溶剂放出。当液面降至与石英砂顶层相平时,关闭活塞,将上述溶液用滴管小心地加入柱内。打开活塞,待液面降至与石英砂顶层相平时,用滴管取少量 95％乙醇洗涤色谱柱内壁上沾有的样品溶液。

（三）洗脱与分离

样品加完并混溶后,开启活塞,当液面降至与石英砂顶层相平时,便可沿管壁慢慢加入 95％乙醇进行洗脱,流速控制在每秒 1～2 滴,这时碱性湖蓝 BB 谱带和荧光黄谱带分离。碱性湖蓝 BB 因极性较小,首先向柱下部移动。极性较大的荧光黄留在柱的上端。通过柱顶的滴液漏斗,继续加入足够量的 95％乙醇,使碱性湖蓝 BB 的谱带全部从柱子里洗下来。待洗出液呈无色时,更换一个接收器,改用水为洗脱剂。这时荧光黄向柱子下部移动,用容器收集,同样至洗出液呈无色为止。这样分别得到两种染料的溶液。用旋转蒸发仪浓缩洗脱液得到染料荧光黄与碱性湖蓝 BB。

☀ 注意事项

1. 覆盖石英砂的目的是：① 使样品均匀地流入吸附剂表面；② 在加料时不致把吸附剂冲起,影响分离效果。若无石英砂,也可用玻璃毛或剪成比柱子内径略小的滤纸压在吸附剂上面。

2. 向柱中加样和添加洗脱剂时,应沿柱壁缓缓加入,以免将表层吸附剂和样品冲溅泛起,造成非水平谱带。洗脱剂应连续平稳地加入,不能中断,不能使柱顶变干。因为湿润的柱子变干后,吸附剂可能与柱壁脱开形成裂沟,导致显色不匀,产生不规则的谱带。

五、思考题

1. 色谱柱的底部和上部装石英砂的目的是什么？

2. 装柱不均匀或者有气泡、裂缝,对分离效果有何影响? 如何避免?

3. 为什么洗脱的速度不能太快,也不宜太慢?

4. 为什么荧光黄比碱性湖蓝 BB 在色谱柱上吸附得更加牢固?

六、拓展应用

柱色谱是在一根玻璃管或金属管中进行分离的色谱技术,可以用来分离大多数有机化合物,尤其适合于复杂的天然产物的分离。其分离容量从几毫克到百毫克级,所以适用于分离和精制较大量的样品。柱色谱广泛应用于有机中间体制备、天然产物提取、药物合成等领域。

2.13 纸色谱

纸色谱是一种分配色谱,滤纸为载体,纸纤维上吸附的水(一般纤维能吸附 20％～25％的水)为固定相,与水不相混溶的有机溶剂为流动相。将样品点在滤纸的一端,放在一个密闭的容器中,使流动相从有样品的一端通过毛细管作用流向另一端,依靠溶质在两相间的分配系数不同而达到分离。通常极性大的组分在固定相中分配得多,随流动相移动的速度会慢一些;极性小的组分在流动相中分配得多一些,随流动相移动的速度就快一些。与薄层色谱一样,纸色谱也可用比移值(R_f值)通过与已知物对比的方法,作为鉴定化合物的手段,其 R_f 值计算方法同薄层色谱。

纸色谱多用于多官能团或极性较大的化合物如糖、氨基酸等的分离,对亲水性强的物质分离较好,对亲脂性物质则较少用纸色谱分离。利用纸色谱进行分离,所费时间较长,一般需要几小时到几十小时。但由于它设备简单,试剂用量少,便于保存等,在实验室条件受限时常用此法。

纸色谱的操作方法和薄层色谱类似,分为滤纸和展开剂的选择、点样、展开、显色和结果处理等五个步骤,其中前两步是关键步骤。

一、滤纸的选择与处理

1. 滤纸要质地均匀、平整、无折痕、边缘整洁,以保证展开剂展开速度均一。滤纸应有一定的机械强度。

2. 纸纤维应有适宜的松紧度,太疏松易使斑点扩散,太紧密则流速太慢,所费时间长。

3. 纸质要纯,杂质少,无明显荧光斑点,以免与色谱斑点相混淆。有时为了适应某些特殊化合物的分离,需将滤纸做特殊处理。如分离酸、碱性物质时为保持恒定的酸碱度,可将滤纸浸于一定的 pH 缓冲溶液中预处理后再用,或在展开剂中加一定比例的酸或碱。在选择滤纸型号时,应结合分离对象考虑。对 R_f 值相差很小的混合物,宜采用慢速滤纸;对 R_f 值相差较大的混合物,则可采用快速或中速滤纸。厚纸载量大,供制备或定量用;薄纸则一般供定性用。

二、展开剂的选择

选择展开剂时,要从欲分离物质在两相中的溶解度和展开剂的极性方面来考虑。对极性化合物来说,增加展开剂中极性溶剂的比例量,可以增大比移值;增加展开剂中非极性溶剂的比例量,可以减小比移值。此外,还应考虑到分离的物质在两相中有恒定的分配比,最好不随温度而改变,易达到分配平衡。分配色谱所选用的展开剂与吸附色谱有很大不同,多采用含水的有机溶剂。纸色谱最常用的展开剂是用水饱和的正丁醇、正戊醇、酚等,有时也加入一定比例的甲醇、乙醇等。加入这些溶剂,可增加水在正丁醇中的溶解度,增大展开剂的极性,增强对极性化合物的展开能力。

三、样品的处理及点样

用于色谱分析的样品一般需初步提纯,如氨基酸的测定,不能含有大量的盐类、蛋白质,否则互相干扰,分离不清。样品溶于适当的溶剂中,尽量避免用水作溶剂,因水溶液中斑点易扩散,并且水不易挥发除去,一般可用丙酮、乙醇、氯仿等作溶剂。最好用与展开剂极性相近的溶剂。若为液体样品,一般可直接点样,点样时用内径约 0.5 mm 的毛细管,或用微量注射器点样,轻轻接触滤纸,控制点的直径在 2~3 mm,立即用冷风将其吹干。

四、展开

纸色谱亦须在密闭的层析缸中展开。层析缸中先加入少量选择好的展开剂,放置片刻,使缸内空间为展开剂所饱和,再将点好样的滤纸放入缸内。同样,展开剂的水平面应在点样线以下约 1 cm。也可在滤纸点好样后,将准备作为展开剂的混合溶剂振摇混合,分层后取下层水溶液作为固定相,上层有机溶剂作为流动相。其方法是先将滤纸悬在用有机溶剂饱和的水溶液的蒸气中,但不与水溶液接触,密闭饱和一定时间,然后再将滤纸点样的一端放入展开剂中进行展开。这样做的原因有两个:① 流动相若没有预先被水饱和,则展开过程中就会把固定相中的水分夺去,使分配过程不能正常进行。② 滤纸先在水蒸气中吸附足够量的作为固定相的水分。按展开方式,纸色谱又分为上行法、下行法、水平展开法。

五、显色与结果处理

当展开剂移动到纸的 3/4 距离时取出滤纸,用铅笔面出溶剂前沿,然后用冷风吹干。通常先在日光下观察,画出有色物质的斑点位置,然后在紫外灯下观察有无荧光斑点,并记录其颜色、位置及强弱,最后利用物质的特性反应喷洒适当的显色剂使斑点显色。按 R_f 值计算公式计算出各斑点的比移值。

2.14 气相、液相色谱

一、气相色谱

气相色谱法(Gas Chromatography,GC)是 20 世纪 50 年代初发展起来的一种分离分析新技术,它是以气体为流动相的色谱法。该法具有快速、高效、高灵敏度分离的特点,目前已广泛用于沸点在 500 ℃以下、热稳定的挥发物质的分离和测定。

(一)基本原理

气相色谱的流动相是载气,固定相则有固体与液体之分。固定相是固体的称为气-固色谱(GSC),固定相是液体的称为气-液色谱(GLC)。以图 2.12 为例来说明气相色谱的分离过程。在一支玻璃或金属管柱中,装入一种惰性固体颗粒(称为载体),表面上涂一层低挥发性有机化合物的液膜(称为固定液),载体和固定液组成固定相,这样便构成一支填充式色谱柱。以恒定流量的惰性气体(称为载气)连续通过色谱柱。进样后,样品混合物被载气带入色谱柱,并随载气移动。假设样品中有 A、B 两组分,其中 B 组分比 A 组分易被固定相溶解。这样,由于 A、B 组分在固定相中溶解能力不同,A、B 两组分随着载气移动而逐渐分开,A 在前,B 在后,离开色谱柱进入检测器,测量出 A、B 组分在不同时间的浓度,便可得到一张有两个色谱峰的流出曲线,通常称之为色谱图。依据两个峰出现的时间及峰面积即可进行定性定量分析。由此可见,气相色谱的分离原理是根据试样中各组分在两相间分配系数的差异,经过反复多次连续的分配过程,利用原来组分间微小的性质上的差异,产生很好的分离效果,从而达到分离的目的。

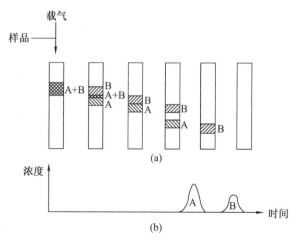

图 2.12　气相色谱分离原理示意图

（二）气相色谱流程和设备

图 2.13 是气相色谱流程示意图。气相色谱仪一般由载气系统,分离系统,检测、记录和数据处理系统三大部分组成。

1. 载气系统。载气系统主要是储于钢瓶中的氮气、氢气或氦气,用减压阀控制载气流量,用皂膜流量计测量载气流速,一般流速控制在 30～120 mL/min。

2. 分离系统。分离系统包括分离用色谱柱、进样器、恒温箱和相关电气控制单元。色谱柱是色谱仪的心脏部分,常用的有玻璃管柱、不锈钢管柱(内径 2～6 mm,长 1～3 m)及毛细管柱(内径 0.25～0.75 mm,长约几十米或更长)。色谱柱内填满了吸附剂或涂渍有固定液的载体。固定液的选择是能否有效分离试样各组分的一个决定因素。

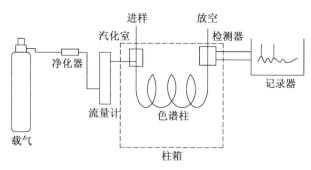

图 2.13　气相色谱流程示意图

3. 检测、记录和数据处理系统。检测、记录和数据处理系统包括检测器、记录器和积分仪或微处理机等。检测器是检测试样组成及各组分含量的部件,它将经色谱柱分离后的各组分按其特性及含量转换为相应的电信号。常用的检测器有热导检测器、氢火焰离子化检测器、电子捕获检测器等。一个好的色谱检测器应具有敏感、应答快、线性范围宽、通用性和特征性强、性能稳定可靠、操作方便等特性。

二、高效液相色谱

高效液相色谱又称高压液相色谱（High Performance/Pressure Liquid Chromatography,HPLC）,是 20 世纪 60 年代后期迅速发展起来的。气相色谱一般只能用于沸点在 500 ℃以下、热稳定性好的一些组分的分离测定,因此还有大量沸点更高、分子更大而热稳定性较差、离子型或倾向于解离等化合物需要有一个快速、有效和灵敏的分离分析方法,高效液相色谱正是为这一目的而迅速发展起来的。作为分离分析手段,气相色谱和液相色谱互为补充。就色谱而言,它们的差别主要在于前者的流动相是气体,而后者的流动相是液体。气体和液体物理性质的差别决定了液相色谱要达到快速、高效的目的必须采用均匀的微颗粒(5～50 μm)作固定相,而同时

必须采用较高的柱进口压($>100\ \mathrm{kgf/cm^2}$)以加速色谱分离过程。这就是液相色谱由经典发展到近代高效液相色谱所采用的重要手段。

（一）高效液相色谱流程

高效液相色谱流程和气相色谱流程的主要差别在于气相色谱是气流系统,高效液相色谱则是由贮液罐、高压泵及压力表等组成的液流系统,见图2.14。

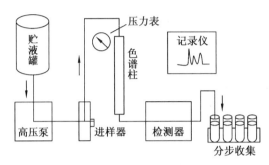

图 2.14　高效液相色谱流程示意图

（二）高效液相色谱的不同系统和过程

在高效液相色谱中,习惯上按固定相和流动相的相对极性的不同分为正相和反相系统两种。凡是固定相极性强于流动相的称为正相系统;反之,固定相极性弱于流动相的称为反相系统。另外,由于分离过程中的机理不同,在高效液相色谱中又有液-固吸附色谱、液-液分配色谱、离子交换色谱、凝胶渗透色谱和亲和力色谱。

1. 液-固吸附色谱。组分按其在两相吸附作用的强弱进行分离,被固定相吸附较弱的先从色谱柱流出。

2. 液-液分配色谱。此时作为流动相和固定相的液液两相是不互溶的,作为固定相的液相则承载在载体上,通常还用一个预饱和柱借流动相的流动不断把固定液带入色谱柱以保持它在分离过程中的浓度不变。组分在液-液分配色谱柱中按其在两相中的溶解度不同进行分离。

3. 离子交换色谱。离子交换色谱用离子交换剂作固定相,是分离离子型化合物较好的方法,不同组分按其离子交换能力的不同进行分离。

4. 凝胶渗透色谱(又称排阻色谱)。按分子量大小不同进行分离是凝胶渗透色谱的特点,这一特点使它在分离分析中起着十分重要的作用。

5. 亲和力色谱。亲和力色谱又称生物亲和力色谱,利用不同组分对固定相亲和力的差别进行分离,是分离、提纯蛋白质和酶的有效方法。

（三）高效液相色谱的流动相和固定相

1. 流动相。和气相色谱不同,液相色谱的流动相在分离过程中有较重要的作用,因此选择液相色谱的流动相时不仅要考虑检测器的需要,同时也要注意它在分离过程中所起的作用。常用的色谱流动相有正己烷、异辛烷、二氯甲烷、色谱流动相水、乙腈、甲醇等,另外还有多种缓冲溶液。液相色谱的流动相在使用前一般都要过滤、脱气,必要时需进一步纯化。

凡是在整个过程中流动相的浓度不随时间而变化的叫等度冲洗;若在此过程中流动相的浓度随时间而变化,则叫梯度冲洗或梯度淋洗。梯度冲洗在高效液相色谱中是很重要的方法。

2. 固定相。常用的液相色谱固定相有全多孔型、薄壳型(又称多孔层微珠)和化学改性型等。高效液相色谱用的色谱柱大多内径为 2~5 mm,长度在 25 cm 以内,用内壁光滑的不锈钢管作填充固定相的材料。

(四)高压泵和液相色谱检测器

1. 高压泵。一台好的高效液相色谱仪必须配有一台能在 40~450 kgf/cm² 压力范围内工作的高压泵。理想的泵应该有尽可能小的脉动或无脉动,贮液量大,流量及压力稳定,调节方便(一般要求流量调节范围为 0.5~6.0 mL/s),清洗方便,可做成梯度,耐腐蚀,寿命长。往复泵的出现,较大程度地满足了高效液相色谱对高压泵的性能要求。

2. 液相色谱检测器。和气相色谱一样,一个好的液相色谱检测器也应该具有敏感、应答快、线性范围宽、通用性强而又有特征等特性。由于液体的扩散系数比气体要小 10⁴ 倍,这就要求液相色谱检测器的池体积要尽可能小,以保证有足够快的应答时间。目前液相色谱检测器的池体积已经做到微升级或低于微升级,以便检测器能瞬时地反映流出物浓度或绝对量的变化。由于梯度冲洗在液相色谱分离分析中具有重要作用,因此一个好的液相色谱检测器应该适应梯度冲洗的需要。常用的液相色谱检测器有紫外检测器、折光检测器、氢火焰离子化检测器、荧光检测器、电导检测器等。

2.15　绿色有机合成

绿色化学(Green Chemistry)又称环境无害化学(Environmentally Benign Chemistry)、环境友好化学(Environmentally Friendly Chemistry)、清洁化学(Clean Chemistry),是指化学反应中充分利用参与反应的每个原料原子,实现"零排放"。其核心是要利用化学原理从源头上消除污染,不仅充分利用资源,而且不产生污染,并采用无毒无害的溶剂、助剂和催化剂,生产有利于环境保护、社区安全和人类健康的环境友好产品。绿色化学的目标是寻找充分利用原料和能源,且在各个环节都洁净和无污染的反应途径和工艺。绿色化学不仅将为传统化学工业带来革命性的变化,

而且必将推进绿色能源工业及绿色农业的建立与发展。因此,绿色化学是更高层次的化学,化学家不仅要研究化学品生产的可行性和现实用途,还要考虑和设计符合绿色化学要求、不产生或减少污染的化学过程。这是一个难题,也是化学家面临的一项新挑战。

绿色化学的内容之一是"原子经济性",即充分利用反应物中的各个原子,因而既能充分利用资源,又能防止污染。原子经济性的概念是1991年美国著名有机化学家Trost提出的(为此他曾获得1998年美国总统绿色化学挑战奖的学术奖),即用原子利用率衡量反应的原子经济性,认为高效的有机合成应最大限度地利用原料分子中的每一个原子,使之转化到目标分子中,达到零排放。绿色有机合成应具有原子经济性,原子利用率越高,反应产生的废弃物越少,对环境造成的污染也越少。

绿色化学的内容之二,其内涵主要体现在五个"R"上:第一是Reduction——"减量",即减少"三废"排放;第二是Reuse——"重复使用",诸如化学工业过程中的催化剂、载体等,这是降低成本和减废的需要;第三是Recycling——"回收",可以有效实现"省资源、少污染、减成本"的要求;第四是Regeneration——"再生",即变废为宝,节省资源、能源,是减少污染的有效途径;第五是Rejection——"拒用",指对一些无法替代,又无法回收、再生和重复使用的有毒副作用及污染作用明显的原料,拒绝在化学过程中使用,这是杜绝污染的最根本方法。

一、绿色化学的十二条原理

研究绿色化学的先驱者们总结出了这门新型学科的基本原理,为绿色化学今后的研究指明了方向。

1. 从源头制止污染,而不是在末端治理污染。

2. 合成方法应遵循"原子经济性"原则,即尽量使参加反应过程的原子都进入最终产物。

3. 在合成方法中尽量不使用和不产生对人类健康和环境有毒有害的物质。

4. 设计具有高使用效益、低环境毒性的化学产品。

5. 尽量不用溶剂等辅助物质,不得已使用时它们必须是无害的。

6. 生产过程应该在温度和压力温和的条件下进行,而且能耗最低。

7. 尽量采用可再生的原料。

8. 尽量减少副产品。

9. 使用高选择性的催化剂。

10. 化学产品在使用完后能降解成无害的物质并且能进入自然生态循环。

11. 发展实时分析技术以便监控有害物质的形成。

12. 选择参加化学过程的物质,尽量减少发生意外事故的风险。

二、有机合成实现绿色合成的途径

提高原子利用率,实现反应的原子经济性是绿色合成的基础。然而真正的"原子经济"反应非常少。因此,不断寻找新的方法来提高合成反应的原子利用率是十分重要的。对一个有机合成来说,从原料到产品,要使之绿色化,涉及诸多方面。首先要看是否有更加绿色的原料,能否设计更绿色的新产品来代替原来的产品。其次,还要看反应设计流程是否合理,是否有更加绿色的流程。另外,从反应速率和效率看,还涉及催化剂、溶剂、反应方法、反应手段等多方面的绿色化。

(一) 开发新型高效、高选择性的催化剂

催化剂不仅可以加速化学反应速率,而且采用催化剂可以高选择性地生成目标产物,避免和减少副产物的生成。据统计,在化学工业中80%以上的化学反应只有在催化剂作用下才能获得具有经济价值的反应速率和选择性。老工艺的改造需要新型催化剂,新的反应原料、新的反应过程也需要新催化剂。因此,设计和使用高效催化剂已成为绿色合成的重要内容之一。

(二) 开发"原子经济"反应

开发新的"原子经济"反应已成为绿色化学研究的热点之一。基本有机化工原料生产的绿色化对于解决化学工业的污染问题起着举足轻重的作用。目前,在基本有机原料的生产中,有的已采用了"原子经济"反应,如丙烯氢甲酰化制丁醛、甲醇羰基化制醋酸、乙烯或丙烯的聚合、丁二烯和氢氰酸合成己二腈等。现以丙烯环氧化合成环氧丙烷为例来讨论"原子经济"反应的开发。

环氧丙烷是一种重要的有机化工原料,在丙烯衍生物中产量仅次于聚丙烯和丙烯腈。它主要用于制备聚氨酯所需要的多元醇和丙二醇。国内外现有的环氧丙烷生产工艺是氯醇法,它是 Dow 化学、BASF 和 Bayer 公司开发的工艺过程:

$$\text{+ HClO} \longrightarrow CH_3CHOHCH_2Cl + CH_3CHClCH_2OH$$

$$CH_3CHOHCH_2Cl + CH_3CHClCH_2OH + Ca(OH)_2 \longrightarrow \text{环氧丙烷} + CaCl_2 + H_2O$$

此法需要消耗大量氯气和石灰,生成大量用处不大的氯化钙,生产过程中设备腐蚀和环境污染严重,其原子利用率仅为 31%。

近年来,Ugine 和 Enichem 公司开发了以钛硅分子筛为催化剂(简称 TS-1)、过氧化氢氧化丙烯直接生产环氧丙烷的新工艺,其反应过程如下:

$$\text{+ } H_2O_2 \xrightarrow{\text{TS-1}} \text{环氧丙烷} + H_2O$$

新工艺使用的 TS-1 分子筛催化剂无腐蚀、无污染,反应条件温和,反应温度为 40 ℃~50 ℃,压力低于 0.1 MPa,氧化剂采用 30% H_2O_2 水溶液,安全易得,反应几乎按化学计量关系进行,以 H_2O_2 计算的转化率为 93%,生成环氧丙烷的选择性在

97％以上,因此是一个低能耗过程。此反应的原子利用率虽然只有76.3％,但生成的副产物仅有水,因此具有很好的工业应用前景。此工艺的不足之处是过氧化氢成本较高,在经济上暂时还缺乏竞争力。

（三）使用环境友好介质,改善合成条件

对于传统的有机合成反应,溶剂是必不可少的,经常需要大量使用有机溶剂,而大多数有机溶剂具有毒性,容易造成环境污染。因此,限制这类溶剂的使用,采用无毒、无害的溶剂代替有机溶剂已成为绿色化学的重要研究方向。目前,将水、离子液体、超临界流体作为反应介质,甚至采用无溶剂的有机合成反应在不同程度上已取得了一定的进展,它们将成为发展绿色合成的重要途径和有效方法。以水为反应介质的有机反应是一种环境友好的反应,这类反应很早就有文献报道。但由于大多数有机物在水中的溶解性差,而且许多试剂在水中不稳定,因此水作为溶剂的有机反应没有引起人们的足够重视。直到1980年Brealow发现环戊二烯与甲基乙烯酮在水中的环加成反应较之以异辛烷为溶剂的反应快700倍,水介质中进行的有机反应才引起人们的极大兴趣。与有机溶剂相比,水溶剂具有独特的优点,如操作简便、使用安全,且水资源丰富、成本低廉、不污染环境等。此外,水溶剂的一些特性对某些重要有机转化是十分有益的,有时甚至可以提高反应速率和选择性。科学家预测,水相反应的研究将会在有机合成化学中开辟出一个新的研究领域。

离子液体是由有机阳离子和无机或有机阴离子构成的。在室温或室温附近温度下呈液态的盐,在室温附近很宽的温度范围内均呈液态。离子液体具有许多独特的性质:① 液态温度范围宽,从低于或接近室温到300 ℃以上,具有良好的物理和化学稳定性;② 蒸气压低,不易挥发,通常无色无臭;③ 对很多无机和有机物都表现出良好的溶解能力,且有些具有介质和催化双重功能;④ 具有较大的极性可调性,可以形成两相或多相体系,适合作分离溶剂或构成反应-分离耦合体系;⑤ 电化学稳定性高,具有较高的电导率和较宽的电化学窗口,可以用作电化学反应介质或电池溶液。因此,对许多有机反应(如烷基化反应、酰基化反应、聚合反应)来说,离子液体是良好的溶剂。

超临界流体是指当物质处于其临界温度及超临界压力下所形成的一种特殊状态的流体,它是一种介于气态与液态之间的流体状态,其密度接近于液体,而黏度接近于气态。由于这些特殊性质,超临界流体可以代替有机溶剂用作有机合成反应介质。超临界流体以其临界压力和温度适中、来源广泛、价廉无毒等优点而得到广泛应用。CO_2的临界温度和压力分别是31.1 ℃和7.38 MPa,在此临界点之上就是超临界流体。由于此流体内在的可压缩性、流体的密度、溶剂黏度等性能均可通过压力和温度的变化来调节,因此在这种流体中进行的反应可得到有效控制。除超临界CO_2外,超临界水和近临界水的研究也引起了人们的重视,尤其是近临界水。因为近临界水相对超临界水而言,温度和压力都较低,且有机物和盐都能溶解在其中。因此,近年来近临界水中的有机反应研究备受关注。

（四）改变反应方式和反应条件

随着绿色合成研究的不断发展,一些新的合成技术不断涌现,主要通过改变反应方式和反应条件,来达到提高产率、缩短反应时间、提高反应选择性的目的。其中,微波技术、超声波技术均已应用于有机合成,有机电化学合成、有机光化学合成等也已成为绿色合成的重要组成部分。

（五）选用更"绿色化"的起始原料和试剂

选用对人类和环境危害小的"绿色化"的起始原料和试剂是实现绿色合成的重要途径。在进行有机合成设计时,应该避免使用有毒原料和试剂,尤其是一些剧毒品、强致癌物等。

（六）高效合成方法

设计高效多步合成反应,使反应有序、高效地进行。例如,一瓶多步串联反应、多反应中心多向反应、一瓶多组分反应等无须分离中间体,不产生相应的废弃物,可免去各步后处理和分离带来的消耗和污染,无疑是洁净技术的重要组成部分。

（七）其他途径

近年来提出的合成与分子构件概念应用于合成化学领域,极大地丰富了绿色合成的思路,利用分子组装可以高效率地合成目标分子,如计算机辅助绿色化学设计与模拟、反应原料的绿色化及发展可替代绿色产品等。

2.16　无水无氧操作

许多有机化合物,如某些有机金属化合物、硼氢化物、自由基等对空气敏感,特别是对空气中的氧气和水汽敏感。化学家们通过长期的理论与实践对无水无氧实验操作技术已积累了丰富的经验,发明了一些特殊的仪器设备,总结出一套较为完善的实验操作技巧,可以解决敏感化合物的反应、分离、纯化、转移、分析及储藏等一系列问题。

无水无氧实验操作技术目前采用以下三种方法,这些方法各有优缺点,可根据实验目的选择或组合使用。

一、高真空线技术

该方法在全部真空系统中使用。真空系统一般采用玻璃仪器装配,所使用的试剂量较少（从毫克级到克级）,不适合氟化氢及其他一些活泼的氟化物的操作。该操作所需的真空度可以由机械真空泵或扩散泵提供,并配合使用液氮冷阱。本方法的特点是

真空度高,可以很好地排除空气,适用于液体的转移、样品的储存等操作,没有污染。

二、手套箱操作技术

手套箱是一种进行化学操作的密封箱,带有视窗,具有传递物料孔和伸入双手的橡皮手套,内有电源和抽气口,相当于一个小型实验室,常用来操作带有毒性或放射性的物质,以确保工作环境气氛不受污染。箱体常用不锈钢、有机玻璃等作材料,并装有有机玻璃面板和照明设备。手套箱中的空气用惰性气体反复置换,在惰性气氛中进行操作,为空气敏感的物质提供了更直接地进行精密称量、物料转移、小型反应、分离纯化等实验操作的方法,其操作量可以从几百毫克至几千克。但使用手套箱操作技术,其装置价格贵,占地大,用橡皮手套操作也不灵便。该方法可以用高真空线技术和 Schlenk 操作技术代替。

三、Schlenk 操作技术

一般称为"希莱克技术"(双排管操作技术)。它主要用来提供惰性环境及真空条件,主要由玻璃仪器组成,所用实验玻璃器材比较严格。对于无水无氧条件下的回流、蒸馏和过滤等操作,应用 Schlenk 仪器比较方便。所谓 Schlenk 仪器是为便于抽真空、充惰性气体而设计的带活塞支管的普通玻璃仪器或装置,如图 2.15 所示双排管即属于 Schlenk 仪器,双排管的活塞支管用来抽真空或充放惰性气体,保证反应体系能达到无水无氧状态。无水无氧条件下的实验操作如下:

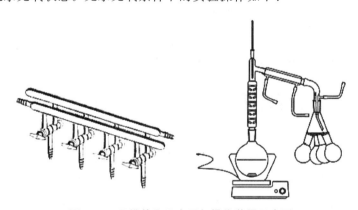

图 2.15　双排管和无水无氧操作装置示意图

1. 反应。反应器可选用 Schlenk 仪器或接有活塞的普通耐压仪器,搅拌宜选用电磁搅拌,以便更好地密封。尽量少用橡皮管,必须用时以管壁厚者为佳。所有仪器使用前须干燥,并且用标准口的翻口胶塞塞住(如无标准口的这种胶塞也可用类似葡萄糖注射液的瓶塞代替),然后抽真空充入惰性气体。如此反复三次,即可视系统为无水无氧状态。将反应物加入反应瓶或调换仪器时,都应在连续通惰性气体条件下进行。固体也可在抽真空前加入,但液体尤其是低沸点液体必须在抽真空并充入惰性气体后用注射器经胶塞隔膜加入,以防液体被抽入真空系统。反应过程中,反应瓶内必须有少量惰性气体通入,气体出口液封,防止外界空气进入。

2. 过滤。用惰性气体压滤或真空抽滤均可。

3. 液体的转移。一般应用双针法的注射针技术。在装有胶塞的瓶口,插入一根通惰性气体的短注射针头至液面以上,再经胶塞插入一支带注射针头的注射器吸取或注入液体。当注入液体使瓶内压力增大时,气体可从通惰性气体装置上的液封处排出。

2.17 不对称合成

不对称合成(Asymmetric Synthesis)又称手性合成、立体选择性合成、对映选择性合成,是研究向反应物引入一个或多个具手性元素的化学反应的有机合成分支。按照 Morrison 和 Mosher 的定义,不对称合成是“一个有机反应,其中底物分子整体中的非手性单元由反应剂以不等量地生成立体异构产物的途径转化为手性单元”。其中,反应剂可以是化学试剂、催化剂、溶剂或物理因素。在反应过程中因受分子内或分子外的手性因素的影响,试剂向反应物某对称结构的两侧进攻,进而在形成化学键时表现出不均等,结果得到不等量的立体异构体的混合物,具有旋光活性。

手性是自然界最重要的属性之一,也是生命物质区别于非生命物质的重要标志。自然界中构成生命体的基础物质核苷酸、氨基酸和单糖及由它们构成的生物大分子核酸、蛋白质和糖类都具有独特的手性特征。许多物理、化学、生物功能的产生都起源于分子手性的精确识别和严格匹配,如酶催化的高度化学、区域和立体选择性作用,手性药物的手性对其生物应答关系等。

手性直接关系到药物的药理作用、临床效果、毒副作用、药效发挥及药效时间等。正是药物和其受体之间的这种立体选择性作用,使得药物的一对对映体不论是在作用性质还是作用强度上都会有差别。20 世纪 60 年代,欧洲曾以消旋体的反应停(Thalidomide)作为抗妊娠反应的镇静剂,一些妊娠妇女服用此药后,出现多例畸变胎儿。后经研究证实,R 构型才真正起镇静作用,而 S 构型则有强致畸作用。在农业化学品中,手性问题同样重要,如芳氧基丙酸类除草剂(Fluazifop-buty)中只有 R 构型是有效的。

大量的事实和惨痛的教训使人们认识到,对于手性药物,必须对它们的立体异构体进行分别考察,了解它们各自的生理活性和各自的毒性等。美国 FDA 在 1992 年提出的法规就要求申报手性药物时,应该对它的不同异构体的作用叙述清楚。在药物中,手性化合物的重要性主要有以下几点:

1. 不同立体异构体展现不同的生理活性,有的无效异构体可能是极其有害的。

2. 新医药、新农药,如各种抑制剂、阻断剂、拮抗剂等对手性的要求越来越严格。

3. 环境保护问题得到普遍重视,减少不必要异构体的生产就意味着减少对环境的污染,同时也能降低生产成本。

近年来,手性药物的应用越来越广泛。按 1998 年的统计,全球最畅销的 500 种药物中,单一对映异构体药物占一半以上,占其总销售额的 52%。1995 年全球手性药物的年销售总额为 614 亿美元,1997 年达到 900 亿美元,到 2000 年已达到 1 230 亿美元。在如此大规模的市场推动下,世界各大制药公司纷纷把注意力转向单一对映异构体药物的开发,同时一大批中小公司也加入其中,形成手性技术的开发热潮。

自 19 世纪 Fischer 开创不对称合成反应研究领域以来,不对称反应技术得到了迅速发展,其间可分为四个阶段:手性源的不对称反应(Chiralpool)、手性助剂的不对称反应(Chiral Auxiliary)、手性试剂的不对称反应(Chiral Reagent)、不对称催化反应(Chiral Catalysis 或 Asymmetric Catalytic Reaction)。

传统的不对称合成是在对称的起始反应物中引入不对称因素或与非对称试剂反应,这需要消耗化学计量的手性辅助试剂。不对称催化合成一般指利用合理设计的手性金属配合物或生物酶作为手性模板控制反应物的对映面,将大量潜手性底物选择性地转化成特定构型的产物,实现手性放大和手性增殖。简单地说,就是通过使用催化剂量级的手性原始物质来立体选择性地生产大量手性特征的产物。它的反应条件温和,立体选择性好,R 异构体或 S 异构体同样易于生产,且潜手性底物来源广泛,对于生产大量手性化合物来讲是最经济和最实用的技术。因此,不对称催化反应已为全世界有机化学家高度重视,特别是不少化学公司致力于将不对称催化反应发展为手性技术和不对称合成工艺。2001 年诺贝尔化学奖就授予在不对称催化氢化和不对称催化氧化方面做出突出贡献的 W. S. Knowles、野依良治和 K. B. Sharpless 三位化学家。

 参考文献

[1] 俞晔. 有机化学实验[M]. 上海:华东理工大学出版社,2015.

[2] DAVID H. Analytical chemistry 2.0[M]. New York:McGraw-Hill Company,2008.

[3] 曹健,郭玲香. 有机化学实验[M]. 3 版. 南京:南京大学出版社,2018.

[4] 强根荣,金红卫,盛卫坚.新编基础化学实验(Ⅱ)—有机化学实验[M].3 版. 北京:化学工业出版社,2020.

[5] 李妙葵,贾瑜,高翔,等.大学有机化学实验[M].上海:复旦大学出版社, 2006.

[6] 崔玉,王志玲.有机化学实验[M].2 版.北京:科学出版社,2015.

第3章 有机化合物物理常数测定

有机化合物的物理常数是鉴别有机物种类及纯度的重要数据,在现代有机工业方面的应用日益广泛。深入理解有机化合物的物理性质,在学习和工作中具有重要意义。本章系统介绍了熔点、沸点、折射率和比旋光度这四种物理常数的测定原理、实验方法及其拓展应用。对于本章的学习,同学们在深入理解原理的基础上,学会规范操作实验并反复运用,对动手能力及理解分析问题能力的提高都有重要意义。

3.1 熔点测定

一、实验目的

1. 了解测定熔点的原理和意义。
2. 掌握毛细管熔点测定法的操作。
3. 了解微量熔点测定法与全自动数字熔点仪的使用方法。
4. 培养学生的动手操作能力及实事求是的科学精神。

二、实验原理

通常将结晶物质加热到一定温度后,其从固态转变为液态,此时的温度被视为该物质的熔点(图3.1)。严格意义上说,熔点是指物质的固液两相在大气压下达到平衡时的温度。理论上它应是一个点,但实际测定有一定的困难。因此,一般测定物质自开始熔化(初熔)至完全熔化(全熔)时的温度,这一温度范围称为熔程或熔距。纯净的固体有机化合物的熔程不超过 0.5 ℃～1 ℃。而对于含有杂质的固体有机物,其熔程往往较长,且熔点较低。熔点是鉴别有机化合物的重要物理常数,同时根据熔程的长短又可定性判断该物质的纯度。

物质的蒸气压与温度变化曲线如图3.2所示。曲线 SM 和曲线 ML 分别为该物质固相和液相的蒸气压与温度的关系曲线。在交点 M 处,固液两相蒸气压一致,表明在此温度下,固液两相平衡共存,因此 M 点对应的温度 T_M 即为该物质的熔点。当温度高于 T_M 时,固相全部转化为液相;当温度低于 T_M 时,液相全部转化为固相;只有当温度等于 T_M 时,固液两相同时共存。这也是纯净固体有机化合物具有固定和敏锐熔点的原因。一旦温度超过 T_M，只要有足够的时间，固相就可以全部转化为液相。因此，想要精确测定熔点，在接近熔点时，加热速度一定要缓慢，温度上升速度为 $1\ ℃\sim2\ ℃/min$，方可使熔化过程接近两相平衡条件。

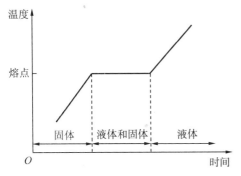

图 3.1　相随着时间和温度的变化图　　图 3.2　物质的蒸气压和温度的关系

目前，熔点测定的方法很多，包括毛细管熔点测定法、微量熔点测定法（显微熔点仪测定法）、全自动数字熔点仪测定法等。

三、仪器和试剂

（一）主要仪器

温度计、Thiele 管、熔点毛细管、酒精灯、开口软木塞、表面皿、打孔器、剪刀、圆锉、玻璃棒、玻璃管、显微熔点仪、全自动数字熔点仪。

（二）主要试剂

乙酰苯胺、苯甲酸、液体石蜡。

四、实验步骤

（一）毛细管熔点测定法

1. 装填样品。

取少量干燥的待测样品（约 0.1 g）于干净的表面皿上，用玻璃棒将其研成粉末并堆在一起。将熔点毛细管开口朝下插入样品粉末中，会有粉末进入毛细管。然后将熔点毛细管开口朝上，在空心玻璃管中自由落下，样品粉末紧密堆积在毛细管底部。如此重复操作，直至熔点毛细管中样品粉末高度为 2～3 mm。沾在毛细管外的粉末需要拭去，以免测量熔点时污染浴液。

2. 安装装置。

Thiele 管，也称 b 形管，如图 3.3 所示。用铁夹将 Thiele 管固定于铁架台上，倒入液体石蜡作为浴液，液面与 Thiele 管支管上口平齐。Thiele 管采用有开口的单孔软木塞，便于插入温度计，且温度计刻度应朝向软木塞开口，便于观察温度。将装填好样品的熔点毛细管蘸少许浴液黏附在温度计下端，使样品部分恰好位于温度计水

银球的中间位置。再用橡皮圈将其上端套在温度计上。将温度计小心地插入浴液中,使温度计水银球恰好位于 Thiele 管两支管口中间位置。毛细管上端开口和橡皮圈应该在浴液液面之上。

除 Thiele 管外,还可采用双浴式测熔点装置(图 3.4)来测定熔点。取一只 250 mL 长颈圆底(或平底)烧瓶,向其中倒入液体石蜡作为浴液,浴液量约占烧瓶容积的 1/2。取一支有棱缘的试管,将其插入烧瓶中,棱缘恰好卡在烧瓶口处。试管口同样采用带有开口的软木塞,插入温度计,温度计刻度同样朝向软木塞开口。熔点毛细管黏附于温度计一旁,与 Thiele 管方法一致。温度计水银球距离试管底部 0.5 cm。此时,液体石蜡浴液隔着空气(空气浴)把温度计和样品加热,受热均匀。

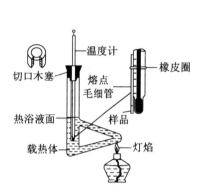

图 3.3　Thiele 管测熔点装置　　　　图 3.4　双浴式测熔点装置

3. 测定熔点。

在 Thiele 管弯曲支管的底部加热,如图 3.3 所示。实验开始时,升温速率可适当较快。当温度上升至距样品熔点 10 ℃~15 ℃时,改用小火缓慢加热,使温度上升速率为 1 ℃~2 ℃/min。越接近熔点,升温速率应越慢。熔点毛细管内的样品粉末开始塌落并有小液滴出现,表明样品开始熔化,即为初熔。样品粉末全部变为液体,表明样品熔化完全,即为全熔。记录初熔和全熔时的温度,这就是测定样品的熔点。测定完成后,熄灭或移除酒精灯,取出温度计,并将黏附在温度计上的熔点毛细管取下弃掉。等到石蜡浴液温度下降距样品熔点 30 ℃以下时,再换上新的熔点毛细管,重复前面的操作,进行第二次测定。

测定已知物的熔点,需要至少测定两次,且两次数据差额不能大于±1 ℃。测定未知样品时,可先进行一次粗测,加热速率略快,约为 5 ℃~6 ℃/min;获得大致熔点后,再进行两次精确测量,获得精确熔点。

可以使用如表 3.1 所示的表格记录样品熔点数据。

表 3.1　苯甲酸、乙酰苯胺的熔点测定数据记录表

试样	测定值/℃		平均值/℃	
	初熔	全熔	初熔	全熔
苯甲酸				
乙酰苯胺				
苯甲酸＋乙酰苯胺				

　　测完所有物质的熔点后,至石蜡浴液冷却后,将浴液倒回瓶中。温度计冷却后,用纸擦去液体石蜡,然后用水冲洗干净。

（二）微量熔点测定法

　　微量熔点测定法,又称显微熔点仪测定法,该方法用微量样品即可测出熔点。图 3.5 所示是一种较为常见的显微熔点仪。它可测定熔点在室温至 300 ℃范围内的样品,并且可以观察晶体在加热过程中的变化,如结晶失水、升华及分解等。

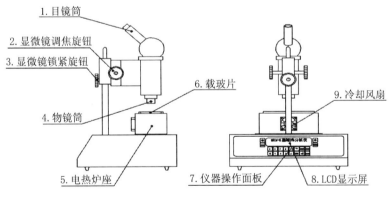

1. 目镜筒
2. 显微镜调焦旋钮
3. 显微镜锁紧旋钮
4. 物镜筒
5. 电热炉座
6. 载玻片
7. 仪器操作面板
8. LCD显示屏
9. 冷却风扇

图 3.5　显微熔点仪

　　利用显微熔点仪测定熔点时,将载玻片置于加热台上,取几粒待测样品晶粒放于载玻片上,然后盖上盖玻片。调节显微镜,使视野清晰。然后打开加热器,使温度快速上升。当温度升至距熔点 10 ℃～15 ℃时,降低升温速率至 1 ℃～2 ℃/min。当温度接近熔点时,控制升温速率为 0.2 ℃～0.3 ℃/min。样品晶粒的边缘开始变圆且

有液滴出现,表示样品开始熔化,此时的温度即为初熔温度。待样品完全变为液体,此时即为全熔。

（三）全自动数字熔点仪测定法

图 3.6 所示为一台全自动数字熔点仪,它可以自动显示待测样品初熔、全熔时的温度,操作简单便捷。具体操作如下:

首先,打开电源开关,待仪器稳定后,设定起始温度和升温速率;待仪器炉温达到起始温度并稳定后,插入样品毛细管;按升温按钮,仪器开始按照设定的工作参数对样品进行加热。当达到初熔点时,仪器自动显示初熔温度;当达到终熔点时,显示终熔温度,同时显示熔化曲线。

图 3.6　全自动数字熔点仪

💡 **注意事项**

1. 测定熔点的样品可选种类较多,除乙酰苯胺外,还可以为肉桂酸、尿素等。

2. 若待测样品的熔点在 150 ℃以下,则一般选用甘油、石蜡油等作为浴液。若待测样品熔点在 300 ℃以下,则通常采用硫酸、硅油等作为浴液。以硫酸作为浴液时,可加入硫酸钾以提高浴液温度,还可防止产生白烟。此外,硫酸具有强腐蚀性,操作时要注意安全。

3. 软木塞开一缺口,作用有两个:一是作为管内热空气流的导出口;二是方便观测温度计读数。

4. 若待测样品易升华,需将毛细管上端封闭,防止在加热过程中样品升华。压力的变化对样品熔点的影响较小,因此即使将毛细管封闭,对熔点测量值的影响也可忽略不计。若待测样品易吸潮,则装样动作要快,装样完成后应立刻将毛细管上端用小火加热封闭,以免样品在加热过程中吸潮,导致测定熔点偏小。

5. 在整个操作过程中,橡皮圈应始终在油浴液面以上,以免橡皮圈被浴液溶胀而发生脱落。此外,石蜡油等浴液受热后体积发生膨胀,因此加热过程中 Thiele 管中液面会上升,橡皮圈要尽量放高一些。

6. 缓慢升温的目的:一是保证热量有足够的时间从毛细管外传递到毛细管内;二是便于观察温度计读数和样品状态的变化。

7. 每一次实验都必须用新毛细管装样,毛细管不能重复利用。

五、思考题

1. 如何判断两种熔点相近的物质是否为同一种物质?

2. 测定熔点时,如果出现下列情况,测量结果会怎样?

a. 熔点毛细管管壁太厚；b. 熔点毛细管不干净；c. 样品干燥不完全；d. 样品研磨不够细；e. 样品在毛细管中装填不紧密；f. 样品装填太多；g. 加热速率快；h. 观察温度计读数慢。

六、拓展应用

熔点是晶体物质固有的特性参数之一。它是由构成晶体物质分子间内聚力和晶格能的特性决定的。晶体物质包括离子晶体、原子晶体、金属晶体和分子晶体，它们都是通过化学键或分子间作用力结合在一起的。因此物质由固态变为液态，需要吸收外界能量以破坏化学键或分子间作用力。化学键的键能越高或分子间作用力越强，物质的熔点越高；反之则越低。

3.2　沸点测定

一、实验目的

1. 掌握微量法测沸点的原理和操作方法。
2. 学会规范操作，培养良好的实验习惯和专业实验素养。

二、实验原理

沸点是化合物的重要物理常数之一。液体受热时，其蒸气压升高。当蒸气压升高到与外界压力相等时，会有大量气泡从液体内部冒出，液体沸腾。此时的温度即为该物质的沸点。物质的沸点与外界压力有关。当外界压力增大时，液体沸腾时的蒸气压同样增大，沸点升高；反之，沸点降低。由于物质沸点随外界压力的变化而变化，因此在讨论化合物的沸点时，需要标明压力。通常我们所说的沸点，指的是外界压力为一个标准大气压（1.013×10^5 Pa）下物质沸腾时的温度。

在一定压力下，纯净的液体有机物具有一定的沸点，其沸程一般不超过 1 ℃。但具有固定沸点的物质不一定是纯净物。例如，当两种或两种以上的液体物质形成共沸物时，该混合物同样具有固定的沸点。如果液体不纯，其沸点跟杂质的性质有关。若杂质挥发性低，则液体沸点升高；若杂质挥发性高，则液体沸程会增大。由此可见，通过测定沸点可判断物质的纯度及鉴别物质种类。

测定沸点的方法可以分为常量法和微量法两大类。使用常量法测定沸点时，样品用量较多，一般需要 10 mL 以上。蒸馏法属于常量法，这一部分已在 2.3 节中做了详细讲述。本实验主要介绍微量法测沸点，适用于样品量不多的情况。

三、仪器和试剂

（一）主要仪器

沸点毛细管、温度计、酒精灯。

（二）主要试剂

液体石蜡、无水乙醇。

四、实验步骤

图 3.7 所示装置可用于微量法测沸点。取一根直径 5 mm 左右的玻璃管作沸点管外管，将其一端用小火封闭。取 3~5 滴待测样品于外管中，液体样品高度约为 1 cm。再向沸点管中放入一根直径 1 mm 左右、上端封闭的毛细管作内管。然后用橡皮圈将沸点毛细管固定在温度计水银球旁边，并插入浴液（液体石蜡）中进行加热。随着温度的升高，内管中会有气泡断断续续地冒出。当温度达到样品沸点时，内管中会形成一连串的小气泡。此时，停止加热，浴液温度缓慢下降，内管中小气泡逸出的速度将放缓。最后一个气泡即将缩回内管时，表明沸点管内的蒸气压与外界大气压相等，此时的浴液温度即为该样品的沸点。为验证测定的准确性，待浴液温度下降几摄氏度后可以再缓慢加热，记录第一个气泡出现时的温度。前后两次记录的温度差不超过 1 ℃即说明测定准确。

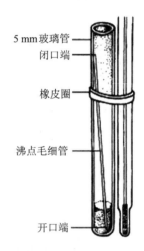

图 3.7　微量法测沸点

5 mm 玻璃管
闭口端
橡皮圈
沸点毛细管
开口端

💡 **注意事项**

可截取适当长度的熔点毛细管作沸点管的内管。使用时注意毛细管的封闭端向上，开口端向下插在浴液中。

五、思考题

1. 液体沸腾的条件是什么？物质的沸点与环境压强之间存在什么关系？

2. 微量法测定液体沸点时，为什么记录最后一个气泡刚要缩回内管时的温度？

六、拓展应用

由于气压随海拔高度的升高而减小，因此水的沸点随海拔高度的升高而降低。例如，在海拔高度 1 000 m 处，水的沸点约为 97 ℃；在海拔高度 3 000 m 处，水的沸点约为 91 ℃；而在海拔高达 8 848 m 的珠穆朗玛峰上，水在 72 ℃就可沸腾。结合 Clausius-Clapeyron 方程，可以推导出沸点与高度的关系。因此，沸点测定不仅可应用于化学工业，也可用来预测海拔高度。

3.3　折射率测定

一、实验目的

1. 学会使用阿贝折射仪。

2. 理解折射率测定的原理和意义。

3. 学会规范操作仪器,培养良好的实验素养。

二、实验原理

与熔、沸点类似,物质的折射率(也称折光率)同样是有机化合物的重要物理参数之一。折射率的测定可以精确至万分之一,因此作为衡量物质纯度的方法,它比沸点更可靠。利用折射率还可以定性鉴别有机化合物。

在一定的环境条件下,光线从一种介质进入另一种介质后,由于两种介质的密度存在差异,光线的传播速度和传播方向将会发生改变,这种现象就是光的折射现象。如图 3.8 所示,光线以入射角 α 从介质 A 进入介质 B 后,传播方向发生了改变,在介质 B 内变为折射角为 β 的光线。折射率 n 的定义为:入射角 α 与折射角 β 的正弦之比,即

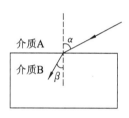

图 3.8　光的折射

$$n=\frac{\sin\alpha}{\sin\beta}$$

根据折射率 n 的定义,入射角 α 恰好为 90° 时,$\sin\alpha$ 达到最大值 1,此时折射角 β 同样达到最大值,称为临界角 β_0,即

$$n=\frac{1}{\sin\beta_0}$$

因此,通过测定临界角可计算得到折射率,这也是阿贝折射仪的工作原理,如图 3.9 所示。

阿贝折射仪采用"半明半暗"的方法测定临界角 β_0。使单色光在 0°～90° 内的所有角度从介质 A 进入介质 B,故介质 B 中临界角 β_0 以内所有的区域均有光线,这部分是明亮的;而临界角 β_0 以外的区域由于没有光线,因此是暗的。由此,在临界角 β_0 处应该恰好为明暗区域的交界线。利用阿贝折射仪,可以在目镜视野内清楚地观察到明暗交界线,如图 3.10 所示。

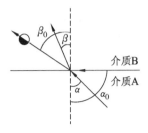

图 3.9　阿贝折射仪原理　　　　图 3.10　临界角处的目镜视野

阿贝折射仪的结构如图 3.11 所示,其主要由望远镜组和棱镜组构成。棱镜组由测量棱镜和辅助棱镜两块直角棱镜构成。望远镜组由右边的测量望远镜和左边的读数望远镜构成。测量望远镜主要用于观察折射情况,内装有消色散棱镜。读数望远镜内有刻度盘,其上刻有两列数值,右边一列为折射率(量程:1.300 0~1.700 0),左边一列用于工业测定糖溶液浓度的标度。测定时,光线经过反光镜进入辅助棱镜,发生漫反射,从而以不同角度进入待测样品薄层,然后射到测量棱镜上。此时,一部分光线进入测量目镜,从而可以获得折射率。

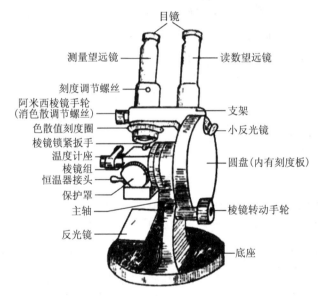

图 3.11　阿贝折射仪的结构

不同介质的折射率不同,临界角也不同,因此视野内明暗区域的位置也不同。阿贝折射仪的目镜上有一个"十"字交叉线,每次测量时,只需要调整目镜与介质 B 的相对位置,使明暗交界线恰好与"十"字线的中心重合即可。通过测定目镜与介质 B 的相对角度,经过计算,可获得介质 B 的折射率。阿贝折射仪标尺上的读数就是换算好的介质折射率。

折射率不仅与物质的结构及纯度等内因有关,还受外部因素的影响,包括入射光的波长、温度等。通常单色光(如钠光 D 线,波长 589.3 nm)的测定值比白光更为精确。而阿贝折射仪有消色散棱镜,可以直接利用白光,测得结果与钠光一样准确。折射率随温度的升高通常会下降。因此,表示折射率时要注明光线和温度。例如,n_D^{20} 表示以钠光作光源,在 20 ℃时物质的折射率。温度每升高 1 ℃,有机物的折射率约减小 4.5×10^{-4}。因此,不同温度下折射率的换算公式为

$$n_D^T = n_D^t + 4.5 \times 10^{-4}(t - T)$$

式中,T 为换算温度,t 为实验温度,单位均为℃。实验操作时,在折射仪和恒温水槽之间循环恒温水以保持温度恒定。

三、仪器和试剂

(一) 主要仪器

滤纸、擦镜纸、阿贝折射仪。

(二) 主要试剂

蒸馏水、乙醇、乙酸乙酯。

四、实验步骤

1. 安装仪器。

用橡皮管将辅助棱镜和测量棱镜上保温套的进、出水口与恒温水槽相连,设置好温度。

2. 加样。

开启辅助棱镜,用乙醇浸湿的擦镜纸擦拭上下镜面。等镜面干燥后,用滴管滴加 1～2 滴蒸馏水于镜面上。旋紧扳手,使蒸馏水铺满镜面。测定蒸馏水的折射率,这一步是对仪器进行校正。

3. 对光。

调节消色散手柄,使刻度盘标尺显示值为最小。然后调节反光镜,使测量目镜中的视野最明亮。转动棱镜调节旋钮,直至在测量目镜中可以观察到黑白区域的临界线。若在视野中看到彩色的光带,可以调节消色散手柄,直至清晰地观察到黑白分界线。

4. 精调。

转动棱镜调节旋钮,使黑白分界线恰好与目镜"十"字的交叉点重合,如图 3.10 所示。

5. 读数。

从读数望远镜中读出蒸馏水的折射率。重复测定蒸馏水的折射率 3 次,每次读数相差不超过 0.000 2。取 3 次测定的平均值,将其与蒸馏水的标准值相比,得到零

点校正值。一般情况下,校正值较小,若校正值较大,要对整台仪器进行重新校正。已知,蒸馏水的折射率标准值为 $n_D^{20} = 1.333\ 0$,$n_D^{25} = 1.332\ 5$。

6. 测样。

重复步骤 2～5,在步骤 2 中滴入待测样品(乙酸乙酯),测出待测样品的折射率。重复测定 3 次,取其平均值,并根据零点校正值加以校正。已知纯净的乙酸乙酯的 $n_D^{20} = 1.372\ 3$。

7. 清洗。

实验完成后,先用干净的擦镜纸擦去棱镜镜面上的液体,再用乙醇浸湿的擦镜纸擦拭镜面。待其干燥后,垫一张干净的擦镜纸,旋上锁钮,放置于仪器室保存。

💡 **注意事项**

1. 折射率还可用来确定混合物的组成。当构成混合物的各组分结构相似、极性较小时,混合物的折射率与物质的摩尔分数成简单线性关系。因此,蒸馏两种及两种以上液体混合物且组分沸点相近时,就可利用折射率通过线性关系确定馏分的组成。

2. 如果测定挥发性较强的样品,加样速度要快,也可以通过棱镜侧面的小孔加入。

3. 观察到彩色光带,很可能是由于有光线没有经过棱镜面,直接射在聚光透镜面上。

4. 阿贝折射仪需谨慎保存,定时维护。维护方法包括:① 折射仪的棱镜不能用玻璃管、滤纸等碰触,只能用擦镜纸擦拭。不能用于测定强酸、强碱及有腐蚀性的样品。② 仪器不能暴晒,用完后应放置在木箱内并置于干燥处。

五、思考题

1. 测定有机物的折射率有什么作用?

2. 折射率的影响因素有哪些? 折射率 n_D^{20} 表示什么意思?

3. 假设测得某一样品的折射率为 $n_D^{30} = 1.471\ 0$,那么它在 25 ℃下的折射率约为多少?

六、拓展应用

想配一副舒适、漂亮的眼镜是众多大学生的追求。然而由于光学知识的缺乏,并非所有人都能够挑选出质量上乘的镜片。出于佩戴舒适和美观的需求,挑选镜片时可以选择折射率较大的镜片。这是因为折射率越大,镜片可以做得越薄。薄的镜片对眼睛的负担较小,并且美观;而且折射率越大,清晰的视野越大。最优质的镜片是折射率为 1.9 左右的水晶镜片。

3.4　旋光度测定

一、实验目的

1. 学会测定旋光度。

2. 理解旋光度测定的原理和意义。

3. 培养学生理论联系实际的能力,认识化学实验对实际生产的重要性。

二、实验原理

旋光度是指具有光学活性的物质使平面偏振光发生旋转所产生的角度 α。旋光度可用于鉴定光学活性物质的结构、纯度及含量等。

光学活性物质,又称旋光物质,具有实物与其镜像不能重叠的特点(手性)。大多数生物碱和生物体内的有机分子具有旋光性。使偏振光向右旋转的有机物称为右旋体;反之,则称为左旋体。旋光度不仅与物质本身的结构有关,还与测定溶液的浓度、测定时的温度、所用光源的波长及旋光管的长度等外部因素有关。为消除外界因素的影响,通常我们用比旋光度 $[\alpha]_\lambda^t$ 表示物质的旋光度。比旋光度只与物质的分子结构有关,需要利用公式换算才能将测得的旋光度 α 转化为 $[\alpha]_\lambda^t$。根据所测样品是溶液还是纯净液体,比旋光度的定义和换算公式不同。

1. 若所测样品是溶液,比旋光度为在液层长度为 1 dm,浓度为 1 g/mL,温度为 20 ℃,光源为钠光谱 D 线(波长 589.3 nm)时的旋光度。换算公式如下:

$$[\alpha]_\lambda^t = \frac{\alpha}{l \times c}$$

2. 若所测样品是纯净液体,比旋光度为在液层长度为 1 dm,密度为 1 g/mL,温度为 20 ℃,光源为钠光谱 D 线时的旋光度。换算公式如下:

$$[\alpha]_\lambda^t = \frac{\alpha}{l \times d}$$

以上两式中,$[\alpha]_\lambda^t$ 为物质在温度为 t、光波长为 λ 时的比旋光度,若用钠光,可表示为 $[\alpha]_D^t$;α 为测定的旋光度(°);l 为旋光管的长度(dm);c 为溶液中旋光性物质的质量浓度(g/mL);d 为纯净液体在 20 ℃时的密度(g/mL)。

通常用旋光仪测定物质的旋光度。目测旋光仪的基本结构主要包括钠光灯、起偏镜、旋光管、检偏镜等,如图 3.12 所示。光线从钠光灯发出,经过起偏镜,变成在单一方向上振动的平面偏振光。旋光管内盛有旋光性物质,因此当偏振光通过旋光管后,它不能再通过检偏镜。此时,需要将检偏镜旋转一定角度,才能使偏振光通过。调节检偏镜进行配光,使光线最大限度地通过。根据检偏镜上的标度盘读出转动的角度,即为该物质的旋光度。

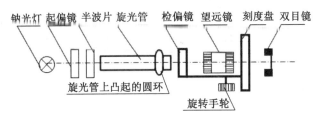

图 3.12　目测旋光仪基本结构

为提高测定准确性,测定旋光度时通常在视野中分出三分视场,如图 3.13 所示。若检偏镜的偏振面与起偏镜的偏振面平行,则观察到中间暗、两边亮的现象,如图 3.13(a)所示;若检偏镜的偏振面与偏振光的偏振面平行,则观察到中间亮、两边暗的现象,如图 3.13(b)所示;若检偏镜的偏振面处于 $1/2\varphi$(半暗角)的角度,则视野明暗各处相同,如图 3.13(c)所示,即单一视场,此时的位置作为零度。测定时,调节目镜视野内明暗相同。一般选择较暗的单一视场为该物质的旋光度。

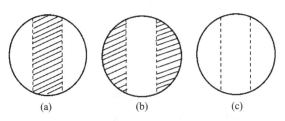

(a)　　　　　　(b)　　　　　　(c)

图 3.13　旋光仪的三分视场

自动数显旋光仪(图 3.14)应用了光电检测器及晶体管自动显示装置,读数方便,避免了人为读数误差,目前已被广泛使用。本节实验为利用自动数显旋光仪测定葡萄糖的比旋光度。

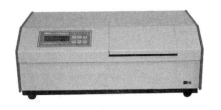

图 3.14　自动数显旋光仪

三、仪器和试剂

(一)主要仪器

电子天平、烧杯、容量瓶、自动数显旋光仪。

(二)主要试剂

葡萄糖(AR)。

四、实验步骤

1. 配制样品溶液。

精确称取 10 g 葡萄糖,配制成 100 mL 水溶液。

2. 旋光仪开机。

打开电源,预热 5 min,使钠光灯发光稳定。打开光源开关,使钠光灯点亮。然后按下"测量"开关,开始测量,此时会有数字显示。

3. 零点校正。

将盛有蒸馏水的旋光管放于样品室,盖上盖子。待数字显示稳定后,按下"清零"键。然后按下"复测"键,使示数为零。重复此操作三次。

4. 测定旋光度。

取出旋光管,倒掉蒸馏水,并用待测葡萄糖溶液冲洗旋光管三次。然后将待测样品注入旋光管,将其放入样品室,盖好盖子,直接读出旋光度。按下"复测"键,重复读数三次,取平均值作为实验结果。

5. 关机。

实验完成后,取出旋光管,清洗干净并擦干放好。依次关闭"测量""光源""电源"开关。

6. 计算。

利用计算公式,将测定的旋光度换算为比旋光度。

 注意事项

1. 测定有变旋现象的物质时,应使样品放置一段时间方可测量。本实验所测的葡萄糖溶液,应配制好放置一天后再测。

2. 在旋光管中加入蒸馏水或待测样品时,应尽量使液体液面凸出旋光管管口。将玻璃盖沿管口轻轻推盖好,以避免带入气泡。

3. 旋光仪连续使用时间不宜超过 4 h。若超过时长,中间应关闭 15 min,待钠光灯冷却后再继续测定,以免影响钠光灯使用寿命。

五、思考题

1. 比旋光度与旋光度有何异同点?它们之间存在何种联系?

2. 旋光度测定的意义是什么?

3. 葡萄糖溶液为什么需要放置一天后再进行旋光度的测定?

六、拓展应用

旋光度的测定在药物分析方面具有重要应用,主要包括以下三点:① 鉴别药物。有些药物具有旋光性,在《中国药典》的"性状"一栏下,一般会有比旋光度的检验项目。根据比旋光度可以鉴别药物的结构、药物的纯度等。《中国药典》中规定需要测定比旋光度的药物非常多,包括葡萄糖、头孢噻吩钠、硫酸奎宁、肾上腺素、丁溴东莨菪碱等。② 检查杂质。具有旋光性的药物,物理性质相似,但旋光性不同。通过测定旋光度,可以检查药物纯度。③ 测定含量。可以通过药物的比旋光度测定其含量。《中国药典》中记录的这些药物有:葡萄糖氯化钠注射液、右旋糖酐葡萄糖注射液、葡萄糖注射液、右旋糖酐氯化钠注射液等。

第4章　有机化合物合成与制备

本章涉及有机化合物的制备。有机化合物种类较多,主要选择一些重要的、具有代表性的有机化合物进行合成,包含烯烃、卤代烃、醇、醚、酮、羧酸、羧酸酯、含氮化合物及杂环化合物。为了进一步提高学生对有机合成的兴趣,本章也介绍了先进的合成方法,如微波辅助有机化学反应及不对称合成。此外,自然界中存在大量的天然有机化合物,本章也介绍了其提取方法。一些天然产物在自然界存在量较少,而在我们日常生产、生活中使用量较大,需要我们进行人工合成。因此,我们介绍了多步有机化学反应,为天然产物和聚合物的合成打下坚实的基础。另一方面,有机化合物的制备属于综合性实验,通过系统的实验锻炼,学生对有机化学实验基本操作的巩固学习,有利于提高学生的实验技能,为以后从事相关行业工作打下坚实的基础。

4.1　烯烃

1. 环己烯

（Cyclohexene）

一、实验目的

1. 学习浓磷酸催化环己醇脱水制备环己烯的原理和方法。

2. 巩固分馏操作。

3. 学习洗涤、干燥等操作。

4. 了解含磷废水的处理方法,提高学生的环境保护意识。

二、实验原理

烯烃是重要的有机化工原料,工业上主要通过石油裂解的方法制备烯烃,有时也利用醇在氧化铝等催化剂存在下,进行高温催化脱水来制取。实验室里则主要用浓硫酸或浓磷酸作催化剂使醇脱水或卤代烃在醇钠作用下脱卤化氢来制备烯烃。

本实验采用浓磷酸作催化剂使环己醇脱水来制备环己烯。

主反应式:

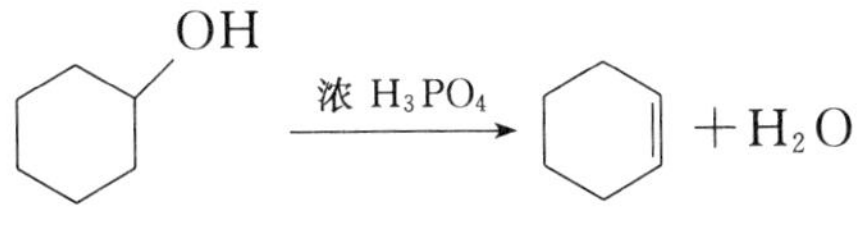

$$\text{环己醇} \xrightarrow{\text{浓 } H_3PO_4} \text{环己烯} + H_2O$$

一般认为,该反应历程为单分子消除反应(E1)历程,整个反应是可逆的:酸使醇羟基质子化,使其易于离去而生成环己基正碳离子,进一步失去一个质子,得到环己烯。

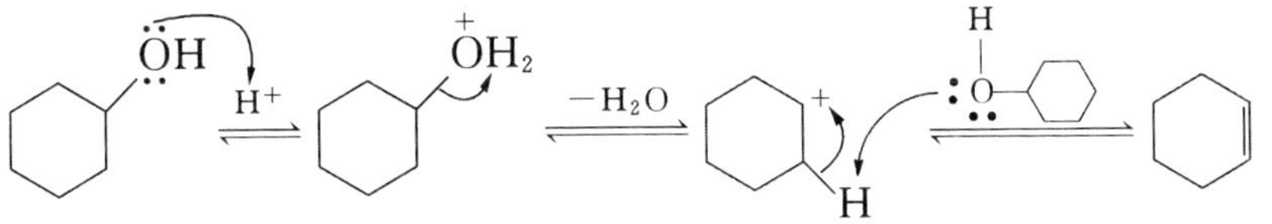

可能发生的副反应:

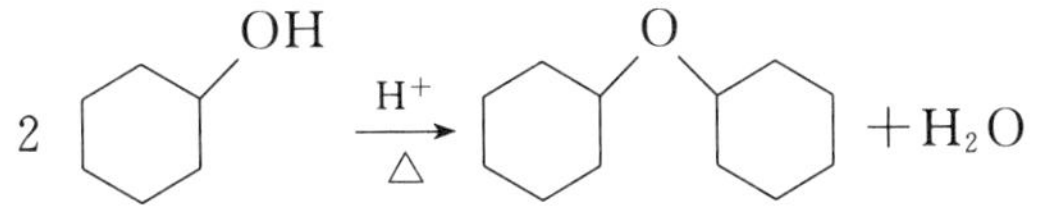

$$2\ \text{环己醇} \xrightarrow[\triangle]{H^+} \text{二环己基醚} + H_2O$$

三、仪器和试剂

（一）主要仪器

50 mL 圆底烧瓶、分馏柱、直形冷凝管、100 mL 分液漏斗、100 mL 三角烧瓶、蒸馏头、接液管。

（二）主要试剂

10.0 g(10.4 mL,0.1 mol)环己醇、4 mL 浓磷酸、氯化钠、无水氯化钙、5%碳酸钠溶液。

四、实验步骤

1. 投料。

在 50 mL 干燥的圆底烧瓶中加入 10 g 环己醇、4 mL 浓磷酸和 2～3 粒沸石,充分振摇使之混合均匀,安装反应装置,见图 1.21。

2. 加热回流、蒸出粗产物。

将烧瓶在石棉网上小火空气浴缓缓加热至沸,控制分馏柱顶部的馏出温度不超过 90 ℃,馏出液为带水的浑浊液。至无液体蒸出时,可升高加热温度(缩小石棉网与烧瓶底间距离)。当烧瓶中只剩下很少残液并出现阵阵白雾时,即可停止蒸馏,并将残液倒入指定废液桶里。

3. 分离并干燥粗产物。

将馏出液加入饱和氯化钠水溶液中,然后加入 3～4 mL 5%的碳酸钠溶液中和微量的酸。将液体转入分液漏斗中,振荡(注意放气操作)后静置分层,打开上口玻璃塞,再将活塞缓缓旋开。下层液体从分液漏斗的下口经活塞放出,产物从分液漏斗上

有机化学实验

口倒入一干燥的三角烧瓶中,用1～2 g无水氯化钙干燥。

4. 蒸出产品。

待溶液清亮透明后,小心滤入干燥的小烧瓶中,投入2～3粒沸石后用水浴蒸馏,收集80℃～85℃的馏分,放置到已称量的三角烧瓶中,称量,计算产率。

💡 注意事项

1. 投料时应先投环己醇,再投浓磷酸;投料后一定要混合均匀。

2. 反应时,控制温度不要超过90 ℃。

3. 干燥剂用量合理。

4. 反应、干燥、蒸馏所涉及玻璃仪器都应干燥。

5. 磷酸有一定的氧化性,加完磷酸要摇匀后再加热,否则反应物会被氧化。

6. 环己醇的黏度较大,尤其室温低时,量筒内的环己醇若倒不干净,会影响产率。

7. 用无水氯化钙干燥时氯化钙用量不能太多,必须使用粒状无水氯化钙。粗产物干燥好后再蒸馏,蒸馏装置要预先干燥,否则前馏分过多(环己烯-水共沸物),产率会降低。不要忘记加沸石,温度计位置要正确。

8. 加热反应一段时间后再逐渐蒸出产物,调节加热速率,保持反应速率大于蒸出速率才能使分馏连续进行。柱顶温度稳定在71 ℃不波动。

五、思考题

1. 如果实验产率太低,试分析主要在哪些操作步骤中造成损失。

2. 用85％磷酸催化工业环己醇脱水合成环己烯的实验中,将磷酸加入环己醇中,立即变成红色,试分析原因。

3. 用浓磷酸作脱水剂与用浓硫酸作脱水剂相比有什么优点?

4. 在粗产品环己烯中加入饱和食盐水的目的是什么?

5. 如何用简单的化学方法来证明最后得到的产品是环己烯?

六、参考文献

[1] 刘益林,向炳森,刘炎云,等.有机化学实验环己醇制备环己烯的绿色化研究[J].山东化工,2019,48(8):175－176.

[2] 何峰.不同催化剂催化制备环己烯的比较[J].广州化工,2020,48(8):121－123.

[3] 李芬芳,安道利,刘秀萍,等.环己烯制备实验的改进[J].山西大同大学学报:自然科学版,2015,31(1):31－32.

七、拓展应用

醇类化合物的脱水消除是制备烯烃类化合物的一类重要方法,其反应主要经历 E1 类型的消除过程,并根据中间体碳正离子的稳定性差异,对于不同结构的醇类化合物会有以下反应次序:叔醇最容易,仲醇次之,伯醇最难。环己烯是一种环烯烃,常温下为无色、可燃、有特殊刺激性气味的液体。环己烯是一种重要的化工原料,工业上用于生产己二酸、己二醛、马来酸、环己酸、环己醛、顺丁烯二酸、环己基甲酸、环己基甲醛,还可用作萃取剂、具有高辛烷值汽油的稳定剂。

4.2　卤代烃

2. 正溴丁烷

（1-Bromobutane）

一、实验目的

1. 学习由正丁醇、溴化钠和浓硫酸制备正溴丁烷(1-溴丁烷)的原理和方法。

2. 学习连有有毒气体吸收装置的加热回流操作和液体干燥操作,巩固蒸馏操作。

3. 学习分液漏斗洗涤液体的方法。

4. 了解刺激性气味药品的正确使用方法,加强学生的实验安全意识。

二、实验原理

醇与氢卤酸反应是制备卤代烷最方便的方法。醇转变为溴化物也可用溴化钠及过量的浓硫酸代替氢溴酸。

主反应:

$$NaBr + H_2SO_4 \Longrightarrow HBr + NaHSO_4$$

$$n\text{-}C_4H_9OH + HBr \xrightarrow{H_2SO_4} n\text{-}C_4H_9Br + H_2O$$

副反应:

$$n\text{-}C_4H_9OH \xrightarrow{H_2SO_4} (n\text{-}C_4H_9)_2O + CH_3CH_2CH = CH_2 + CH_3CH = CHCH_3 + H_2O$$

三、仪器和试剂

（一）主要仪器

圆底烧瓶、球形冷凝管、三角漏斗、直形冷凝管、分液漏斗。

（二）主要试剂

正丁醇、溴化钠、浓硫酸、氢氧化钠、碳酸氢钠、无水硫酸钠。

四、实验步骤

1. 在 100 mL 圆底烧瓶中加入 16.4 mL 浓硫酸和 12 mL 水的混合液及 6.2 mL 正丁醇,摇匀后再加 8.7 g 研细的溴化钠,用磁力搅拌器搅拌均匀,搭好装置,如图 1.7 所示。

2. 加热回流 0.5 h,使之充分反应。冷却后改用蒸馏装置,蒸出正溴丁烷粗品(注意终点判断)。

3. 将粗产品倒入分液漏斗中,用 5 mL 浓硫酸洗涤,分出酸层,有机相依次用 10 mL 水、10 mL 饱和碳酸氢钠溶液和 10 mL 水洗涤后,用无水硫酸钠干燥,过滤得产品,称重,计算产率。

💡 注意事项

1. 注意有毒气体的吸收,同时要注意防止倒吸。

2. 注意蒸馏终点的判断。

五、思考题

1. 反应后的产物可能含哪些杂质?各步洗涤的目的是什么?

2. 用分液漏斗洗涤产物时,正溴丁烷时而在上层,时而在下层,用什么简便的方法加以判断?

3. 如何判断正溴丁烷粗品已蒸馏完成?

六、参考文献

[1] 王丽波,徐雅琴,邢志勇,等. 正溴丁烷合成实验的改进[J]. 实验室科学,2015,18(5):43—44,49.

[2] 刘晟波,虞春妹. 正溴丁烷的工业合成方法的改进[J]. 化学试剂,2009,31(4):289—291.

[3] 虞春妹,刘晟波,李理. 正溴丁烷合成的优化[J]. 苏州科技学院学报,2005,22(3):46—49.

七、拓展应用

醇与氢卤酸反应是一类常用来合成卤代烷的方法。醇类化合物结构的差异会导致该反应经历不同的路径,其中该反应经历 S_N1 过程时,会发生 Wagner-Meerwein 重排反应,从而导致副反应的发生。正溴丁烷是一种重要的工业原料,在许多方面有着广泛的用途,可以用作烷基化试剂、溶剂、稀有元素萃取剂等。

3. 7,7-二氯二环[4.1.0]庚烷

(7,7-Dichlorobicyclo[4.1.0]heptane)

一、实验目的

1. 通过二氯卡宾与环己烯的反应,验证二氯卡宾的存在,认识相转移催化的优越性。

2. 巩固搅拌器的使用、萃取、减压蒸馏等基本操作。

3. 了解相转移催化剂季铵盐的应用,培养学生实际应用化学知识的能力。

二、实验原理

1. 二氯卡宾的制备方法:

$$CHCl_3 + NaOH \longrightarrow :CCl_2 + NaCl + H_2O$$

2. 相转移催化法:

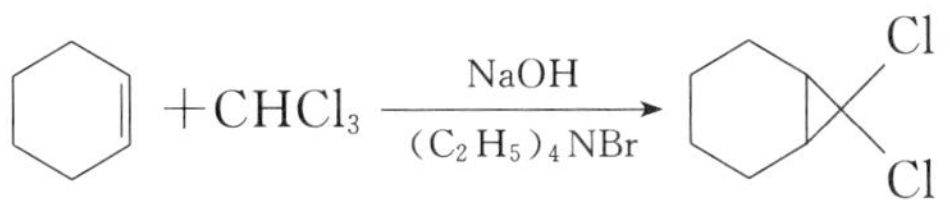

三、仪器和试剂

(一) 主要仪器

电炉、升降台、电动搅拌器、三口烧瓶(100 mL)、搅拌器套管、玻璃搅棒、球形冷凝管、温度计(100 ℃)、大小头、恒压滴液漏斗、空心塞、水浴锅、分液漏斗、三角烧瓶(100 mL)、蒸馏装置一套、减压蒸馏装置一套、橡皮管。

(二) 主要试剂

环己烯、氯仿、苄基三乙基氯化铵(TEBA)(0.2 g)、50%氢氧化钠(8 mL)、石油醚(40 mL)、粒状氢氧化钠(5 g)、无水氯化钙(2 g)。

四、实验步骤

1. 在 100 mL 三角烧瓶中配制 18 g 氢氧化钠和 18 mL 水的溶液,冷却至室温。

2. 安装带搅拌、回流、温度计、滴液漏斗的反应装置,如图 1.12 所示。

3. 在 100 mL 的三口烧瓶中依次加入 10.1 mL 环己烯、0.5 g TEBA 和 30 mL 氯仿。开动搅拌,由冷凝管上端的滴液漏斗以较慢的速度滴加配好的氢氧化钠溶液,约 15 min 滴完。反应物的颜色逐渐变为橙黄色。

4. 滴完后,水浴中小火加热回流,保持温度在 50 ℃～55 ℃左右,继续搅拌 1 h。

5. 反应物冷却至室温,加 60 mL 水稀释后转入分液漏斗,分出有机层(如两界上有絮状物,可过滤),水层用 25 mL 乙醚提取一次,合并醚层和有机层,用等体积的水洗涤两次,再用无水硫酸镁干燥。

6 将干燥后的溶液在水浴上蒸去乙醚和氯仿,然后进行减压蒸馏,收集产品。也可常压蒸馏收集 185 ℃~190 ℃的馏分,称重,计算产率。

💡 **注意事项**

1. 安装装置时,搅棒不要与温度计发生碰撞,以免打破水银球。

2. 盛碱的滴液漏斗用完应立即洗净,以防活塞被腐蚀黏结。

3. 反应温度不宜过高或过低,温度过高,絮状物增多,不利于分离,温度过低,反应慢,产率也会降低。

4. 分液时,不要用力振摇分液漏斗,以免发生严重乳化,影响分离,要充分静置。

五、思考题

1. 相转移催化反应的原理是什么?

2. 二氯卡宾是一种活性中间体,容易与水作用。本实验在有水存在下二氯卡宾为什么和烯烃发生加成反应?

3. 滴加氢氧化钠溶液时,强烈搅拌起什么作用?

六、参考文献

[1] 成乐琴,李庆鑫.7,7-二氯二环[4.1.0]庚烷的合成工艺优化[J].吉林化工学院学报,2016,33(11):20—24.

[2] 刘焕梅.合成 7,7-二氯双环[4,1,0]庚烷中相转移催化剂催化活性的研究[J].化学世界,2005,46(7):445—446,427.

[3] 罗健生.7,7-二氯双环[4,1,0]庚烷的合成条件选择[J].四川师范学院学报:自然科学版,1989,10(2):189—192.

七、拓展应用

多卤代烷在强碱作用下发生 α-消除,失去一分子卤化氢即可得到二卤卡宾。用该方法得到的卡宾为单线态卡宾,可以与烯烃上的 π 电子通过三元环过渡态发生加成反应得到偕二卤代的环丙烷化合物。在该过程中,所用溶剂通常为非均相体系(水相-有机相),选取合适的相转移催化剂对反应产率的提升具有重要的作用。在此过程中用到的季铵盐类相转移催化剂价格低廉,性质稳定。季铵盐类化合物还可以用于杀菌,如用作农业杀菌剂、公共场所杀菌消毒剂、循环水杀菌灭藻剂、水产养殖杀菌消毒剂、医疗杀菌消毒剂、畜禽舍消毒剂、赤潮杀灭剂、蓝藻杀灭剂等。

4. 1-溴环己烷

（1-Bromocyclohexane）

一、实验目的

1. 掌握回流操作技术。

2. 掌握制备 1-溴环己烷的原理及操作方法。

3. 了解刺激性气味药品的正确使用方法,加强学生的实验安全意识。

二、实验原理

制备 1-溴环己烷的反应如下:

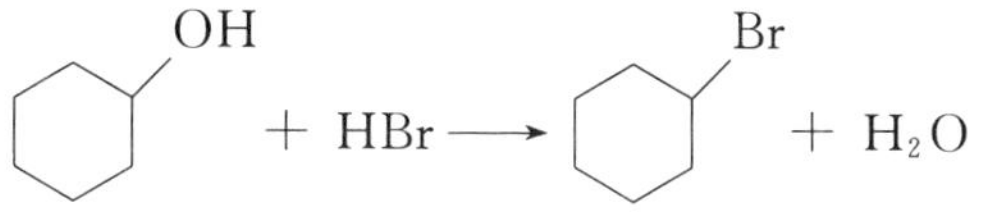

三、仪器和试剂

（一）主要仪器

磁力加热搅拌器、回流冷凝管、分液漏斗、三口烧瓶(100 mL)。

（二）主要试剂

溴化钾(工业级,纯度 99%)、环己醇、浓硫酸(工业级,含量 98%)。

四、实验步骤

1. 将 0.1 mol 溴化钾和一定量的环己醇、去离子水加入带有回流冷凝管的三口烧瓶中,放入磁力搅拌子,在磁力加热搅拌器上加热,搅拌下缓慢滴加浓硫酸,20 min 滴加完毕。

2. 回流反应至一定时间后停止加热,从冷凝管口加入 30 mL 水,使反应瓶中生成的盐全部溶解于水中。将反应瓶中的物料倒入分液漏斗中分液,有机相用饱和碳酸氢钠溶液洗涤后,再用水洗涤至中性,得到粗产品。

3. 粗产品用无水硫酸镁干燥,收集 166 ℃~167 ℃的馏分,得到浅黄色液体产品 1-溴环己烷,称重,计算产率。

💡 **注意事项**

1. 注意有毒气体的吸收,同时要注意防止倒吸。

2. 回流时间约 1.5 h。

五、思考题

1. 本实验成败的关键是什么? 为什么? 为此你采取了什么措施?

2. 本实验中为什么选用溴化钾作为溴化试剂?

3. 本实验有什么副反应? 该如何避免?

六、参考文献

[1] 王敏,宋志国,向刚伟,等.溴代环己烷的合成研究[J].盐业与化工,2008,37 (1):15－17.

[2] 王国强,张淑芬,张纪荣,等.合成1-溴代烷的新方法[J].海湖盐与化工, 2000,29(1):34－36.

七、拓展应用

溴代环己烷可用作重要的有机合成中间体及溶剂,可用来合成光敏引发剂、格氏试剂、环氧合酶抑制剂,同时也可作为外部重原子微扰剂及烷基化试剂的链转移剂。

4.3　醇

5. 三苯甲醇

(Triphenylmethanol)

一、实验目的

1. 掌握无水操作技术。

2. 熟悉用格氏(Grignard)反应制备三苯甲醇的原理及操作方法。

3. 了解格氏试剂的制备、应用及进行格氏反应的条件。

4. 通过三苯甲醇的制备,培养学生良好的实验操作技能。

二、实验原理

实验室制备醇的重要途径,一是以羰基化合物为原料,二是以烯烃为原料。本实验以羰基化合物羧酸酯和格氏试剂反应来制备叔醇。

格氏试剂是一种极为有用的试剂,它可以进行许多反应,在有机合成上极有价值。格氏试剂的制法如下:

$$RX + Mg \xrightarrow{\text{无水乙醚}} RMgX$$

格氏试剂与羧酸酯的反应如下:

$$R'\overset{\overset{\text{O}}{\|}}{-C}-OC_2H_5 \xrightarrow{2RMgX} R'\overset{\overset{R}{|}}{\underset{R}{-C-}}OMgX \xrightarrow{H_3O^+} R'\overset{\overset{R}{|}}{\underset{R}{-C-}}OH$$

当 R′＝R＝Ph 时,即可得到三苯甲醇。

格氏试剂的制备必须在无水条件下进行,所用仪器和试剂均须干燥,因为微量水分的存在会抑制反应的引发,而且会分解形成的格氏试剂而影响产率。

$$RMgX + H_2O \longrightarrow RH + Mg(OH)X$$

所用的低沸点溶剂乙醚,由于其具有较高的蒸气压而排除了反应容器中的大部分空气,避免了格氏试剂与 O_2 及 CO_2 发生作用:

$$2RMgX + O_2 \longrightarrow 2ROMgX$$

$$RMgX \xrightarrow{CO_2} R-\overset{\overset{\displaystyle O}{\parallel}}{C}-OMgX \xrightarrow{H_3O^+} R-\overset{\overset{\displaystyle O}{\parallel}}{C}-OH$$

格氏反应是一放热反应,故卤代烃的滴加速度不宜过快,必要时可用冷水冷却。反应开始后,卤代烃的滴加速度以使反应混合物保持微沸为宜。

三、仪器和试剂

(一)主要仪器

三口烧瓶、螺帽接头、球形冷凝管、空心塞、恒压滴液漏斗、蒸馏装置、抽滤装置。

(二)主要试剂

镁屑、溴苯(新蒸)、苯甲酸乙酯、无水乙醚、饱和氯化铵溶液、石油醚(90 ℃~120 ℃)、乙醇。

四、实验步骤

1. 苯基溴化镁的制备。

在 100 mL 三口烧瓶上装上回流冷凝管和滴液漏斗,在冷凝管及滴液漏斗的上口安装氯化钙干燥管,如图 1.13 所示。瓶内放置 1.5 g 镁屑或除去氧化膜的镁条及一小粒碘,在滴液漏斗中加入 10 g 溴苯和 25 mL 无水乙醚,混匀。

先将约三分之一的混合液滴入三口烧瓶中,数分钟后即见镁屑表面有气泡产生,溶液轻微浑浊,碘的颜色开始消失。若不发生反应,可用水浴或手掌温热。反应开始后,开动搅拌装置,缓缓滴入剩余的溴苯醚溶液,滴加速度保持反应液呈微沸状态。滴加完毕,用温水浴加热继续回流 0.5 h,使镁屑反应完全。

2. 三苯甲醇的制备。

用冷水浴冷却反应瓶,在搅拌下由滴液漏斗慢慢滴入 3.8 mL 苯甲酸乙酯和 10 mL无水乙醚的混合液,控制滴加速度保持反应平稳进行。滴加完毕后,将反应混合物用温水浴加热回流 0.5 h,这时可观察到反应物明显地分为两层。改用冰水浴冷却反应瓶,在搅拌下自滴液漏斗慢慢滴入 40 mL 饱和氯化铵溶液,分解加成产物,滴加完后继续搅拌数分钟。

将反应装置改为低沸蒸馏装置,在水浴上蒸去乙醚,剩余物中加入 30 mL 石油醚,搅拌,抽滤,收集产品。粗产物用 80％的乙醇重结晶,干燥后称重,计算产率。

💡 **注意事项**

1. 格氏试剂的反应为无水操作,在加入水前所有仪器必须干燥,药品须预先干燥处理。

2. 镁屑用镁条剪制,注意勿在空气中暴露时间太长。

3. 碘的用量应尽量少。

4. 开始滴加溴苯溶液时不宜太快,否则反应一旦发生过于剧烈,会增加副产物联苯的生成。滴液漏斗在滴加完苯甲酸乙酯后即可取下,无须清洗。

五、思考题

1. 本实验成败的关键何在? 为什么? 为此你采取了什么措施?

2. 本实验中溴苯加入太快或一次加入有什么缺点?

3. 如果苯甲酸乙酯和乙醚中含有乙醇,对反应有何影响?

六、参考文献

[1] 于笑寒.三苯甲醇的合成[J].山东化工,2017,46(22):19－20,24.

[2] 周锦.三苯甲醇合成工艺的改进[J].石油化工应用,2007,26(4):22－23.

[3] 李公春,孙婷,曹义春,等.三苯甲醇制备实验的改进[J].实验室科学,2010,13(1):93－94.

七、拓展应用

由法国化学家维克多·格林尼亚发现的含卤化镁的有机金属试剂被称为格氏试剂,其可以作为亲核试剂与某些含有活泼氢的化合物(水、醇、酸等)、CO_2、羰基化合物、金属或非金属卤化物反应,得到烃类、醇、酮、酸等衍生物。三苯甲醇为无色菱形结晶,熔点 164.2 ℃,沸点 380 ℃,易溶于醇、醚和苯,溶于浓硫酸呈深黄色,溶于冰乙酸时无色,不溶于水及石油醚。三苯甲醇是一种重要的医药中间体和有机合成中间体,可用于合成三苯基氯甲烷、三苯甲基醚等。

6. 2-甲基-2-己醇
(2-Methyl-2-Hexanol)

一、实验目的

1. 熟悉格氏试剂的制备、应用和格氏反应的条件。

2. 掌握无水反应装置、机械搅拌装置和滴液漏斗的使用。

3. 正确安装无水反应装置和机械搅拌装置。

4. 通过格氏反应制备产物,培养学生的创新思维,掌握实验知识,提高实践技能。

二、实验原理

醇的制法很多,简单和常用的醇在工业上利用水煤气合成、淀粉发酵、烯烃水合及易得的卤代烃的水解等反应来制备。实验室醇的制备可采用羰基还原(醛、酮、羧酸和羧酸酯)和烯烃的硼氢化-氧化等方法,利用格氏(Grignard)反应是合成各种结构复杂的醇的主要方法。

卤代烷和卤代芳烃与金属镁在无水乙醚中反应生成烃基卤化镁,又称格氏(Grignard)试剂。芳基型和乙烯型氯化物则需用四氢呋喃(沸点 66 ℃)为溶剂,才能发生反应。

$$RX + Mg \xrightarrow{\text{无水乙醚}} RMgX$$

格氏试剂为烃基卤化镁与二烃基镁和卤化镁的平衡混合物:

$$2RMgX \Longrightarrow R_2Mg + MgX_2$$

乙醚在格氏试剂的制备中有重要作用,醚分子中氧上的非键电子可以和试剂中带部分正电荷的镁作用,生成配合物:

$$
\begin{array}{cc}
C_2H_5 & C_2H_5 \\
\end{array}
$$

乙醚的溶剂作用是使有机镁化合物更稳定,并能溶解于乙醚。此外,乙醚价格低廉,沸点低,反应结束后容易除去。

卤代烷生成格氏试剂的活性次序为:RI>RBr>RCl。实验室通常使用活性居中的溴化物;氯化物反应较难开始;碘化物价格较贵且容易在金属表面发生偶合,产生副产物烃(R—R)。

格氏试剂中,碳-金属键是极化的,带部分负电荷的碳具有显著的亲核性质,在增长碳链的方法中有重要用途,其最重要的性质是与醛、酮、羧酸衍生物、环氧化合物、二氧化碳及腈等发生反应,生成相应的醇、羧酸和酮等化合物。

$$\text{>C=O} \xrightarrow{RMgX} R-\overset{|}{\underset{|}{C}}-OMgX \xrightarrow[H_2O]{H^+} R-\overset{|}{\underset{|}{C}}-OH$$

$$R'-\overset{O}{\overset{||}{C}}-OC_2H_5 \xrightarrow{2RMgX} R'-\overset{R}{\underset{R}{\overset{|}{C}}}-OMgX \xrightarrow[H_2O]{H^+} R'-\overset{R}{\underset{R}{\overset{|}{C}}}-OH$$

$$CH_2\overset{\displaystyle O}{\underset{\displaystyle }{\diagdown\diagup}}CH_2 \xrightarrow{RMgX} RCH_2CH_2OMgX \xrightarrow[H_2O]{H^+} RCH_2CH_2OH$$

$$CO_2 \xrightarrow{RMgX} R\overset{\displaystyle O}{\underset{\displaystyle }{\overset{\|}{C}}}\!\!-OMgX \xrightarrow[H_2O]{H^+} R\overset{\displaystyle O}{\underset{\displaystyle }{\overset{\|}{C}}}\!\!-OH$$

$$R'-C\equiv N \xrightarrow{RMgX} R'-\underset{\displaystyle R}{\overset{\displaystyle }{C}}\!=NMgX \xrightarrow[H_2O]{H^+} R'-\overset{\displaystyle O}{\underset{\displaystyle }{\overset{\|}{C}}}\!\!-R$$

反应所产生的卤化镁配合物通常由冷的无机酸水解,就可使有机化合物游离出来。对强酸敏感的醇类化合物可用氯化铵溶液进行水解。

格氏试剂的制备必须在无水条件下进行,所用仪器和试剂均须干燥,因为微量水分的存在会抑制反应的引发,而且会分解形成的格氏试剂而影响产率:

$$RMgX+H_2O \longrightarrow RH+Mg(OH)X$$

此外,格氏试剂能与氧、二氧化碳作用及发生偶合反应。

$$2RMgX+O_2 \longrightarrow 2ROMgX$$

$$RMgX+RX \longrightarrow R-R+MgX_2$$

故格氏试剂不宜较长时间保存。研究工作中,有时需在惰性气体(如氮气、氩气)保护下进行反应。用乙醚作溶剂时,醚较高的蒸气压可以排除反应器中大部分空气。用活泼的卤代烃和碘化物制备格氏试剂时,偶合反应是主要的副反应,可以采取搅拌、控制卤代烃的滴加速度和降低溶液浓度等措施减少副反应的发生。

格氏反应是一个放热反应,所以卤代烃的滴加速度不宜过快,必要时可用冷水冷却。反应开始后,应调节滴加速度,使反应物保持微沸。对活性较差的卤化物或当反应不易发生时,可采用加入含少许碘粒的1,2-二溴乙烷或事先已制好的格氏试剂引发反应发生。

2-甲基-2-己醇的合成反应如下:

$$n\text{-}C_4H_9Br+Mg \xrightarrow{\text{无水乙醚}} n\text{-}C_4H_9MgBr$$

$$n\text{-}C_4H_9MgBr+CH_3COCH_3 \xrightarrow{\text{无水乙醚}} n\text{-}C_4H_9\underset{\displaystyle OMgBr}{\overset{\displaystyle }{C}}(CH_3)_2$$

$$n\text{-}C_4H_9\underset{\displaystyle OMgBr}{\overset{\displaystyle }{C}}(CH_3)_2+H_2O \xrightarrow{H^+} n\text{-}C_4H_9\underset{\displaystyle OH}{\overset{\displaystyle }{C}}(CH_3)_2$$

三、仪器和试剂

（一）主要仪器

带干燥管电动搅拌装置一套、蒸馏装置一套、萃取装置一套。

（二）主要试剂

镁条、正溴丁烷、丙酮、无水乙醚（自制）、乙醚、10％硫酸溶液、5％碳酸钠溶液、无水碳酸钾、碘。

四、实验步骤

1. 正丁基溴化镁的制备。

在 250 mL 三口烧瓶上分别安装搅拌器、冷凝管及滴液漏斗,在冷凝管及滴液漏斗上口安装氯化钙干燥管(所有仪器必须干燥)。向三口烧瓶中投入 3.1 g 镁屑、15 mL 无水乙醚及一小粒碘;在恒压滴液漏斗中混合 13.5 mL 正溴丁烷和 15 mL 无水乙醚。

先向瓶内滴入约 5 mL 正溴丁烷-无水乙醚混合液,数分钟后溶液呈微沸状态,碘的颜色消失。若不发生反应,可用温水浴加热。反应开始时比较剧烈,必要时可用冷水浴冷却。

待反应缓和后,由冷凝管上端加入 25 mL 无水乙醚。开动搅拌器(用手帮助旋动搅棒的同时启动调速旋钮至合适转速),并滴入其余的正溴丁烷-无水乙醚混合液,控制滴加速度,维持反应液呈微沸状态。

滴加完毕后,在热水浴上回流 20 min,使镁条几乎反应完全。

2. 2-甲基-2-己醇的制备。

将上面制好的格氏试剂在冰水浴冷却和搅拌下,自恒压滴液漏斗中滴入10 mL 丙酮和 15 mL 无水乙醚的混合液,控制滴加速度,勿使反应过于剧烈。加完后,在室温下继续搅拌 15 min(溶液中可能有白色黏稠状固体析出)。

将反应瓶在冰水浴冷却和搅拌下,从恒压滴液漏斗中分批加入 100 mL 10％硫酸溶液,分解上述加成产物(开始滴入宜慢,以后可逐渐加快)。待分解完全后,将溶液倒入分液漏斗中,分出醚层。水层用 25 mL 乙醚萃取两次,合并醚层,用 30 mL 5％碳酸钠溶液洗涤一次,分液后,用无水碳酸钾干燥。

装配蒸馏装置。将干燥后的粗产物醚溶液过滤到小烧瓶中,用温水浴蒸去乙醚,再在电热套上直接加热蒸出产品,收集 137 ℃～141 ℃馏分,产量约 7～8 g,称重,计算产率。本实验约需 6 h。

💡 注意事项

1. 如需替换,可用 17.7 g(12 mL,0.16 mol)溴乙烷代替正溴丁烷,其余步骤相同,产物为 2-甲基-2-丁醇。蒸馏收集 95 ℃～105 ℃馏分,产量约 5 g。2-甲基-2-丁醇

的沸点为 102 ℃,折射率 $n_D^{20}=1.405\,2$。

2. 本实验所用仪器及试剂必须充分干燥。正溴丁烷用无水氯化钙干燥并蒸馏纯化;丙醛用无水碳酸钾干燥,经蒸馏纯化。所用仪器在烘箱中烘干后,取出稍冷即放入干燥器中冷却;或将仪器取出后,在开口处用塞子塞紧,以防止在冷却过程中玻璃壁吸附空气中的水分。

3. 本实验中搅拌棒的密封可采用图 1.14 所示的装置。若采用简易密封装置,则应用石蜡油润滑。安装搅拌器时应注意:

(1) 搅棒应保持垂直,其末端不要触及瓶底,最好距瓶底 3～5 mm。

(2) 装好后应先用手旋动搅棒,试验装置无阻滞后,方可开动搅拌器。

4. 不宜采用长期放置的镁屑。可用镁带代替镁屑,使用前用细砂纸将其表面擦亮,剪成小段。

5. 为了使开始时溴乙烷局部浓度较大,易于发生反应,搅拌应在反应开始后进行。若 5 min 后反应仍不开始,可用温水浴温热,或在加热前加入一小粒碘来促使反应开始。

6. 2-甲基-2-己醇与水能形成共沸物,因此必须很好地干燥,否则前馏分将大大增加。

7. 由于醚溶液体积较大,可分批过滤蒸去乙醚。

五、思考题

1. 本实验在将格氏试剂加成物水解前的各步反应中,为什么使用的药品和仪器均须绝对干燥?为此你采取了什么措施?

2. 反应未开始前加入大量正溴丁烷有什么缺点?

3. 本实验有哪些可能的副反应?如何避免?

4. 为什么本实验得到的粗产物不能用无水氯化钙干燥?

5. 用格氏试剂法制备 2-甲基-2-己醇,还可采取什么原料?写出反应式并对几种不同的路线加以比较。

六、参考文献

[1] 陈虎,毕建洪. 2-甲基-2-己醇制备方法的改进[J]. 合肥师范学院学报,2012,30(6):74－76.

[2] 李若琦,丁盈红,伍焜贤,等. 2-甲基-2-己醇制备实验的改进初探[J]. 广东药学院学报,2006,22(4):476.

七、拓展应用

利用格氏试剂与羰基化合物发生的反应可合成醇类化合物。2-甲基-2-己醇为无色液体,具特殊气味。纯 2-甲基-2-己醇的沸点为 143 ℃,相对密度为 0.811 9,微溶于水,容易溶解在醚、酮的溶液中。

4.4　醚

7. 乙醚

(Diethyl Ether)

一、实验目的

1. 掌握实验室制备乙醚的原理和方法。

2. 初步掌握低沸点易燃液体的操作要点。

2. 了解对易制毒类药品的使用方法,增强环境保护意识。

二、实验原理

主反应:

$$CH_3CH_2OH + H_2SO_4 \underset{}{\overset{100\ ℃\sim130\ ℃}{\rightleftharpoons}} CH_3CH_2OSO_2OH + H_2O$$

$$CH_3CH_2OSO_2OH + CH_3CH_2OH \underset{}{\overset{135\ ℃\sim145\ ℃}{\rightleftharpoons}} CH_3CH_2OCH_2CH_3 + H_2SO_4$$

总反应:

$$CH_3CH_2OH \underset{H_2SO_4}{\overset{140\ ℃}{\rightleftharpoons}} CH_3CH_2OCH_2CH_3 + H_2O$$

副反应:

$$CH_3CH_2OH \xrightarrow{H_2SO_4} \begin{array}{l} \xrightarrow{170\ ℃} CH_2{=}CH_2 + H_2O \\ \underset{[O]}{\longrightarrow} CH_3CHO + SO_2 + H_2O \end{array}$$

$$CH_3CHO \xrightarrow{H_2SO_4} CH_3COOH + SO_2 + H_2O$$

$$SO_2 + H_2O \longrightarrow H_2SO_3$$

三、仪器和试剂

(一) 主要仪器

三口烧瓶、滴液漏斗、温度计、直形冷凝管。

(二) 主要试剂

95％乙醇、浓硫酸、5％氢氧化钠溶液、饱和氯化钠溶液、饱和氯化钙溶液、无水氯化钙。

四、实验步骤

1. 乙醚的制备。

(1) 如图 1.19 所示连接好装置。

(2) 在干燥的三口烧瓶中加入 12 mL 95％乙醇,缓缓加入 12 mL 浓硫酸混合

均匀。

（3）在滴液漏斗中加入 25 mL 95％乙醇。

（4）用电热套加热，使反应温度比较迅速地升到 140 ℃。然后开始由滴液漏斗慢慢滴加乙醇。

（5）控制滴入速度与馏出液速度大致相等（1 滴/秒）。

（6）维持反应温度在 135 ℃～145 ℃范围内 30～45 min 滴完，再继续加热 10 min，直到温度升到 160 ℃，停止反应。

2. 乙醚的精制。

（1）将馏出液转至分液漏斗中，依次用 8 mL 5％氢氧化钠溶液和 8 mL 饱和氯化钠溶液洗涤，最后用 8 mL 饱和氯化钙溶液洗涤 2 次。

（2）分出醚层，用无水氯化钙干燥。

（3）过滤，蒸馏收集 33 ℃～38 ℃馏分。

（4）计算产率。

💡 **注意事项**

1. 在反应装置中，滴液漏斗末端和温度计水银球必须浸入液面以下，接收器必须浸入冰水浴中，尾接管支管接橡皮管通入下水道或室外。

2. 控制好乙醇的滴加速度（1 滴/秒）和反应温度（135 ℃～145 ℃）。

3. 乙醚是低沸点易燃液体，仪器装置连接处必须严密，在洗涤过程中必须远离火源。

五、思考题

1. 反应温度过高或过低对反应有什么影响？

2. 实验室使用或蒸馏乙醚时应注意哪些问题？

3. 在制备乙醚时，滴液漏斗的下端若不浸入反应液液面以下会有什么影响？如果滴液漏斗的下端较短而不能浸入反应液液面以下应怎么办？

4. 在制备乙醚和蒸馏乙醚时，温度计的位置是否相同？为什么？

5. 在制备乙醚时，反应温度已高于乙醇的沸点，为何乙醇不易被蒸出？

6. 制备乙醚时，为何要控制滴加乙醇的速度？怎样的滴加速度才比较合适？

7. 在粗制乙醚中有哪些杂质？它们是怎样形成的？实验中采用了哪些措施将它们一一除去？

8. 在用 5％氢氧化钠溶液洗涤乙醚粗产物之后，用饱和氯化钙溶液洗涤之前，为何要用饱和氯化钠溶液洗涤产品？

9. 若精制后的乙醚沸程仍较长，估计可能是什么杂质未除尽？如何将其完全除去？

10. 用乙醇和浓硫酸制乙醚时,反应温度过高或过低对反应有何影响？怎样控制好反应温度？

六、参考文献

[1] 胡昱,吕小兰,戴延凤. 有机化学实验[M]. 北京:化学工业出版社,2012.

七、拓展应用

乙醚主要用作油类、染料、生物碱、脂肪、天然树脂、合成树脂、硝化纤维、碳氢化合物、亚麻油、石油树脂、松香脂、香料、非硫化橡胶等的优良溶剂,在毛纺、棉纺工业中用作油污洁净剂,在火药工业中用于制造无烟火药。

8.　正丁醚
(Butyl Ether)

一、实验目的

1. 理解并掌握制备正丁醚的原理和方法。

2. 学习并掌握油水分离器的原理、使用和安装方法。

3. 复习分液漏斗的使用方法。

4. 复习固体干燥液体的操作和蒸馏装置的安装和使用方法。

5. 培养学生的综合实验技能。

二、实验原理

（一）醚的用途

大多数有机化合物在醚中都有较高的溶解度,有些反应必须在醚中进行,因此,醚是有机合成中常用的溶剂。

（二）正丁醚合成的反应方程式

主反应:

$$2CH_3CH_2CH_2CH_2OH \xrightarrow[135\ ℃]{H_2SO_4} CH_3CH_2CH_2CH_2OCH_2CH_2CH_2CH_3 + H_2O$$

副反应:

$$CH_3CH_2CH_2CH_2OH \xrightarrow{H_2SO_4} CH_3CH_2CH=CH_2 + H_2O$$

浓硫酸在反应中的作用是作催化剂和脱水剂。

（三）分水器的作用

从反应平衡角度可知,分出小分子副产物可达到使平衡右移,提高产物产率的目的。由于本实验的产物和反应物几乎不溶于水,所以使用分水器就是为了分出小分子物质水。

二、仪器和试剂

（一）主要仪器

圆底烧瓶、温度计、直形冷凝管、分水器或油水分离器、三角烧瓶、铁架台、分液漏斗。

（二）主要试剂

正丁醇、浓硫酸、无水氯化钙。

四、实验步骤

1. 在 50 mL 圆底烧瓶中加入 12.5 g(15.5 mL)正丁醇和 4 g(2.2 mL)浓硫酸，混匀，温度下降(可用水冲外壁)后加 1～2 粒沸石，装配好装置(图 1.9)，微沸回流约 1～1.5 h，注意控制温度不要超过 135 ℃，并且控制分水器中油层厚度在 1 mm 左右(利用增减水来控制)。冷却至室温，得到混合物(正丁醇、正丁醚、丁烯、浓硫酸等)。

2. 洗涤：① 将圆底烧瓶和分水器中的液体倒入 25 mL 水中，并转入分液漏斗中，分出有机相；② 用 10 mL 水洗涤有机相，分液；③ 用 13 mL 50% 硫酸洗涤有机相，分液；④ 用 5 mL 5% NaOH 溶液洗涤有机相，分液；⑤ 用 10 mL 水洗涤有机相，分液，保留有机相。

3. 干燥：将洗涤好的有机相转入干燥的三角烧瓶中，盖上塞子，加入无水氯化钙干燥至少 10 min。

4. 称量产品质量，计算产率。

💡 **注意事项**

1. 加浓硫酸时，必须慢慢加入并充分振荡烧瓶，使其与正丁醇混合均匀，加入顺序也不能错，以免在加热时因局部酸过浓引起有机物碳化等副反应。

2. 加热不能太快，要控制好温度，微沸状态即可，温度不要超过 135 ℃，以免副产物增多。

3. 本实验中正丁醚的干燥用无水氯化钙，通常至少干燥半个小时以上，最好放置过夜。但在本实验中，为了节省时间，可放置 15 min 左右，由于干燥不完全，可能前馏分多些。

五、思考题

1. 制备正丁醚和制备乙醚在实验操作上有什么不同？为什么？

2. 试根据本实验中正丁醇的用量计算应生成的水的体积。

3. 反应结束后为什么要将混合物倒入 25 mL 水中？各步洗涤的目的是什么？

4. 能否用本实验方法由乙醇和 2-丁醇制备乙基仲丁基醚？你认为用什么方法比较合适？

六、参考文献

[1] 李公春,鞠志宇,李再永,等.正丁醚的合成[J].浙江化工,2015,46(9):36－38.

[2] 俞善信. Williamson 法合成正丁醚[J]. 江西教育学院学报(社会科学),1999,20(6):45－46.

[3] 刘利民,李其华,曾立华,等.正丁醚的合成条件探讨[J].科技视界,2015(24):187.

[4] 苏芳,顾明广,冯献起,等.有机酸在正丁醚合成中的应用[J].广州化工,2013,41(1):95－96,138.

七、拓展应用

Williamson 法经常用来合成醚类化合物。正丁醚是一种重要化工原料,常用作有机溶剂、格氏试剂、生物碱、天然或合成树脂的萃取剂,脂肪、油类、有机酸的工业溶剂及高级电子级清洗剂等,还可用作光碟镀层前的表面处理剂。目前其工业生产基本采用正丁醇脱水法。但该方法普遍存在副反应多、炭化现象和设备腐蚀严重、后处理麻烦、生产过程中会排出大量高浓度的废酸水等情况,对环境造成污染。

9. 苯乙醚
(Phenetole)

一、实验目的

1. 学习低沸点物质的取用,练习回流、蒸馏等基本操作。

2. 通过制备苯乙醚,了解 Williamson 醚合成法。

3. 巩固基础有机实验操作技能,培养学生的创新能力。

二、实验原理

反应如下:

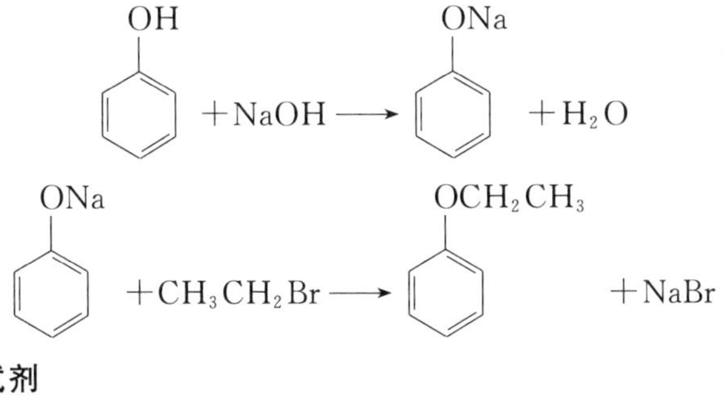

三、仪器和试剂

(一)主要仪器

三口烧瓶、回流冷凝管、分液漏斗、磁力搅拌器。

（二）主要试剂

苯酚、氢氧化钠、溴乙烷、饱和氯化钠溶液、无水硫酸镁。

四、实验步骤

1. 取 4.0 g 氢氧化钠加入 5 mL 水中溶解,将 7.5 g 苯酚和氢氧化钠溶液加入装有搅拌器、回流冷凝管的 100 mL 三口烧瓶中,加热并开启搅拌装置,温度上升至 80 ℃～90 ℃时滴加溴乙烷 6 mL(一定要缓慢滴加并调节好转子的速度),大约滴加 1 h。

2. 溴乙烷滴加完毕后再保温持续加热 1.5 h,停止加热后冷却,向三口烧瓶中加入 10 mL 水,然后将其倒入 100 mL 分液漏斗中,分液。取上层液,加入 5 mL 饱和氯化钠溶液洗涤两次。将洗涤好的上层液倒入 50 mL 烧杯中,加入适量的无水硫酸镁进行干燥。将干燥好的液体倒入 100 mL 圆底烧瓶中蒸馏,收集 160 ℃以上的馏分,称重,计算产率。

💡 **注意事项**

1. 溴乙烷要缓慢滴加。

2. 萃取分液时要注意基本要求,保留上层液体。

3. 干燥时加入无水硫酸镁的量一定要适量,以刚出现散落状为宜。

4. 蒸馏时待蒸气温度稳定后再开始收集,温度急剧下降后停止收集。

五、思考题

1. 反应过程中产生的白色固体是什么?

2. 反应中加入氢氧化钠的目的是什么?

3. 写出 Williamson 法合成苯乙醚的反应机理。

六、参考文献

[1] 薛冰,汪树军,魏斌,等.碳酸二乙酯与苯酚选择性合成苯乙醚的研究[J]. 现代化工,2009,29(S1):180－182.

[2] 赵立芳,杨得锁,方礼元.微波辅助催化合成苯乙醚的探讨[J]. 实验室科学,2013,16(6):11－13.

[3] 全迎萍,聂建明,张万东.教学新实验溴乙烷、苯乙醚的制备[J]. 江西化工,2015(6):95－96.

[4] 张春艳.半微量法制备苯乙醚[J]. 实验室研究与探索,2007,26(9):149－151.

七、拓展应用

苯乙醚是无色油状液体,有芳香气味;熔点－30 ℃,沸点 172 ℃,相对密度

0.967,折射率 1.507,不溶于水,易溶于醇和醚,对碱和稀酸稳定。苯乙醚可以作为重要的有机工业原料,通常用于制造药物及有机合成等。例如,邻氨基苯乙醚、硝基苯乙醚等都是用苯乙醚为原料合成的。传统合成苯乙醚的方法是以溴乙烷或硫酸二乙酯为原料,在碱性条件下相转移催化合成。由于卤代烃和硫酸二乙酯均为剧毒物质,因此生产过程对环境的要求较高,同时反应过程中有大量的酸(盐酸、硫酸)生成,严重腐蚀设备,且产物后处理过程复杂,不利于规模化工业生产。

4.5　醛和酮

10. 肉桂醛
（Cinnamaldehyde）

一、实验目的

1. 学习羟醛缩合反应制备 α,β-不饱和醛(酮)的原理和方法。
2. 熟练掌握减压蒸馏装置的仪器安装和操作方法,培养良好的实验素养。
3. 巩固回流、搅拌、萃取、干燥等基本操作,遵守操作规范。
4. 了解肉桂醛合成工艺研究进展及肉桂醛在香料工业、有机合成中的用途。
5. 培养学生理论联系实际、实事求是的科学精神,树立严谨细致的工作作风。

二、实验原理

羟醛缩合反应(Aldol Condensation Reaction)是指具有 α-H 的醛(酮),在酸或碱的催化作用下,与另一分子醛(酮)中的羰基发生亲核加成反应生成 β-羟基醛(酮)的反应。β-羟基醛(酮)在热作用下易脱水生成 α,β-不饱和醛(酮)。

本实验中,具有 α-H 的乙醛在稀碱作用下形成碳负离子(极强的亲核试剂),对没有 α-H 的苯甲醛的羰基进行亲核加成,发生分子间羟醛缩合反应,生成 β-羟基醛,进而加热脱水生成肉桂醛。

反应式：

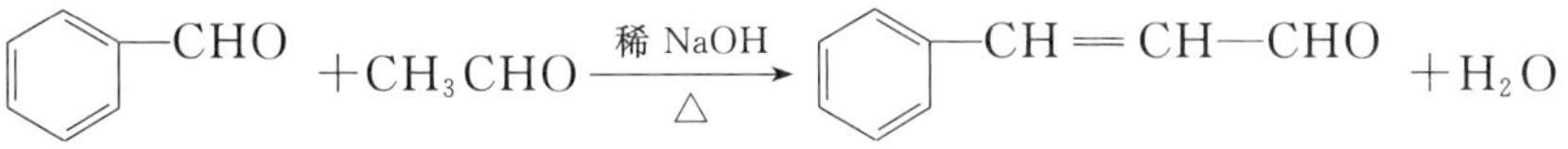

反应机理：

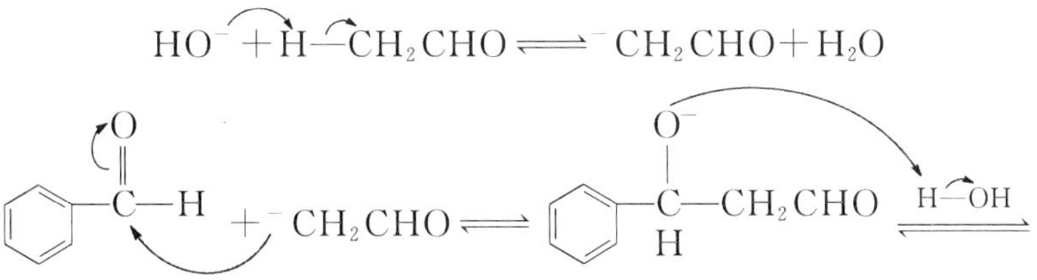

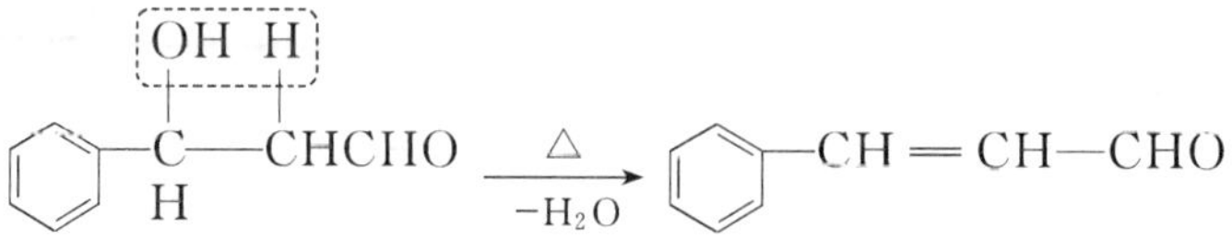

$$\text{C}_6\text{H}_5-\underset{\underset{\text{H}}{|}}{\overset{\overset{\boxed{\text{OH}}}{|}}{\text{C}}}-\underset{\boxed{\text{H}}}{\text{CHCHO}} \xrightarrow[-\text{H}_2\text{O}]{\triangle} \text{C}_6\text{H}_5-\text{CH}=\text{CH}-\text{CHO}$$

三、仪器和试剂

（一）主要仪器

100 mL 三口烧瓶、球形冷凝管、恒压滴液漏斗、分液漏斗、三角烧瓶、磁力加热搅拌器或电动搅拌器、水浴锅、减压蒸馏装置、温度计。

（二）主要试剂

苯甲醛、乙醛、5％氢氧化钠溶液、95％乙醇、氯化钠、乙醚、乙酸乙酯、石油醚、无水硫酸钠、无水硫酸镁。

四、实验步骤

1. 如图 1.12 所示安装反应装置。

2. 配制 40 mL 5％氢氧化钠溶液。

3. 在 100 mL 三口烧瓶内加入 5.3 g 苯甲醛、40 mL 5％氢氧化钠溶液和 10 mL 95％乙醇。

4. 启动搅拌器,用恒压滴液漏斗逐滴滴加 3.3 g 乙醛,控制滴加速度（20 min 内滴完）。

5. 滴加完毕,将滴液漏斗换成温度计,水浴加热,控制反应温度为 25 ℃～30 ℃,继续反应 2 h。

6. 冷却,加入 20 mL 乙酸乙酯和 4 g 氯化钠,继续搅拌 5 min。

7. 将反应液转移至分液漏斗中,分出有机层于三角烧瓶中,水层用乙酸乙酯萃取 3 次,每次 5 mL。合并有机层,加无水硫酸镁干燥 0.5 h。

8. 将干燥好的液体过滤到圆底烧瓶中,进行减压蒸馏,先蒸除乙酸乙酯和未反应完的苯甲醛,收集 130 ℃(20 mmHg)馏分,得到肉桂醛,称量并计算产率（约 2.0～3.9 g）。

9. 测定折射率。

💡 **注意事项**

1. 搅拌器接口处要注意密封,防止乙醛挥发。

2. 控制好乙醛的滴加速度。

3. 反应过程中应快速搅拌。

4. 温度要控制在 25 ℃～30 ℃,必要时可用冷水冷却。

五、思考题

1. 本实验中可能存在哪些副反应？如何尽可能减少这些副反应的发生？
2. 5％氢氧化钠溶液的作用是什么？碱的浓度过高或用量过多有什么影响？
3. 写出在稀碱作用下,苯甲醛与丙醛进行羟醛缩合反应的产物。
4. 在本实验中,提纯时为何要用减压蒸馏？能否用简单蒸馏？
5. 写出酸作用下乙醛与苯甲醛进行羟醛缩合反应的机理。
6. 还有哪些合成肉桂醛的方法或工艺？（请查阅文献）

六、参考文献

［1］宋旸.肉桂醛的合成研究进展［J］.山东化工,2013,42(3):35－36,39.

［2］刘雪梅.肉桂醛的制备［J］.曲阜师范大学学报:自然科学版,2005,31(2):96－98.

［3］刘红艳,陈天云,白敏.苯丙烯醛的合成工艺研究［J］.安徽化工,2011,37(5):45－47.

七、拓展应用

羟醛缩合反应经常用来合成 α,β-不饱和醛(酮)。肉桂醛是一种无色或淡黄色透明液体,沸点 253 ℃,折射率 $n_D^{20}=1.619\,5$。它是具有浓郁的桂皮芳香气味和辛辣味的油状物,是重要的有机合成中间体,被广泛应用于医药、香料、食品、日用化妆品、塑料和感光材料生产中,还可用作无害无毒的环境友好型缓释剂。

11. 环己酮

（Cyclohexanone）

一、实验目的

1. 学习铬酸氧化法制环己酮的原理和方法。
2. 进一步了解醇和酮之间的联系和区别。
3. 培养学生理论联系实际、实事求是的科学精神,以及对科学知识的探索精神。

二、实验原理

实验室制备脂肪或脂环醛酮最常用的方法是将伯醇和仲醇用铬酸氧化。铬酸是重要的铬酸盐和 40％～50％硫酸的混合物。将仲醇用铬酸氧化是制备酮最常用的方法。酮对氧化剂比较稳定,不易进一步氧化。铬酸氧化醇是一个放热反应,必须严格控制反应温度,以免反应过于剧烈。环己酮主要用于合成尼龙-6 或尼龙-66,还广泛用作溶剂,尤其因对许多高聚物(如树脂、橡胶、涂料)的溶解性能优异而得到广泛的应用。环己酮在皮革工业中还用作脱脂剂和洗涤剂。反应式如下:

$$3 \begin{array}{c} OH \\ \end{array} + Na_2Cr_2O_7 + 4H_2SO_4 \longrightarrow 3 \begin{array}{c} O \\ \end{array} + Cr_2(SO_4)_3 + Na_2SO_4 + 7H_2O$$

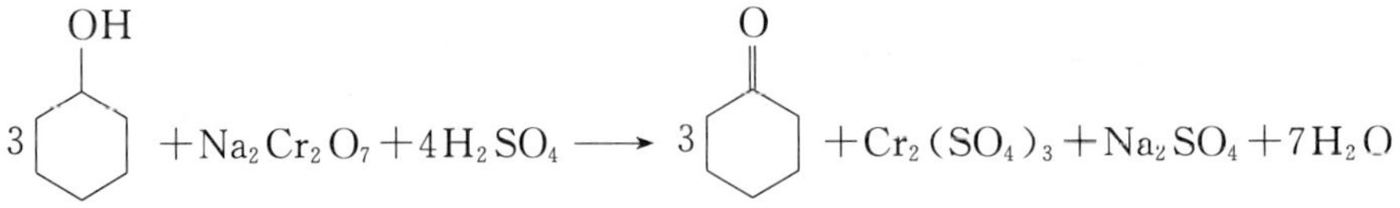

三、仪器和试剂

（一）主要仪器

250 mL 圆底烧瓶、温度计、蒸馏装置、分液漏斗。

（二）主要试剂

浓硫酸、环己醇、重铬酸钠、草酸、食盐、无水碳酸钠。

四、实验步骤

1. 铬酸溶液的配制。在 250 mL 烧杯中加入 30 mL 水和 5.5 g 重铬酸钠，搅拌使之全部溶解。然后在搅拌下慢慢加入 4.5 mL 浓硫酸，将所得橙红色溶液冷却至 30 ℃以下备用。

2. 氧化反应。在 250 mL 圆底烧瓶中加入 5.5 mL 环己醇，然后将 1 mL 铬酸溶液加入圆底烧瓶中，充分振摇，这时可观察到反应温度上升，反应液由橙红色变为墨绿色，表明氧化反应已经发生。继续向圆底烧瓶中滴加剩余的重铬酸钠（或重铬酸钾）溶液，同时不断振摇烧瓶，控制滴加速度，保持反应液温度在 60 ℃～65 ℃之间。若超过此温度，则立即在冰水浴中冷却。在圆底烧瓶中插入一支温度计，并继续振摇反应瓶。这时温度慢慢上升，当温度上升到 55 ℃时，用水浴冷却，并维持反应温度在 60 ℃～65 ℃。大约 0.5 h 后，当温度开始下降时移去冷水浴，室温下放置20 min，其间仍要间歇振摇反应瓶几次，最后反应液呈墨绿色。如果反应液不能完全变成墨绿色，则应加入少量草酸(0.5～1.0 g)或甲醇(1 mL)以还原过量的氧化剂。

3. 在圆底烧瓶中加入 30 mL 水，如图 1.16 所示安装仪器进行蒸馏，收集约 50 mL 馏出液。这一步蒸馏操作实际上是一种简化了的水蒸气蒸馏。环己酮与水形成沸点为 95 ℃的恒沸混合物（含环己酮38.4%）。应注意馏出液的量不能太多，因为馏出液中含水较多，而环己酮在水中的溶解度较大（31 ℃时为 2.4 g）；否则，即使利用盐析效应，也有少量环己酮溶于水而发生损失。

4. 把馏出液用食盐水饱和，并将馏出液移至分液漏斗中，静置，分出有机相。水相用 15 mL 乙醚提取一次，将乙醚提取液与有机相合并，用无水硫酸镁干燥。

5. 如图 1.17 所示安装仪器，在水浴上蒸出乙醚（在接液管的尾部接一通往水槽或室外的橡皮管，以便把易挥发、易燃的乙醚蒸气通入水槽的下水管内或引出室外），然后改用空气冷凝管和接收器继续蒸馏，收集 150 ℃～155 ℃的馏分，产量 3～4 g（产率 66%～72%）。

环己酮为无色透明液体，沸点为 155.7 ℃，相对密度为 0.947 8，折射率为

1.450 7。

乙醚的凝固点为 -116.2 ℃，沸点为 34.5 ℃，相对密度为 0.713 8。

💡 **注意事项**

1. 本实验是一个放热反应，必须严格控制温度。

2. 本实验使用大量乙醚作溶剂和萃取剂，故在操作时应特别小心，以免出现意外。

3. 环己酮在 31 ℃时的溶解度为 2.4 g/100 mL 水。加入粗盐的目的是降低溶解度，有利于分层。

4. 反应容器要用冰水浴冷却。

5. 反应完全后反应液呈墨绿色。如果反应液不能完全变成墨绿色，则应加入少量草酸或甲醇以还原过量的氧化剂。

6. 加水蒸馏时，水的馏出量不宜过多，否则即使使用盐析，仍不可避免有少量环己酮溶于水中而损失。

五、思考题

1. 盐析的作用是什么？

2. 能否用铬酸氧化法把 2-丁醇和 2-甲基-2-丙醇区别开来？说明原因，并写出有关反应式。

3. 用铬酸氧化法制备环己酮的实验中，为什么要严格控制反应温度在 55 ℃～60 ℃之间？温度过高或过低有什么坏处？

4. 制备环己酮时，在加重铬酸钠溶液过程中，为什么要待反应物的橙红色完全消失后，方能加入下一批重铬酸钠？

六、参考文献

[1] 崔小明.我国环己醇合成环己酮技术进展[J]. 精细与专用化学品，2019，27 (1)：12－14.

[2] 阚秀妹，张金颖，任河，等.环己酮制备方案的创新研究[J]. 当代化工研究，2019(8)：186－187.

[3] 张思雨，郝天辉，王则月，等.环己酮制备实验的改进[J]. 大学化学，2020，35(4)：168－172.

七、拓展应用

环己酮是无色透明液体，带有泥土气息，含有痕迹量的酚时则带有薄荷味。其不纯物呈浅黄色，随着存放时间延长生成杂质，呈水白色到灰黄色，具有强烈的刺鼻臭味。环己酮可以作为重要化工原料和工业溶剂，主要用于生产己内酰胺和己二酸等。

环己酮的合成方法除了传统的以环己烷和苯酚为原料之外,近几年,以环己醇为原料制备环己酮的技术开发也日益受到人们的关注。

12. 苯乙酮
（Acetophenone）

一、实验目的

1. 学习利用 Friedel-Crafts 酰基化反应制备芳香酮的原理和方法.

2. 了解苯乙酮的应用。

3. 培养学生理论联系实际、实事求是的科学精神,树立严谨细致的工作作风。

二、实验原理

1877 年,法国化学家 Friedel 和美国化学家 Crafts 发现了制备烷基苯和芳酮的反应,简称 Friedel-Crafts(傅-克)反应。制备烷基苯的反应称为傅-克烷基化反应,制备芳酮的反应称为傅-克酰基化反应。傅-克烷基化反应可合成乙苯。许多 Lewis 酸可作为傅-克反应的催化剂(如无水 $AlCl_3$、无水 $ZnCl_2$、$FeCl_3$、$SbCl_3$、$SnCl_4$、BF_3 等),因为它们是非质子酸,在反应中是电子对的接受者,形成碳正离子,便于向苯环进攻。

由傅-克酰基化反应制苯乙酮的原理:

$$\text{苯} + (CH_3CO)_2O \xrightarrow{AlCl_3} \text{苯—COCH}_3 + CH_3COOH$$

反应历程:

$$(CH_3CO)_2O + AlCl_3 \longrightarrow CH_3\overset{+}{C}O + AlCl_3CH_3COO^-$$

$$\text{苯} + CH_3\overset{+}{C}O \longrightarrow \text{苯—COCH}_3 + H^+$$

$$AlCl_3CH_3COO^- + H^+ \longrightarrow AlCl_3 + CH_3COOH$$

从反应历程可看出:

1. 酰基化反应中,苯乙酮与当量的氯化铝形成配合物,副产物乙酸也与当量的氯化铝形成盐,反应中一分子酸酐消耗两分子以上的氯化铝。

2. 反应中形成的苯乙酮-氯化铝配合物在无水介质中稳定;水解时,配合物被破坏,析出苯乙酮。氯化铝与苯乙酮形成配合物后,不再参与反应,因此,氯化铝的用量是在生成配合物后还有剩余,以作为酰基化反应的催化剂。

3. 氯化铝可以与含羰基的物质形成配合物,所以原料乙酸酐也可以与氯化铝形成分子配合物;另外,氯化铝的用量多时,可使醋酸盐转变为乙酰氯,作为酰化试剂,参与反应。

4. 苯应是过量的。苯不但作为反应试剂,而且也作为溶剂,所以乙酸酐才是产率的基准试剂。

5. 酰基化反应的特点:产物纯、产量高(因为酰基不发生异构化,也不发生多元取代)。

三、仪器和试剂

(一)主要仪器

三口烧瓶、冷凝管、滴液漏斗、分液漏斗、蒸馏装置、干燥管、搅拌装置。

(二)主要试剂

乙酸酐、苯、硫酸镁、浓盐酸、氯化铝、氢氧化钠。

四、实验步骤

1. 向装有 10 mL 恒压滴液漏斗、机械搅拌装置和回流冷凝管(上端通过一氯化钙干燥管与氯化氢气体吸收装置相连)的 100 mL 三口烧瓶中迅速加入 13 g(0.097 mol)粉状无水三氯化铝和 16 mL(约 14 g,0.18 mol)苯。在搅拌下将 4 mL(约 4.3 g,0.04 mol)乙酸酐自滴液漏斗慢慢滴加到三口烧瓶中(先加几滴,待反应发生后再继续滴加),控制乙酸酐的滴加速度,以使三口烧瓶稍热为宜。滴加完成后(约 10 min),待反应稍和缓后在沸水浴中搅拌回流,直到不再有氯化氢气体逸出为止。

2. 将反应混合物冷却至室温,在搅拌下倒入 18 mL 浓盐酸和 30 g 碎冰的烧杯中(在通风橱中进行),若仍有固体不溶物,可补加适量浓盐酸使之完全溶解。将混合物转入分液漏斗中,分出有机层,水层用苯萃取两次(每次 8 mL)。合并有机层,依次用 15 mL 10％氢氧化钠溶液、15 mL 水洗涤,再用无水硫酸镁干燥。

3. 先在水浴上蒸馏回收苯,然后在石棉网上加热蒸去残留的苯,稍冷后改用空气冷凝管蒸馏收集 195 ℃~202 ℃馏分,产量约为 4.1 g(产率约为 85％)。

纯苯乙酮为无色透明油状液体,沸点为 202 ℃,熔点为 20.5 ℃。

注意事项

1. 滴加苯乙酮和乙酸酐混合物的时间以 10 min 为宜,滴得太快则温度不易控制。

2. 无水三氯化铝的质量是本实验成败的关键,以呈白色粉末状,打开盖冒大量的烟,无结块现象为宜;若大部分变黄则表明已水解,不可用。

3. 无水三氯化铝要研碎,速度要快。

4. 加入盐酸时,开始慢滴,后渐快;稀 HCl(1∶1,自配)用量约为 140 mL。

5. 吸收装置:10％左右氢氧化钠溶液 200 mL,特别注意防止倒吸。

6. 苯以分析纯为佳,最好用钠丝干燥 24 h 以上再用。

7. 粗产物中的少量水在蒸馏时与苯以共沸物形式蒸出,其共沸点为 69.4 ℃

五、思考题

1. 傅-克酰基化反应与傅-克烷基化反应各有何特点? 在两种反应中,$AlCl_3$ 和芳烃的用量有何不同? 为什么?

2. 反应完成后为什么要加入浓盐酸和冰水混合物?

3. 为什么硝基苯可作为傅-克反应的溶剂? 芳环上有羟基、氨基等基团存在时对反应不利,甚至不发生反应,为什么?

4. 在苯乙酮的制备中,水和潮气对本实验有何影响? 在仪器装置和操作中应注意哪些事项?

六、参考文献

[1] 李志伟,谌其亭,李江胜,等."苯乙酮的制备"实验方法的改进[J]. 化学教育,2018,39(18):32—34.

[2] 李志伟,谌其亭,李江胜,等.半微量和微量法在苯乙酮的制备教学中的探索和应用[J]. 教育教学论坛,2017(37):191—192.

[3] 任继生,刘秋红.乙苯氧化生产苯乙酮连续化实验初步研究[J]. 甘肃科技,2012,28(10):18—19.

七、拓展应用

傅-克酰基化反应是制备芳香酮最有效的方法之一,它可以方便地将酰基引入芳香环中制得芳香酮。苯乙酮为无色晶体或浅黄色油状液体,有山楂的气味;不溶于水,易溶于多数有机溶剂,不溶于甘油;可用于制香皂和香烟,也用作纤维素酯和树脂等的溶剂和塑料工业生产中的增塑剂等。

13. 4-羟基查尔酮
(4-Hydroxychalcone)

一、实验目的

1. 掌握利用羟醛缩合反应制查尔酮的原理和方法.

2. 巩固机械搅拌、抽滤等基本操作。

3. 学会碱性废水的处理方法,加强环境保护意识。

二、实验原理

查尔酮及其衍生物是芳香醛酮发生交叉羟醛缩合的产物。该类化合物是一类广泛存在于甘草、红花等药用植物中的天然有机化合物,由于其分子结构具有较大的柔性,能与不同的受体结合,因此具有广泛的生物活性。由于其显著的生物药理活性及独特的可塑性结构,近年来引起了化学工作者的研究兴趣。

合成查尔酮的方法很多,经典的合成方法是使用强碱(如醇钠)或强酸在无水乙醇中催化苯乙酮和苯甲醛的羟醛缩合。查尔酮的合成路线如下:

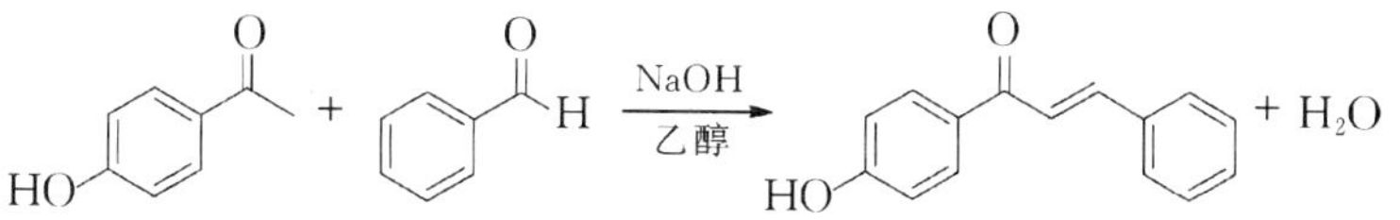

三、仪器和试剂

(一)主要仪器

单口烧瓶、电热套、铁架台(带搅拌器)、烧杯(150 mL、100 mL、50 mL)、布氏漏斗、真空水泵、水银温度计、触点式温控温度计、内压管、磁力搅拌器。

(二)主要试剂

4-羟基苯乙酮、苯甲醛、氢氧化钠、浓盐酸、乙醇、石油醚。

四、实验步骤

1. 将 20 mmol(约 2.8 g)4-羟基苯乙酮溶解在盛有 28 mL 乙醇的 100 mL 单口烧瓶中,在冰浴条件下加入 42 mmol 氢氧化钠和 12 mL 水,并不断搅拌。

2. 开始滴加 20 mmol 苯甲醛(约 2.2 g)和 28 mL 乙醇的溶液,30 min 滴完。

3. 室温下搅拌反应 15 h 后,滴加浓盐酸至偏酸性,冷冻,过滤,烘干得 1.3 g 黄色晶体,产率约为 28%,熔程为 152.0 ℃～175.0 ℃。

💡 **注意事项**

氢氧化钠的滴加速度是实验成败的关键,滴加速度太快则温度不易控制。

五、思考题

1. 本实验中可能存在哪些副反应? 如何尽可能减少这些副反应的发生?
2. 氢氧化钠溶液的作用是什么? 碱的浓度过高或用量过多有什么影响?
3. 写出酸作用下 4-羟基苯乙酮与苯甲醛进行羟醛缩合反应的机理。
4. 还有哪些合成查尔酮的方法或工艺? (请查阅文献)

六、参考文献

[1] 刘宝殿,张志德,孙云鸿.有机锡化合物在有机合成中应用的研究——查耳酮类化合物的合成[J].东北师范大学学报:自然科学版,1989(4):41—50.

[2] 马场正树. 查耳酮的化学防癌作用[J]. 日本医学介绍,2004,25(1):27—28.

[3] 张彦文.查尔酮类化合物的药理作用和构效关系[J].国外医学,1996,23(4):218—223.

七、拓展应用

查尔酮化合物具有抗蛇虫、抗过敏、抗肿瘤、抑制和清除氧自由基、抗菌、抗病毒、抗溃疡和解痉等生物活性,是一类研究价值很高的化合物。近年来,还有文献报道查尔酮的共轭效应使其电子流动性非常好,且具有不对称的结构,所以是优越的有机非线性光学材料,可以作为光储存、光计算、激光波长转换材料。此外,查尔酮可用作光化学中的光交联剂、荧光材料和液晶材料等。

4.6 羧酸

14. 肉桂酸
(Cinnamic Acid)

一、实验目的

1. 熟悉缩合反应原理,掌握肉桂酸的制备方法。
2. 熟练掌握利用重结晶和水蒸气蒸馏精制固体产物的操作技术。
3. 巩固基础有机实验操作技能,培养学生的创新能力。

二、实验原理

肉桂酸又称 β-苯丙烯酸,化学式:$C_9H_8O_2$,相对分子质量:148.16。肉桂酸有顺式和反式两种异构体,通常以反式形式存在,为无色晶体,熔点 133 ℃,沸点 300 ℃。它不溶于冷水,溶于热水、乙醇、乙醚、丙酮和冰醋酸;存在于妥卢香脂、苏合香脂、秘鲁香脂中。

主反应:

$$\bigcirc\!\!\!\!-CHO + (CH_3CO)_2O \xrightarrow{CH_3COOK} \bigcirc\!\!\!\!-CH=CHCOOH + CH_3COOH$$

水蒸气蒸馏的基本原理:由不混溶液体组成的混合物在比它的任一单组分(作为纯化合物时)的沸点都要低的温度下沸腾,用水蒸气蒸馏这种不混溶相之一所进行的操作叫作水蒸气蒸馏。

混合溶剂重结晶原理:当一种物质在一些溶剂中的溶解度太大,而在另一些溶剂中的溶解度又太小,不能选出一种合适的溶剂时,可使用混合溶剂。混合溶剂就是把对此物质溶解度很大和溶解度很小而又能互溶的两种溶剂(如乙醇和水)混合起来形成的溶剂,这样可以达到良好的溶解性能。

该法具有原料易得、反应条件温和、分离简单、产率高、副产物少、产物纯度高、不含氯离子、成本低等优点,缺点是操作步骤较多。

本实验采用此法。反应产物中少量未反应的苯甲醛可通过水蒸气蒸馏除去。

三、仪器和试剂

（一）主要仪器

电热套、四口烧瓶、球形冷凝管、电动搅拌器及水蒸气蒸馏装置。

（二）主要试剂

苯甲醛、乙酸酐、无水醋酸钾、饱和碳酸钠溶液、浓盐酸及活性炭。

四、实验步骤

1. 缩合。

将 9 g(0.09 mol)刚熔融并研细的无水醋酸钾、9 mL(0.09 mol)刚蒸馏过的苯甲醛、16.5 mL(0.18 mol)刚蒸馏过的乙酸酐分别放入带有回流装置、250 mL 干燥的四口烧瓶中，开动搅拌以混合均匀。无水醋酸钾必须是刚熔融的，它的吸水性很强，操作时速度要快。无水醋酸钾的干燥程度对反应能否进行和产率都有较明显的影响。久置的苯甲醛易自动氧化生成苯甲酸，这不但影响产率，而且苯甲酸混在产物中不易除尽，影响产物的纯度，所以需蒸馏除去杂质，接收 176 ℃～180 ℃的馏分。乙酸酐久置后因吸潮水解会生成乙酸，故实验前需蒸馏乙酸酐，接收 137 ℃～140 ℃的馏分。然后加热，使溶液保持 150 ℃～170 ℃微沸状态约 45 min，停止搅拌和加热，拆开装置。向四口烧瓶内倒入 25 mL 水除去未反应的乙酸酐。然后用饱和碳酸钠溶液中和，使溶液呈弱碱性。此处不能用氢氧化钠溶液代替，因反应混合液中含有未转化的苯甲醛，它在强碱作用下会发生坎尼扎罗(Cannizzaro)反应，生成的苯甲酸难于分离除去，影响产物的质量。

2. 水蒸气蒸馏。

用水蒸气蒸馏回收苯甲醛，直到馏出液中无油珠为止。向剩余液中加少许活性炭，补加 50 mL 水煮沸，趁热过滤。

3. 中和、抽滤。

用浓盐酸酸化滤液，使其 pH 约为 2～3，再用冰水浴冷却。待肉桂酸完全析出后，经减压抽滤、洗涤，在 100 ℃以下干燥，得到产物。然后称重，计算产率。

💡 **注意事项**

1. 所用仪器必须充分干燥，因为乙酸酐遇水即水解成乙酸，无水醋酸钾也极易吸潮。

2. 加热回流时要使反应液始终保持微沸状态，反应时间约 45 min。

3. 水蒸气蒸馏：

(1) 操作前，仔细检查整套装置的严密性。

（2）先打开 T 形管的止水夹,待有水蒸气逸出时再旋紧止水夹。

（3）控制馏出液的流出速度,以 2～3 滴/秒为宜。

（4）随时注意安全管的水位,若有异常现象,先打开止水夹,再移开热源,检查、排除故障后方可继续蒸馏。

（5）蒸馏结束后先打开止水夹,再停止加热,以防倒吸。

4. 用浓盐酸酸化时,要酸化至呈明显酸性。

五、思考题

1. 实验中,若用氢氧化钠溶液代替饱和碳酸钠溶液碱化,有什么缺点?

2. 用丙酸酐和无水丙酸钾与苯甲醛反应,生成什么产物?写出主反应式。

3. 简述混合溶剂重结晶的具体操作步骤。

六、参考文献

[1] 蒋成君,程桂林.肉桂酸合成实验的改进[J].实验室科学,2019,22(5):37－38,44.

[2] 张德华,郑静.肉桂酸制备实验装置的教学改进[J].湖北师范学院学报:自然科学版,2011,31(3):109－111.

[3] 王永红,周先波,毛红雷.微波技术在有机化学实验教学中的应用[J].实验室科学,2010,13(3):55－56.

七、拓展应用

肉桂酸是重要的有机合成工业中间体之一。肉桂酸在医药工业中用来制造"心可安"、局部麻醉剂、杀菌剂、止血药等;在农药工业中作为生长促进剂和长效杀菌剂用于果蔬的防腐。肉桂酸是负片型感光树脂主要的合成原料。它具有很好的保香作用,通常被用作配香原料和香料中的定香剂。肉桂酸在食品、化妆品、食用香精等领域都有广泛的应用。

15. 苯甲酸和苯甲醇

(Benzoic Acid and Benzyl Alcohol)

一、实验目的

1. 学习由苯甲醛制备苯甲醇和苯甲酸的原理和方法。

2. 进一步掌握萃取、洗涤、蒸馏和干燥等基本操作。

3. 通过介绍苯甲醇和苯甲酸的应用,培养学生的实践应用能力。

二、实验原理

无 α-H 的醛在浓碱溶液作用下发生歧化反应,一分子醛被氧化成羧酸,另一分子醛则被还原成醇,此反应称为坎尼扎罗(Cannizzaro)反应。本实验采用苯甲醛在浓氢

氧化钠溶液中发生坎尼扎罗反应,制备苯甲醇和苯甲酸。反应式如下:

主反应:

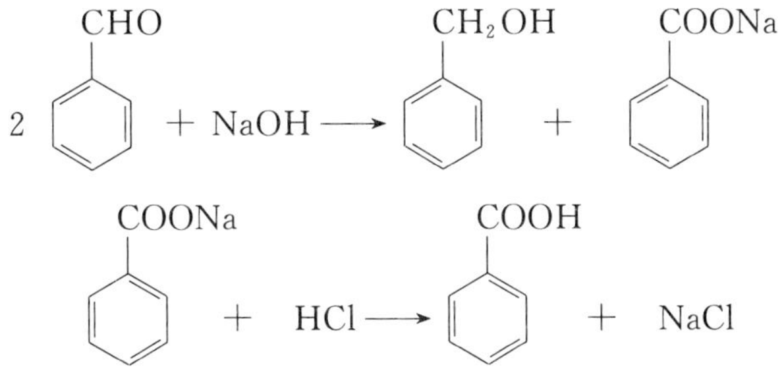

$$2 \quad C_6H_5CHO + NaOH \longrightarrow C_6H_5CH_2OH + C_6H_5COONa$$

$$C_6H_5COONa + HCl \longrightarrow C_6H_5COOH + NaCl$$

副反应:

$$C_6H_5CHO + O_2 \longrightarrow C_6H_5COOH$$

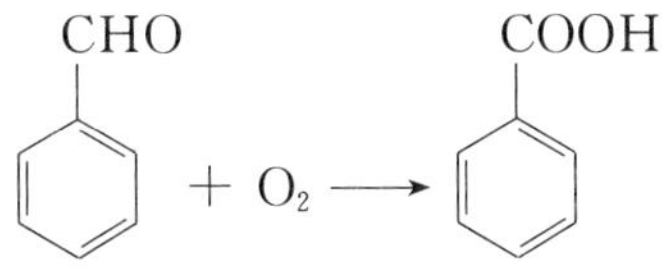

三、仪器和试剂

（一）主要仪器

100 mL 圆底烧瓶、分液漏斗、蒸馏装置、烧杯。

（二）主要试剂

NaOH 固体、苯甲醛（新蒸）、乙酸乙酯、饱和 $NaHSO_3$ 溶液、10％ Na_2CO_3 溶液、无水硫酸镁、浓盐酸。

四、实验步骤

1. 在 100 mL 圆底烧瓶中放入 9 g 氢氧化钠和 9 mL 水配制成的氢氧化钠溶液,振荡使氢氧化钠完全溶解。冷却至室温,在振荡条件下,分批加入 10 mL 新蒸的苯甲醛,分层,装上回流冷凝管,加热回流 1 h,间歇振摇,直至苯甲醛油层消失,反应物变透明。

2. 苯甲醇的制备:反应物中加入足够量的水（最多 30 mL）,不断振摇,使其中的苯甲酸盐全部溶解。将溶液倒入分液漏斗中,每次用 20 mL 乙酸乙酯共萃取三次。合并上层的乙酸乙酯提取液,分别用 10 mL 饱和亚硫酸氢钠溶液、10mL 10％碳酸钠溶液和 10 mL 水洗涤。分离出上层的乙酸乙酯提取液,用无水硫酸镁干燥。

3. 将干燥的乙酸乙酯溶液滤入 100 mL 圆底烧瓶,连接好普通蒸馏装置,蒸出乙酸乙酯(回收);直接加热,当温度上升到 140 ℃改用空气冷凝管,收集 204 ℃～206 ℃的馏分。

4. 苯甲酸的制备:将用乙酸乙酯萃取后的溶液用浓盐酸酸化,使刚果红试纸变蓝,充分搅拌后冷却,使苯甲酸析出完全,抽滤。粗产物分为两份,一份干燥,另一份

有机化学实验

重结晶。产品约8~9 g,熔点为121 ℃~122 ℃。

💡 **注意事项**

1. 苯甲醛很容易被空气中的氧气氧化成苯甲酸。为除去苯甲酸,在实验前重新蒸馏苯甲醛。

2. 如果第一步反应不充分搅拌,会影响后续反应的产率。如果混合充分,通常在瓶内混合物固化,苯甲醛气味消失。

3. 在第一步反应过程中,加水后,苯甲酸盐如不能溶解,可稍加热。

4. 用干燥剂干燥时,干燥剂的用量为每10 mL液体加有机物0.5~1.0 g,一定要待液体澄清后才能倒在蒸馏瓶中蒸馏,否则残留的水会与产物形成低沸点共沸物,从而增加前馏分的量而影响产物的产率。

5. 蒸馏乙酸乙酯之前,一定要用过滤法或倾析法将干燥剂去除,将滤液蒸馏除去乙酸乙酯后,用电热套加热蒸馏,收集204 ℃~206 ℃的馏分,即为产品。注意在179 ℃有无苯甲醛馏分。

6. 水层如果酸化不完全,会使苯甲酸不能充分析出,导致产物损失。

五、思考题

1. 为什么要振摇? 白色糊状物是什么?

2. 各步洗涤分别除去什么?

3. 干燥乙酸乙酯溶液时能否用无水氯化钙代替无水硫酸镁?

六、参考文献

[1] 强根荣,金红卫,范铮,等.苯甲醇与苯甲酸制备实验的改进[J].实验室研究与探索,2003,22(4):100-101.

[2] 尹福军,葛洪玉,赵宏,等.超声波促进Cannizzaro反应从苯甲醛制备苯甲醇和苯甲酸的实验研究[J].甘肃科技,2006,22(8):73-74.

[3] 全晓塞,门秀琴,王军旗,等.苯甲醇和苯甲酸制备实验的改进与创新设计[J].大学化学,2020,35(4):103-111.

七、拓展应用

坎尼扎罗反应一般是以无 α-H 的醛(多用苯甲醛、糠醛等)为原料,在浓的强碱溶液作用下发生歧化反应,一分子醛转化为醇,另一分子醛转化为羧酸。苯甲醇是极有用的定香剂,是茉莉、月下香、伊兰等香精调配时不可缺少的香料,用于配制香皂及日用化妆品香精。苯甲醇在工业化学品生产中用途广泛,用于涂料溶剂、照相显影剂、聚氯乙烯稳定剂、合成树脂溶剂、维生素B注射液的溶剂等。苯甲酸一般常作为药物或防腐剂使用,有抑制真菌、细菌、霉菌生长的作用。此外,苯甲酸还可以用于合成纤维、树脂、涂料、橡胶、烟草工业。苯甲酸及其钠盐可用作乳胶、牙膏、果酱或其他食品的抑菌剂，也可作染色和印色的媒染剂。

16. 呋喃甲酸与呋喃甲醇
(2-Furancarboxylic Acid and 2-Furanylmethanol)

一、实验目的

1. 掌握呋喃甲醛进行坎尼扎罗反应的原理及实验条件。

2. 进一步熟悉液体产物与固体产物分离与纯化的方法。

3. 通过歧化反应的学习，培养学生的科学探索精神。

二、实验原理

芳醛或其他无 α-H 的活泼醛（如甲醛、三甲基乙醛等）与浓的强碱溶液作用时，发生自身氧化还原（歧化）反应，一分子醛被还原为醇，另一分子醛被氧化为酸，此反应称为坎尼扎罗（Cannizzaro）反应。反应式如下：

$$2 \overset{\bigcirc}{O}\text{—CHO} + \text{NaOH} \longrightarrow \overset{\bigcirc}{O}\text{—OH} + \overset{\bigcirc}{O}\text{—CO}_2\text{Na}$$

三、仪器和试剂

（一）主要仪器

圆底烧瓶、球形冷凝管、电热套、烧杯、分液漏斗、三角烧瓶、常压蒸馏装置。

（二）主要试剂

呋喃甲醛、氢氧化钠、乙醚、盐酸、无水碳酸钾。

四、实验步骤

1. 在 250 mL 烧杯中放置 16.4 mL（19 g，0.2 mol）新蒸的呋喃甲醛，将烧杯浸入冰水中冷却。另取 8 g 氢氧化钠溶于 12 mL 水中，冷却后，在搅拌下用滴管将氢氧化钠溶液滴加到呋喃甲醛中。

2. 滴加过程中必须保持反应混合物温度在 8 ℃～12 ℃之间。滴加完后，仍保持此温度继续搅拌 1 h，反应即可完成，得到米黄色浆状物。

3. 在搅拌下向反应混合物中加入适量的水，使沉淀恰好完全溶解，此时溶液呈暗红色。将溶液转入分液漏斗中，每次用 15 mL 乙醚共萃取 4 次。合并乙醚萃取液，用无水碳酸钾干燥，在水浴上蒸去乙醚，然后在石棉网上加热蒸馏呋喃甲醇，收集 169 ℃～172 ℃馏分，产量 6～7 g。纯呋喃甲醇为无色透明液体，沸点为 171 ℃。

4. 将乙醚提取后的水溶液在搅拌下慢慢加入浓盐酸，至刚果红试纸变蓝（约需 5 mL）。冷却结晶，吸滤，产物用少量冷水洗涤，吸干后收集产品。粗产物用水重结

晶,得白色针状呋喃甲酸,产量约 8 g,熔点为 133 ℃～134 ℃。

💡 **注意事项**

1. 呋喃甲醛存放过久会变成棕褐色甚至黑色,同时常含有水分,因此使用前需蒸馏提纯,收集 155 ℃～162 ℃馏分;最好在减压(2.27 kPa,17 mmHg)下蒸馏,收集 54 ℃～55 ℃馏分。新蒸的呋喃甲醛为无色或淡黄色液体。

2. 反应温度若高于 12 ℃,则反应物温度极易升高而难以控制,使反应物变成深红色;若低于 8 ℃,则反应过慢,可能累积一些氢氧化钠,一旦发生反应,则过于剧烈,易使温度迅速升高,增加副反应产物,影响产量及纯度。

3. 该氧化还原反应是在两相间进行的,因此必须充分搅拌。呋喃甲醇和呋喃甲酸的制备也可在相同条件下采取反加的方法,将呋喃甲醛滴加到氢氧化钠溶液中,反应较易控制,产率相仿。

4. 加完氢氧化钠溶液后,反应液变黏稠而无法搅拌时,就不需继续搅拌即可继续进行下一步操作。

5. 反应完成加水稀释时不宜加水过多,否则会损失一部分产品;用乙醚萃取时由于乙醚挥发降温,有时水相会有呋喃甲酸的盐析出,可加适量的水溶解后继续萃取。

6. 蒸完乙醚后要改用空气冷凝管,也可将冷凝管的水放出以代替空气冷凝管;蒸馏完毕,应趁热将蒸馏头取下(注意温度较高),否则容易粘在一起。

7. 重结晶呋喃甲酸粗品时,不要长时间加热回流,否则部分呋喃甲酸会发生分解,出现焦油状物。

五、思考题

1. 本实验根据什么原理来分离和提纯呋喃甲醇和呋喃甲酸这两种产物?

2. 用浓盐酸将乙醚萃取后的呋喃甲酸水溶液酸化至中性是否适当?为什么?若不用刚果红试纸,你将如何判断酸化是否达到要求?

六、参考文献

[1] 陈小原,方红云,方学理,等. α-呋喃甲酸制备方法的改进[J]. 化学世界,2000,41(1):21—23.

[2] 王元正. 由糠醛氧化制备 2-呋喃甲酸[J]. 化学世界,1984(11):408—410.

[3] 陈忠平. α-呋喃甲酸制备方法的探讨[J]. 安徽农业技术师范学院学报,2000,14(4):39—40.

[4] 冉晓燕. 呋喃甲醇和呋喃甲酸合成的半微量实验[J]. 贵州教育学院学报:自然科学版,2008,19(3):28—29.

七、拓展应用

呋喃甲酸又称糠酸,常用作杀菌剂、防腐剂、硬化剂,漆工业中用它代替苯甲酸抛光,同时它也是合成呋喃甲酸酯类香料必不可少的原料。呋喃甲醇用于有机合成,经水解制得的乙酰丙酸(果酸)是营养药物果糖酸钙的中间体。由呋喃甲醇可制得各种性能的呋喃型树脂;此外,还用于合成纤维、橡胶、农药和铸造工业等。

4.7　羧酸酯

17. 乙酸乙酯
（Ethyl Acetate）

一、实验目的

1. 了解酯化反应的原理和酯的制备方法。

2. 学习并掌握微型蒸馏、回流、分液等操作技能。

3. 了解强腐蚀性药品的使用方法,培养学生的安全环保意识。

二、实验原理

羧酸酯一般由醇和羧酸在少量酸性催化剂(如浓硫酸)的存在下,发生酯化反应而制得。酯化反应是可逆反应,如何促使反应有利于酯的生成,应根据具体情况决定。

本实验是用乙醇和乙酸在少量浓硫酸的催化下,反应生成乙酸乙酯。乙酸乙酯与水能形成二元共沸物,沸点 70.4 ℃,低于乙醇和乙酸的沸点,很易蒸出,这是酯类制备中常用的方法。

主反应:

$$CH_3COOH+CH_3CH_2OH \underset{\triangle}{\overset{浓\ H_2SO_4}{\rightleftharpoons}} CH_3COOC_2H_5+H_2O$$

副反应:

$$2CH_3CH_2OH \underset{\triangle}{\overset{浓\ H_2SO_4}{\longrightarrow}} CH_3CH_2OCH_2CH_3+H_2O$$

三、仪器和试剂

（一）主要仪器

25 mL 三口圆底烧瓶、直形和球形冷凝管、H 形分馏头、5 mL 和 10 mL 三角烧瓶、分液漏斗、10 mL 圆底烧瓶、温度计、温度计套管。

（二）主要试剂

无水乙醇、冰醋酸、浓硫酸、无水硫酸钠、饱和碳酸钠溶液、饱和氯化钠溶液、饱和氯化钙溶液。

四、实验步骤

1. 搭建实验装置,向三口圆底烧瓶中加入 12 mL(5.4 g,205.6 mmol)无水乙醇和7.6 mL(7.92 g,132.8 mmol)冰醋酸,再加入 0.8 mL 浓硫酸,摇匀,接通冷凝水,加热,使溶液保持微沸,回流 20～40 min。

2. 冷却,加热蒸出约 2/3 的液体,大致蒸到蒸馏液泛黄,馏出速度减慢为止。

3. 向馏出液中慢慢滴加饱和碳酸钠溶液,一边加一边摇动,直到没有气体产生为止。将其转移到分液漏斗中,摇荡洗涤,静置分层,分去水层。油层分别用 1.6 mL 饱和氯化钠溶液、1.6 mL 饱和氯化钙溶液和水各洗涤一次,分去水层。

4. 对油层进行蒸馏,收集 74 ℃～77 ℃馏分,称重。产量 4.0～5.2 g,产率 35%～55%。测定产品的红外光谱,并与标准谱图对照,指出其特征吸收峰。

💡 **注意事项**

1. 冰醋酸在 16.6 ℃以下凝结为固体。若室温低于 16.6 ℃,加料前应稍稍加热使其熔化。

2. 酯层用碳酸钠溶液洗涤后,若紧接着用氯化钙溶液洗涤,可能产生絮状的碳酸钙沉淀,故在两步间必须用水洗涤。但由于乙酸乙酯在水中有一定的溶解度(17 份水可溶解 1 份乙酸乙酯),故采用饱和氯化钠溶液代替,以减少酯的损失。

3. 乙酸乙酯可与水、乙醇形成二元、三元共沸物。因此,有水、醇存在会使沸点降低,影响产率。

五、思考题

1. 酯化反应有何特点?

2. 采取什么措施可提高酯的产率?馏出液中含有哪些组分?为什么要用饱和碳酸钠溶液、饱和氯化钠溶液和饱和氯化钙溶液洗涤?可以先用饱和氯化钙溶液洗涤吗?为什么?

3. 能否用浓氢氧化钠溶液代替饱和碳酸钠溶液来洗涤产品?

六、参考文献

[1] 王佳人,赵放,何文英.乙酸乙酯的制备在教学实验中的研究进展和展望[J].现代盐化工,2020,47(3):3－5,13.

[2] 王永明.乙酸乙酯制备实验的模块化教学[J].实验室科学,2019,22(5):29－32.

[3] 李小东,许婧文,巨婷婷.乙酸乙酯生产工艺研究进展及市场分析[J].云南化工,2019,46(4):158-159.

[4] 李嘉.乙酸乙酯制备实验的微型化改进[J]. 化学教育,2018,39(15):76-77.

七、拓展应用

酯化反应是一类有机化学反应,是醇与羧酸或含氧无机酸生成酯和水的反应。乙酸乙酯又称醋酸乙酯(EA)。纯乙酸乙酯是一种无色透明的液体,具有刺激性气味,沸点为 77.1 ℃,相对密度为 0.90。乙酸乙酯是一种重要原料,同时也是一种良好的工业溶剂,也可在食品工业中用作芳香剂等。

18. 乙酰乙酸乙酯
(Ethyl Acetoacetate)

一、实验目的

1. 了解乙酰乙酸乙酯的制备原理和方法。
2. 掌握无水操作及减压蒸馏方法。
3. 培养学生的创新思维,能灵活应用有机化合物制备多样性功能化合物。

二、实验原理

含 α-氢的酯在强碱性试剂(如 Na、NaH、三苯甲基钠或格氏试剂)存在下,能与另一分子酯发生 Claisen 酯缩合反应,生成 β-羰基酯。乙酰乙酸乙酯就是通过这一反应制备的。虽然反应中使用金属钠作缩合剂,但真正的催化剂是钠与乙酸乙酯中残留的乙醇作用产生的乙醇钠。

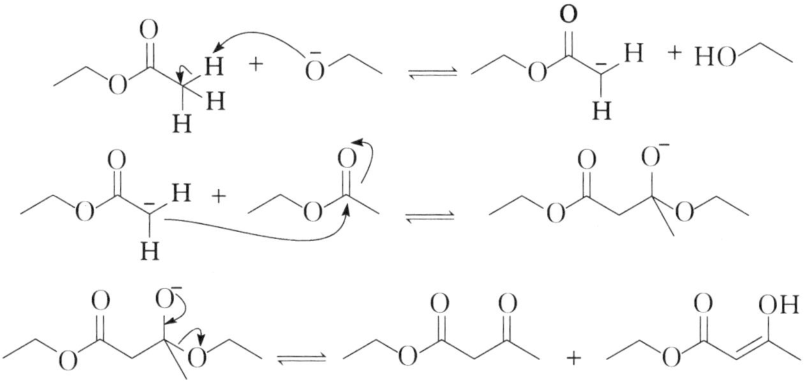

三、仪器和试剂

(一) 主要仪器

100 mL 圆底烧瓶、干燥管、冷凝管、分液漏斗、加热装置、减压蒸馏装置。

（二）主要试剂

乙酸乙酯、金属钠、二甲苯、50％乙酸、饱和氯化钠溶液、无水硫酸钠、无水氯化钙。

四、实验步骤

1. 在表面皿上迅速将 1.25 g 金属钠切成细小颗粒，加到 100 mL 圆底烧瓶中（内装 12 mL 二甲苯）加热回流。加热熔融成粒状后，立即拆去冷凝管，用硬橡胶塞塞住瓶口，用力振荡，形成细粒状钠珠。开始时钠缓慢溶解，加热 2 min 后，趁热剧烈摇动圆底烧瓶，形成细而多的钠珠。要上下摇动，这样能形成比较好的细小均匀的钠珠。

2. 在圆底烧瓶中加入 13.8 mL 乙酸乙酯，并快速装上冷凝管和无水氯化钙干燥管，回流 1.5 h 至钠基本消失，得到橘红色溶液，稍冷，加 50％乙酸至反应液呈弱酸性，此时所有的固体均溶解。开始时有少量的气泡产生，之后溶液变成淡黄色，最后变成橘红色。回流速率为每秒 0.5 或 1 滴。乙酸不能加太多，以免降低产率。

3. 将反应液转入分液漏斗中，加等体积的饱和氯化钠溶液，振摇，静置，分出乙酰乙酸乙酯，加入无水硫酸钠干燥、过滤。乙酰乙酸乙酯呈橙黄色焦油状，在分液漏斗的上层。加硫酸钠可使黄色溶液变成淡黄色溶液。

4. 水浴蒸去乙酸乙酯，将剩余物转移至圆底烧瓶中，用减压蒸馏装置进行减压蒸馏，收集馏分。注意控制压力，压力表读数不能过高。

💡 **注意事项**

1. 乙酸乙酯必须绝对干燥，如果含有乙醇，其提纯方法为：用饱和氯化钙溶液洗涤数次，再用烘焙过的无水碳酸钾干燥，在水浴上蒸馏，收集 76 ℃～78 ℃的馏分。

2. 乙酸不能加多，否则会增加酯在水中的溶解度而降低产率。

3. 乙酰乙酸乙酯在常压蒸馏下，很容易分解而降低产率。

五、思考题

1. 中和过程中析出的少量固体是什么？

2. 加饱和氯化钠溶液的目的是什么？

六、参考文献

[1] 照那斯图,沃联群,吴卫平. 乙酰乙酸乙酯合成新方法[J]. 化学世界,2003,44(9):479－481.

[2] 郑祖彪,韩冰冰,张东东. 乙酰乙酸乙酯制备实验的改进[J]. 黄山学院学报,2014,16(3):42－45.

[3] 杨玉峰. 乙酰乙酸乙酯制备实验的改进[J]. 化学教育,2018,39(2):32－34.

[4] 喻国贞,刘新强. 乙酰乙酸乙酯合成方法改进及研究[J]. 江西化工,2011 (1):65-68.

七、拓展应用

Claisen 反应是含有 α-氢的酯类在醇钠、三苯甲基钠等碱性试剂的作用下,发生缩合形成 β-酮酸酯类化合物的一类反应。乙酰乙酸乙酯又称丁酮酸乙酯,分子式为 $CH_3COCH_2COOC_2H_5$,是一种无色有香味的油状液体。熔点低于 $-80\ ℃$,沸点 180. 4 ℃,相对密度 1.028 2。普通的乙酰乙酸乙酯是酮式和烯醇式组成的平衡混合物,酮式占 93%,烯醇式占 7%。乙酰乙酸乙酯广泛用于合成吡啶、吡咯、吡唑酮、嘧啶、嘌呤和环内酯等杂环化合物,还广泛用于药物合成。

19. 苯甲酸乙酯
(Ethyl Benzoate)

一、实验目的

1. 学习苯甲酸乙酯的制备方法。

2. 加深对酯化反应原理的理解。

3. 学习分水器的使用。

4. 通过苯甲酸乙酯应用的学习,培养学生的实践应用能力。

二、实验原理

直接酸催化酯化反应是经典的制备酯的方法,但反应是可逆反应,反应物间存在如下平衡:

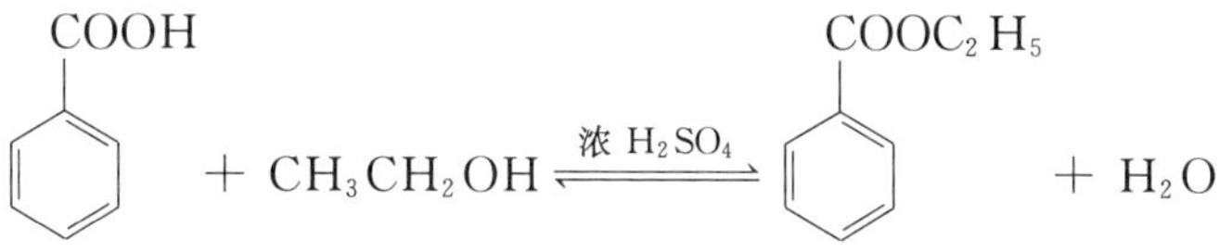

因为该反应可逆,为提高酯的转化率,使用过量乙醇(价格相对便宜)或将反应生成的水从反应混合物中除去,就可以使平衡向生成酯的方向移动。另外,使用过量的强酸催化剂,水转化成它的共轭酸 H_3O^+,没有亲核性,也可抑制逆反应的发生。

三、仪器和试剂

(一) 主要仪器

分水回流装置、烧杯、电热套、玻璃棒、分液漏斗、直形冷凝管、温度计、铁架台(含铁夹)、三角烧瓶、量筒、电子秤。

(二) 主要试剂

苯甲酸、95%乙醇、苯、浓硫酸、碳酸钠、无水氯化钙、乙醚。

四、实验步骤

1. 粗制:于 100 mL 圆底烧瓶中加入 6.1 g 苯甲酸、13 mL 乙醇、10 mL 苯和 2 mL 浓硫酸,摇匀,加沸石。装上分水器,从分水器上端小心加水至支管口处,再在其上端加装一回流冷凝管,水浴上加热回流约 2 h,至分水器中层液体约 3 mL 时停止加热。记录体积,继续蒸出多余的苯和乙醇(从分水器中放出),停止加热。

2. 精制:将残液倒入盛有 20 mL 冷水的烧杯中,分批加入固体碳酸钠中和至中性(用 pH 试纸检验)。除去两种酸,即硫酸、苯甲酸。将所得液体倒入分液漏斗中,将有机层和水层分开,水层用 10 mL 乙醚萃取。合并有机层,用无水氯化钙干燥。水浴加热(33 ℃~38 ℃)蒸去乙醚,回收乙醚,再加热蒸馏,收集 210 ℃~213 ℃馏分,称重,计算产率。

五、思考题

1. 本实验中用什么措施来提高平衡反应的产率?

2. 在减压蒸馏操作中,为什么必须先抽真空,然后再进行加热?

3. 分水器中事先加入的水量为何要控制在距分水器支管下沿 5 mm 左右?为何要注意分水时分水器中水层液面要保持在原来的高度?

4. 为何通过观察回流冷凝液在冷凝管和反应瓶壁上是否还有液珠挂壁现象来判断反应进行的程度?

5. 实验中,你是如何运用化合物的物理常数分析现象和指导操作的?

六、参考文献

[1] 胡晓允,钟诗施,韦丽艳,等. 苯甲酸乙酯合成的绿色化研究[J]. 实验室科学,2017,20(5):54—55.

[2] 袁华,张华良,尹传奇,等. 苯甲酸乙酯制备实验的比较分析[J]. 实验室科学,2016,19(2):35—37,42.

[3] 杨玉峰. 苯甲酸乙酯合成实验绿色改进的探讨[J]. 河南教育学院学报:自然科学版,2015,24(4):35—37.

[4] 蔡双莲,江国防,郭栋才,等. 苯甲酸乙酯合成实验的改进[J]. 化学教育,2014,(6):35—38.

[5] 李公春,张万强,周威,等. 苯甲酸乙酯的合成[J]. 河北化工,2010,33(1):46—47,70.

七、拓展应用

苯甲酸乙酯又称安息香酸乙酯,熔点为 -34.6 ℃,沸点为 212.6 ℃,相对密度($\rho_{水}$=1)为 1.05,无色澄清液体,微溶于热水,溶于乙醇和乙醚。它具有较强的冬青油和水果香气,天然存在于桃子、菠萝、醋栗等中,常用作重要的有机溶剂。由于其毒性低,也常用于食用香料和皂用香精及烟用香料的调配。

4.8　含氮化合物

20. 硝基苯

（Nitrobenzene）

一、实验目的

1. 了解硝化反应中混酸的浓度、反应温度和反应时间与硝化产物的关系。

2. 掌握硝基苯的制备原理和方法。

3. 了解易爆药品的性质,培养学生的安全意识。

二、实验原理

芳香族硝基化合物一般由芳香族化合物直接硝化制得,最常用的硝化剂是浓硝酸与浓硫酸的混合液,常称混酸。在硝化反应中,由于被硝化物结构不同,所需的混酸浓度和反应温度也各不相同。硝化反应是不可逆反应,混酸中浓硫酸的作用不仅在于脱水,更重要的是有利于 NO_2^+ 的生成,增加 NO_2^+ 的浓度,加快反应速率,进而提高硝化能力。硝化反应是强放热反应,进行硝化反应时,必须严格控制升温和加料速度,同时进行充分的搅拌。以苯为原料,用混酸作硝化剂制备硝基苯的反应式如下:

主反应:

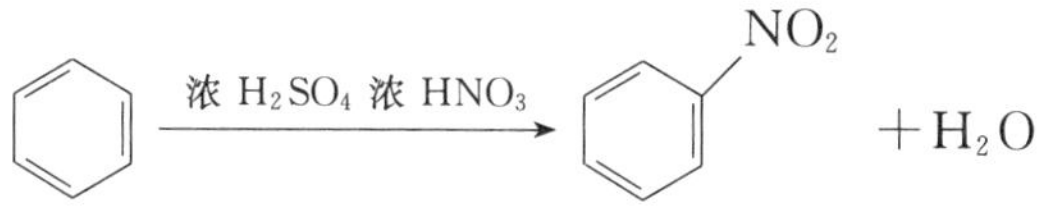

副反应:

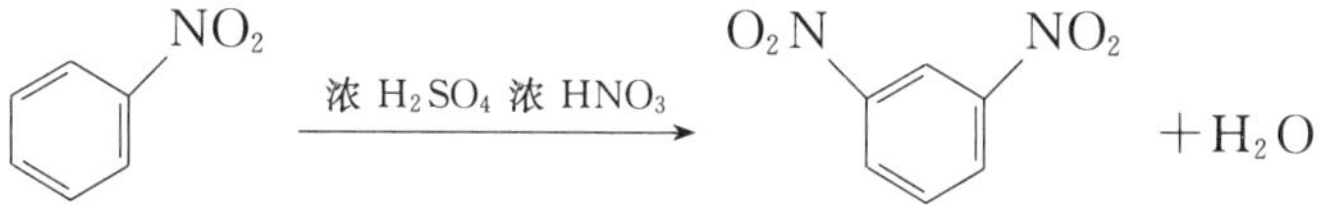

三、仪器和试剂

(一) 主要仪器

三口烧瓶(250 mL)、温度计(0 ℃～100 ℃)、量筒(10 mL)、滴液漏斗、分液漏斗(120 mL)、玻璃漏斗(20 mm)、三角烧瓶(100 mL)、水浴锅。

(二) 主要试剂

苯、浓硝酸、浓硫酸、10％碳酸钠溶液、饱和食盐水、无水氯化钙。

四、实验步骤

1. 在 250 mL 三口烧瓶中加入 17.8 mL 苯,三口烧瓶上配一支 300 mm 长的玻

璃管作为空气冷凝管,左口装一支 0 ℃～100 ℃温度计,右口装上滴液漏斗,将冷却的混酸分批加入,每次加入后必须充分振荡烧瓶,使苯和混酸充分接触,此时反应液温度升高。待反应液温度不再上升且趋于下降时,再继续加混酸。加酸时,要使反应温度控制在 40 ℃～50 ℃;若超过 50 ℃,可用冷水浴冷却。加料完毕后,将烧瓶放在 50 ℃的水浴中,并加热使烧瓶中的反应液温度控制在 60 ℃～65 ℃并保持 40 min。在此期间应间歇地摇荡烧瓶。

2. 反应结束后,将烧瓶移出水浴,待反应液冷却后,将其倒入分液漏斗中,静置分层,分出酸层。将酸液倒入指定的回收瓶中,粗硝基苯用等体积的冷水洗涤,再用 10%的碳酸钠溶液洗涤多次,直到洗涤液不显酸性,最后用去离子水洗至中性。将粗硝基苯从分液漏斗中放入干燥的小三角烧瓶中,加入无水氯化钙干燥,并间歇地摇荡三角烧瓶。

3. 把澄清的硝基苯倒入 50 mL 蒸馏烧瓶中,装上 250 ℃水银温度计和空气冷凝管,用电热套加热蒸馏,收集 204 ℃～210 ℃的馏分。为了避免残留在烧瓶中的二硝基苯在高温下分解而引起爆炸,切勿将产物蒸干。最后称重,并计算产率。

💡 **注意事项**

1. 混酸配法:在 50 mL 三角烧瓶中加入 20.0 mL 浓硫酸,把三角烧瓶放入冷水浴中,在摇荡条件下将 14.6 mL 硝酸慢慢加入浓硫酸中,混匀。

2. 苯的硝化是一个放热反应,在开始加入混酸时,硝化反应速率较快,每次加入的混酸量以 0.5～1.0 mL 为宜。随着混酸的加入,硝基苯逐渐生成,反应混合物中苯的浓度逐渐降低,硝化反应速率也随之减慢,所以在加入一半混酸后,每次可加入 1.0～1.5 mL 混酸。

3. 用吸管吸取少量上层反应液,滴到饱和食盐水中,若观察到油珠下沉,则表明硝化反应已经完成。

4. 硝基苯有毒,处理时需多加小心,如果溅到皮肤上,可先用少量酒精洗涤,再用肥皂水洗净。

5. 如果使用工业硫酸,因其中所含的少量汞盐等杂质具有催化作用,使反应物中含有微量的多硝基苯酚,如苦味酸和 2,4-二硝基苯酚,它们的碱溶液呈深黄色,因而产物水洗时应洗至接近无色。

五、思考题

1. 硫酸和硝酸在硝化时各起什么作用?

2. 混酸若一次加完,将产生什么结果?

3. 若用相对密度为 1.52 的硝酸来配制混酸进行苯的硝化,将得到什么产物?

4. 硝化反应温度过高将会导致什么后果？

5. 如何判断硝化反应已经结束？

六、参考文献

[1] 孟婷,王道武,张龙.硝基苯制备新工艺及反应机理[J].精细石油化工,2011,28(1):54—56.

[2] 贤景春,胡晓伟,陈琦鹏,等.硝基苯制备的微型化研究[J].内蒙古民族大学学报:自然科学版,2005,20(1):36—37.

[3] 孙雪玲.苯硝化制硝基苯工艺技术浅析[J].化学工业与工程技术,2007,28(S1):35—38.

七、拓展应用

有机化学中最重要的硝化反应是芳烃的硝化。向芳环上引入硝基是制备氨基化合物的一条重要途径,进而制备酚、氟化物等化合物。硝基苯是一种无色油状透明液体,工业品因含杂质而呈微黄色,具有苦杏仁油的特殊臭味;熔点 5.7 ℃,凝固点 5.85 ℃,沸点 210.9 ℃,相对密度 1.203 7(20 ℃),闪点 90 ℃,自燃点 495 ℃。硝基苯微溶于水,易溶于乙醇、乙醚、苯、甲苯等有机溶剂。硝基苯可以作为重要的医药和燃料中间体,也可以作为农药、炸药及橡胶硫化促进剂的原料。

21. 苯胺

（Aniline）

一、实验目的

1. 学习由硝基苯还原制备苯胺的原理和方法。

2. 熟练掌握水蒸气蒸馏装置的仪器安装和操作方法,培养良好的实验素养。

3. 练习巩固回流、盐析、萃取和蒸馏等基本操作,遵守操作规范。

4. 了解苯胺的合成工艺研究进展及苯胺在药物、农药、染料和助剂生产中的应用。

5. 培养学生理论联系实际、实事求是的科学精神,树立严谨细致的工作作风。

二、实验原理

实验室制备苯胺的常用方法是在酸性条件下用金属还原硝基苯。常用的还原剂有:锡-盐酸、二氯化锡-盐酸、铁-盐酸、铁-乙酸和锌-乙酸等,其中锡-盐酸和铁-盐酸最为常用。锡用作还原剂时,反应速率快,成本较高;铁用作还原剂时,反应时间较长,但成本低廉。

反应式：

$$\underset{NO_2}{\text{⬡}} + Fe + H_2O \xrightarrow{\text{浓 HCl}} \underset{NH_2}{\text{⬡}}$$

若用乙酸代替盐酸，则反应时间显著缩短。

三、仪器和试剂

（一）主要仪器

圆底烧瓶、球形冷凝管、直形冷凝管、接引管、三角烧瓶。

（二）主要试剂

铁粉、浓盐酸、硝基苯、碳酸钠、氯化钠、乙醚、粒状氢氧化钠。

四、实验步骤

1. 在 250 mL 圆底烧瓶中加入 20 g 铁粉（40～100 目，0.36 mol）、20 mL 水和 1 mL 浓盐酸，用力振摇使之混匀。

2. 装上球形冷凝管，缓慢加热煮沸 5 min。

3. 稍冷后，从球形冷凝管顶端分批加入 10.5 mL 硝基苯（12.5 g，0.1 mol），每次加完后要充分振摇，使反应物充分混合。

4. 加完后，加热回流 0.5～1 h，并不时振摇。

5. 待还原反应进行完全后，用 10 mL 水均匀冲洗球形冷凝管，洗液并入反应瓶，在振摇下分批加入碳酸钠，直至反应液呈碱性。

6. 将回流装置改为水蒸气蒸馏装置，进行水蒸气蒸馏，直至馏出液澄清为止，约需收集 200 mL 馏出液。

7. 分出有机层，水层用氯化钠饱和（需 20～25 g 氯化钠）后，用乙醚萃取（20 mL×3 次），合并有机层，用粒状氢氧化钠干燥有机层。

8. 将有机层转移入干燥的蒸馏烧瓶，用水浴加热回收乙醚。

9. 停止蒸馏后，改用油浴加热，冷凝管改为空气冷凝管，蒸馏收集 180 ℃～185 ℃的馏分，称量，产量约为 6～7 g，计算产率。

本实验约需 8 h。

💡 **注意事项**

1. 铁与盐酸反应生成氯化亚铁，可使铁转化为氯化铁的过程加速，缩短了还原时间。

2. 本反应是一个放热反应，当加入硝基苯时反应比较剧烈，故要缓慢加入并及时振摇与搅拌。

3. 硝基苯和苯胺的毒性较大,实验过程需小心,避免其与皮肤接触或吸入蒸气。苯胺不慎触及皮肤时,先用水冲洗,再用肥皂和温水洗涤。硝基苯不慎触及皮肤时,需先用酒精擦洗,再用肥皂洗净。

4. 由于硝基苯、盐酸和固体铁粉属于不同相,相互接触机会少,因此,充分振摇是使还原反应顺利进行的关键。

5. 反应过程中,仔细观察反应物的颜色变化。反应开始后,反应物的颜色由原来的灰黑色很快地变成草绿色、土黄色,进而又变为铁锈色,然后再变为褐色,最后变为黑色。

6. 如果反应物中有少量黄色和红色物质,则可能是由于反应中产生了氧化偶氮苯(黄色)和偶氮苯(黄色),反应式如下:

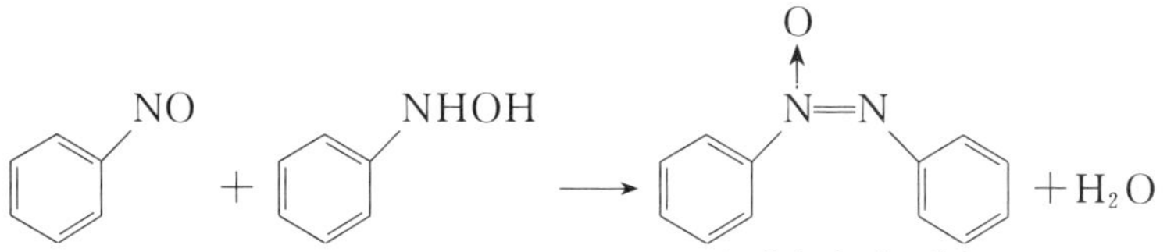

氧化偶氮苯(黄色)

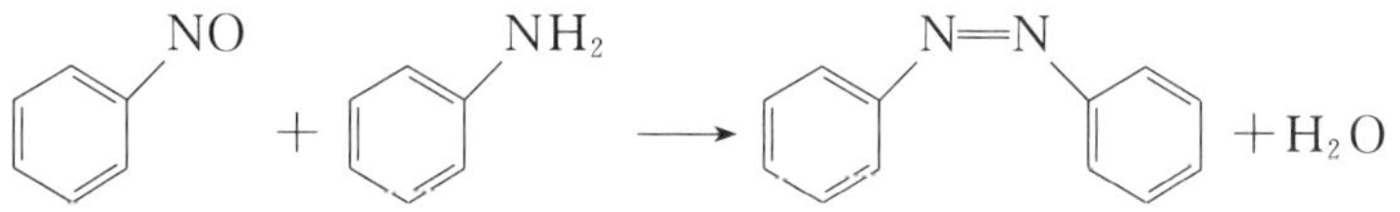

偶氮苯(红色)

7. 硝基苯为黄色油状液体,随着反应的进行,回流液中黄色油状物逐渐消失并转变为乳白色油珠(由游离苯胺引起),而反应物变为黑色,表明还原反应基本完成。欲检查反应是否已完成,可用吸管取少量反应混合物,滴入 1 mol/L 盐酸中,振摇后,观察有无油珠出现,如果无油珠出现,则表明反应已完全。还原反应必须完全,否则残留在反应混合物中的硝基苯在后续提纯过程中很难分离,影响产品纯度。

8. 本实验中,使用粒状氢氧化钠干燥反应混合物,而不使用无水氯化钙,原因是氯化钙与苯胺可形成配合物。

9. 水蒸气蒸馏结束后,如果圆底烧瓶壁上黏附着黑褐色物质,可用 1∶1(体积比)盐酸水溶液温热除去。

10. 在使用乙醚萃取和蒸馏乙醚时,实验室内严禁使用明火。

五、思考题

1. 还原反应结束后,是否可以直接对反应混合物进行水蒸气蒸馏?

2. 有机物具备哪些条件才可以考虑采用水蒸气蒸馏对它进行提纯?本实验为何选择水蒸气蒸馏法将苯胺从反应混合物中分离出来?

3. 在水蒸气蒸馏结束后,先停止加热再打开 T 形管下端螺旋夹,这样做行吗?为什么?

4. 利用水蒸气蒸馏提纯苯胺时,已知当通入的水蒸气为 98.4 ℃时,水蒸气的分压为 718 mmHg,在此温度下苯胺的蒸气压是 42 mmHg,此时反应混合物开始沸腾,馏出液为苯胺与水的混合物,两者的质量比为 3.3∶1。试问根据苯胺的理论产量,需蒸馏出多少毫升水才能把苯胺全部带出?

5. 如果最后得到的苯胺中含有硝基苯,应如何加以分离提纯?

六、参考文献

[1] 卢贝丽,刘杏,尹铸,等.掺杂多孔碳材料催化硝基苯还原反应的研究进展[J]. 2021,40(2):778−788.

[2] 蔡可迎,周颖梅,陶伟,等.四氧化三铁制备及其催化水合肼还原硝基苯活性[J]. 无机盐工业,2017,49(12):65−68.

七、拓展应用

苯胺是一种无色油状液体,沸点为 184.4 ℃,折射率 $n_D^{20}=1.586\,3$。苯胺最早由干馏靛青或提炼煤焦油得到。1841 年俄国化学家基宁通过还原硝基苯制得了苯胺,1857 年开发出铁粉还原硝基苯制备苯胺的工业生产方法。苯胺的另一种大规模化生产方法是硝基苯的催化氢化。

22. 对甲苯胺
(*p*-Methylaniline)

一、实验目的

1. 学习由硝基甲苯还原制备对甲苯胺的原理和实验方法。

2. 熟练掌握水蒸气蒸馏装置的仪器安装和操作方法,培养良好的实验素养。

3. 练习巩固抽滤、熔点的测定、盐析和萃取等基本操作,遵守操作规范。

4. 了解对甲苯胺的合成工艺研究进展及对甲苯胺在染料和医药生产中的应用。

5. 培养学生理论联系实际、实事求是的科学精神,树立严谨细致的工作作风。

二、实验原理

对甲苯胺是生产染料和医药的重要中间体。合成对甲苯胺的常用方法是还原对硝基甲苯。常见的还原方法有三种:铁粉还原法、硫化物还原法和催化加氢还原法。其中,铁粉还原法具有工艺简单、适用范围广、副反应少、对设备要求低等优点。因此,实验室常用这种方法来制备对甲苯胺。

反应式：

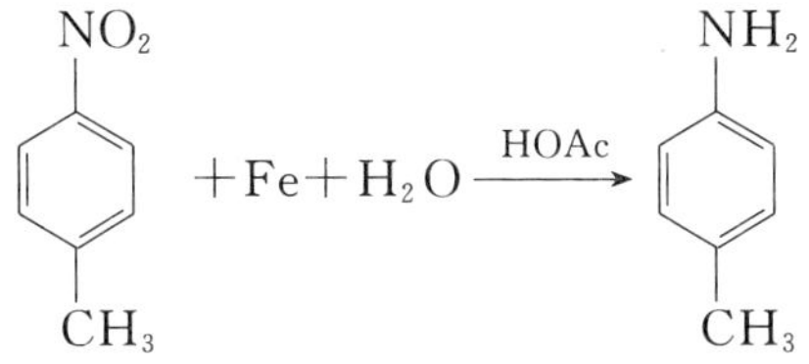

另外,硫化物也可用于还原芳香硝基化合物。该反应比较缓和,可使多硝基化合物中的硝基选择性地部分被还原。催化氢化还原法能使反应定向进行,副反应少,产品质量高,产率高,因此催化氢化还原是胺类规模化生产的发展方向。

三、仪器和试剂

（一）主要仪器

天平、三口烧瓶、量筒、电动搅拌器、球形冷凝管、温度计、T 形管、直形冷凝管、蒸馏头、温度计套管、接引管、三角烧瓶、温度计、熔点毛细管、b 形管、酒精灯。

（二）主要试剂

铁粉(40～100 目)、冰醋酸、对硝基甲苯、碳酸钠、工业酒精。

四、实验步骤

1. 在 250 mL 三口烧瓶上装配电动搅拌器、回流冷凝管和温度计,如图 1.11 所示。

2. 向 250 mL 三口烧瓶中加入 10 g 铁粉(40～100 目,0.18 mol)、50 mL 水和 3 mL 冰醋酸。

3. 搅拌均匀,缓缓加热回流 15 min,稍冷(不沸腾即可)。

4. 分批将 9.2 g 对硝基甲苯加入瓶中,每次加完后要充分振摇,使反应物充分混合。

5. 使反应在 90 ℃继续进行 1.5 h,并不时振摇反应混合物。反应过程中,注意观察反应液的颜色变化。

6. 反应结束后,加入 0.9 g 碳酸钠使反应液呈碱性。

7. 将回流装置改成水蒸气蒸馏装置(图 1.23),进行水蒸气蒸馏,直至馏出液澄清为止,约需收集 200 mL 馏出液。

8. 将馏出液冷却结晶。

9. 抽滤,洗涤,减压干燥,称量(产品质量约为 5 g),计算产率。

10. 测量产品的熔点。

本实验约需 7 h。

有机化学实验

注意事项

1. 水在反应中,既作为反应介质,又作为还原反应的氢源。水与对硝基甲苯的用量比为(50～100):1。对于其他一些低活性硝基芳烃,可以加入甲醇、乙醇等与水混合,促进反应的进行。

2. 通常还原 1 mol 硝基化合物需要 3～4 mol 的铁粉,远超理论值。在反应过程中,电解质的存在可提高反应溶液的导电能力,加速铁的腐蚀过程,使还原速度加快。

3. 延长还原时间可提高率。

4. 根据胺类产物的不同性质,可以采用相应的分离提纯方法:对于不溶于水且具有一定蒸气压的芳胺(如苯胺、对甲苯胺、邻甲苯胺、对氯苯胺、邻氯苯胺等),可以采用水蒸气蒸馏法分离。

5. 水蒸气蒸馏时,馏出液遇冷,溶解在馏出液中的对甲苯胺容易析出,析出的对甲苯胺在冷凝管中凝结会堵塞通道,遇这样的情况可暂停通冷凝水。

6. 若合成的产品颜色较深或呈油状物,可用蒸馏法精制,收集 195 ℃～200 ℃馏分即为产品。

五、思考题

1. 将对硝基甲苯还原成对甲苯胺,还原剂除了可以用铁-酸以外,还可以用哪些还原剂?

2. 如何判断还原反应已达终点?

3. 制备对甲苯胺的反应中可能有哪些副反应?

4. 该反应是放热反应还是吸热反应?是均相反应还是非均相反应?

5. 反应过程中不断振摇的目的是什么?

六、参考文献

[1] 牛雁宁,袁媛,董翔.对硝基甲苯合成 3,4-二甲基苯胺的研究[J].广州化学,2020,45(2):49—52.

[2] 蔡可迎,周颖梅,陶伟,等.四氧化三铁制备及其催化水合肼还原硝基苯活性[J].无机盐工业,2017,49(12):65—68.

七、拓展应用

对甲苯胺被广泛用于合成染料及其中间体和离子交换树脂的制造。对甲苯胺是一种白色片状固体,似酒香气;分子量 107.15,相对密度 1.046(20 ℃),熔点 45 ℃,沸点 200.3 ℃;溶解度:水中为 0.94 g(21 ℃),乙醇中为 156 g(30 ℃),易溶于乙醚。

23. 乙酰苯胺

（Acetanilide）

一、实验目的

1. 学习苯胺乙酰化反应的原理和乙酰苯胺的合成方法。

2. 学习易氧化基团的保护方法。

3. 巩固分馏、抽滤、重结晶和热过滤等基本操作方法，遵守操作规范。

4. 了解乙酰苯胺合成工艺研究进展及乙酰苯胺在有机合成中的应用。

5. 培养学生理论联系实际、实事求是的科学精神，树立严谨细致的工作作风。

二、实验原理

芳胺能参与多种反应，但其易被氧化，易对反应产生影响。氨基经乙酰化后，供电子能力减弱，氧化难度升高；同时，芳胺乙酰化后芳环上亲电取代反应的活性也会降低，容易制备一元取代物。而且乙酰苯胺在酸或碱催化下水解，氨基又可以重新产生。因此，乙酰化反应常用于芳胺的氨基保护。

乙酰苯胺可以通过苯胺与酰基化试剂作用来制备。常用的乙酰化试剂有乙酸、乙酸酐和乙酰氯等。其反应活性次序为：乙酰氯＞乙酸酐＞乙酸。乙酰氯与苯胺反应过于剧烈，不宜在实验室使用。如果采用乙酸酐作乙酰化试剂，反应平稳，产率较高。但是当用游离胺与纯乙酸酐进行酰化时，常伴有二乙酰胺[$ArN(COCH_3)_2$]副产物的生成。同时，由于一分子乙酸酐只能利用其中一个乙酰基，从原子经济的角度来看并不"经济"。相比较而言，乙酸价格便宜，试剂易得，反应温和，适合实验室使用，也适合于较大规模的制备。

本实验以乙酸与苯胺为原料，在锌粉存在下制备乙酰苯胺，其反应如下：

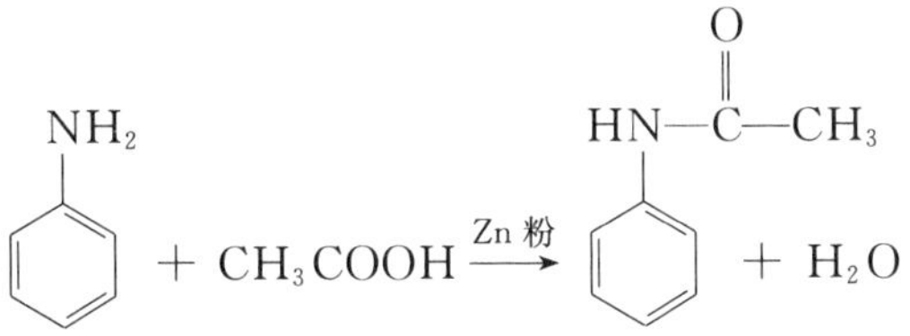

三、仪器和试剂

（一）主要仪器

25 mL 圆底烧瓶、分馏柱、蒸馏头、直形冷凝管、温度计套管、200 ℃温度计、真空尾接管、25 mL 三角烧瓶、100 mL 烧杯、抽滤瓶、布氏漏斗、量筒。

（二）主要试剂

新蒸的苯胺、乙酸、锌粉、活性炭、硫酸、冰、亚硝酸钠。

四、实验步骤

1. 如图 1.21 所示搭建反应装置。

2. 向圆底烧瓶中加入 2.5 mL 苯胺、3.7 mL 乙酸及少许锌粉(约 0.05 g),摇匀,加沸石,重新装配好分馏装置。

3. 缓缓加热,保持反应液微沸约 15 min,然后缓慢升高温度,使温度计读数(柱顶)维持在 100 ℃~105 ℃,有馏分持续馏出;反应 1 h 后可适当升温使温度计读数至 110 ℃,蒸出大部分水和剩余的乙酸,温度计读数下降或柱内出现大量白雾时反应结束。

4. 趁热将反应混合物倒入盛有 60 mL 冷水的烧杯中,即有白色固体析出,稍加搅拌,充分冷却,抽滤,用冷水洗涤滤饼(5 mL×2 次),得粗产品。

5. 将粗产品转入烧杯中,加 40 mL 水,加热煮沸使其全溶。若仍有未溶的乙酰苯胺油珠,则需加少量水,煮沸,直到完全溶解,再加水 8 mL,以免热过滤时析出结晶,造成损失。

6. 将热乙酰苯胺水溶液的温度冷却至其沸点以下,加一角匙活性炭,再重新煮沸 5 min。

7. 将乙酰苯胺溶液趁热抽滤,滤液充分冷却,乙酰苯胺结晶析出,抽滤,用少量冰水洗涤滤饼,干燥,得纯品,称重,产量约 2.0~2.5 g,计算产率。

💡 注意事项

1. 苯胺在空气中容易被氧化,久置后颜色变深(有杂质),直接使用会影响乙酰苯胺的质量,故采用新蒸的无色或淡黄色的苯胺。

2. 加入锌粉的目的是防止苯胺在反应过程中被氧化。但锌粉用量不可过多,否则不仅消耗乙酸(生成乙酸锌),在后处理时还会因乙酸锌水解生成难溶于水的 $Zn(OH)_2$ 而难以分离出乙酰苯胺。若锌粉用量适当,则反应液呈淡黄色或接近无色。

3. 不要在溶液沸腾时加入活性炭,否则滤液会暴沸,溢出容器。因此加活性炭时一定要停止加热,并适当降低溶液的温度。

4. 如颜色仍较深,可再重结晶一次。

五、思考题

1. 本实验采用了什么措施来提高产率?

2. 常用的乙酰化试剂有哪些?试比较它们的乙酰化能力。

3. 本实验中为什么要把分馏柱顶端的温度控制在 100 ℃~110 ℃? 温度过高对实验结果有何影响?

4. 能否直接向沸腾的溶液中加入活性炭?

5. 抽滤时怎样洗涤晶体? 怎样转移残余固体?

六、参考文献

[1] 梁向晖,毛秋平,钟伟强.乙酰苯胺制备实验的改进[J].化学教育,2018,39(4):35－37.

[2] 张力,李康兰,白林.乙酰苯胺制备的绿色化研究[J].甘肃高师学报,2010,15(5):16－18.

七、拓展应用

乙酰苯胺可以通过苯胺与酰基化试剂作用来制备。乙酰苯胺为白色片状晶体,俗称退热冰,分子式为 C_8H_9NO,熔点为 114 ℃。乙酰苯胺是常用的化工原料和重要的化学试剂,是磺胺类药物和染料中间体(如对硝基乙酰苯胺、对硝基苯胺和对苯二胺等)的原料,可用作止痛剂、退热剂、防腐剂和磺胺类药物的原料。

24. ε-己内酰胺

(ε-Caprolactam)

一、实验目的

1. 学习利用 Beckmann 重排反应制备酰胺的方法和原理。

2. 了解 Beckmann 重排反应的机理。

3. 练习和巩固低温操作、固体有机物干燥、抽滤等基本操作。

4. 了解 ε-己内酰胺的合成工艺研究进展及 ε-己内酰胺聚合物的应用。

5. 培养学生理论联系实际、实事求是的科学精神,树立严谨细致的工作作风。

二、实验原理

酮与羟胺反应生成肟,肟在酸性催化剂(如五氧化二磷、硫酸等)催化下,发生重排反应生成酰胺,这个重排反应称为 Beckmann 重排。Beckmann 重排是合成酰胺的一种方法,在有机合成上有一定的应用价值。例如,环己酮肟发生 Beckmann 重排生成己内酰胺,己内酰胺开环聚合可得到聚己内酰胺树脂,即尼龙-6,它是一种性能优良的高分子材料。

反应式:

反应机理：

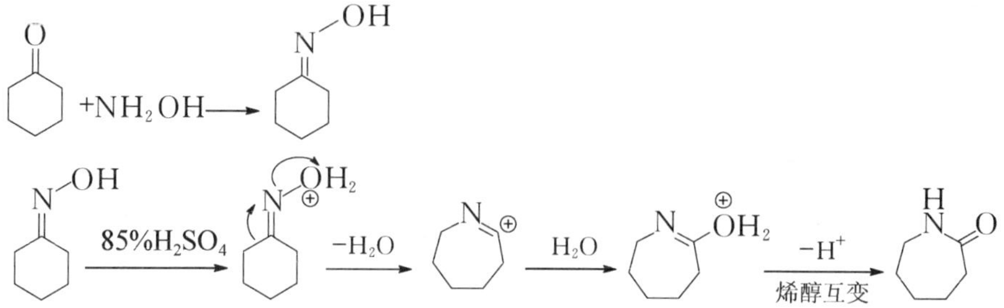

$$\text{环己酮} + NH_2OH \longrightarrow \text{环己酮肟}$$

$$\xrightarrow{85\%H_2SO_4} \xrightarrow{-H_2O} \xrightarrow{H_2O} \xrightarrow[\text{烯醇互变}]{-H^+} \text{己内酰胺}$$

三、仪器和试剂

（一）主要仪器

天平、量筒、三角烧瓶、烧杯、温度计、250 mL 三口烧瓶、布氏漏斗、抽滤瓶、机械搅拌器、恒压滴液漏斗、分液漏斗、温度计、b 形管、毛细熔点管、酒精灯。

（二）主要试剂

环己酮、盐酸羟胺、乙酸钠、水、浓硫酸、20％氨水、硫酸镁、工业酒精。

四、实验步骤

1. 环己酮肟的制备。

（1）在 250 mL 三角烧瓶中加入 7 g 盐酸羟胺和 50 mL 水，振摇使其溶解。

（2）分批加入 7.8 mL 环己酮，摇动使其溶解。

（3）把 10 g 三水合乙酸钠溶于 20 mL 水中，将此乙酸钠溶液滴加到前述溶液中，边加边振摇三角烧瓶，有固体析出，即环己酮。

（4）为使反应进行完全，用橡皮塞塞紧瓶口，用力振荡约 5 min。

（5）把三角烧瓶放入冰水浴中冷却，促进产品析出。

（6）抽滤得固体，用少量水洗涤，尽量挤出水分。取出滤饼，晾干，称量，产品约 7～8 g，计算产率，测熔点。纯环己酮肟的熔点为 86 ℃～89 ℃。

2. 己内酰胺的制备。

（1）在 250 mL 的烧杯中加入 5 g 环己酮肟和 10 mL 85％的硫酸，混合均匀。

（2）在烧杯中放一支温度计（量程为 -5 ℃～200 ℃），小火加热烧杯，当有气泡产生时（温度约 120 ℃），立即移去热源，此时反应剧烈，温度迅速升高到 160 ℃，反应在几秒内即完成。

（3）稍冷后，将此溶液转移入装配有机械搅拌、温度计和恒压滴液漏斗的 250 mL 三口烧瓶中（装置如图 1.11 所示）。用冰盐浴冷却至 0 ℃～5 ℃，在搅拌下缓缓滴入 30 mL 氨水，控制反应温度在 12 ℃～20 ℃之间，以免己内酰胺在较高温度下水解，直至溶液呈碱性（使石蕊试纸变蓝）。

（4）将反应混合物过滤，用二氯甲烷萃取（20 mL×5 次）滤液，合并萃取液。

（5）用 5 mL 水洗涤萃取液，弃去水层。水浴加热有机层，蒸出二氯甲烷后，换用油浴加热，换用空气冷凝管，减压蒸馏，收集 140 ℃～144 ℃（14 mmHg）的馏分，称重，产品约 4～5 g，计算产率。

（6）测熔点。

💡 注意事项

1. 在环己酮肟制备的第（3）步，若环己酮肟呈白色小球状，则表示反应还未进行完全，须继续振荡，使反应物继续反应。

2. 由于重排反应是剧烈的放热反应，为了利于散热，须使用大烧杯。

3. 该反应在几秒内即完成，形成棕色略稠液体。

4. 用氨水中和酸时会大量放热，故滴加氨水尤其要放慢速度，否则温度升高将导致酰胺水解。

5. ε-己内酰胺为低熔点固体，减压蒸馏过程中极易固化，堵塞管道，可采用空气冷凝管，并用电吹风在外壁加热等方法，防止固体凝固在空气冷凝管中。

6. 己内酰胺易吸潮，应储存于密闭容器中。

五、思考题

1. 环己酮肟制备时加入乙酸钠的目的是什么？

2. 为什么要加入 20％氨水中和？

3. 滴加氨水时为什么要控制反应温度？反应温度过高将发生什么反应？

4. 产品最后进行蒸馏时，用什么冷凝管？

5. 某肟发生 Beckmann 重排得到一化合物

$$\text{C}_6\text{H}_5\text{—}\overset{\displaystyle O}{\overset{\displaystyle \|}{\text{C}}}\text{—NHCH}_2\text{CH}_3$$

，试推测该肟的结构。

六、参考文献

［1］茵蕾,易艳萍,熊知行,等.ε-己内酰胺实验室合成法［J］.宜春师专学报,1994(5):60—61,42.

［2］贾金锋,陶小山,廖有贵,等.三聚氯氰催化液相重排合成 ε-己内酰胺［J］.化工技术与开发,2017,46(5):25—29.

七、拓展应用

环己酮肟的重排反应是生产 ε-己内酰胺的关键工艺之一,工业上一般用环己酮肟在浓硫酸或发烟硫酸作用下进行 Beckmann 重排。ε-己内酰胺是重要的化工中间体,其熔点为 68 ℃～71 ℃,主要用于纺织业、渔业、轮胎行业、工程塑料的制造等,是

种用途较广、用量较大的有机化工产品。

25. 丙烯酰胺

(Acrylamide)

一、实验目的

1. 学习由丙烯腈制备丙烯酰胺的原理和方法。

2. 熟练掌握搅拌滴加回流装置的仪器安装和操作方法,培养良好的实验素养。

3. 熟练掌握抽滤、固体有机物的干燥等基本操作,遵守操作规范。

4. 了解丙烯酰胺的合成工艺研究进展及丙烯酰胺在高分子合成中的应用。

5. 培养学生理论联系实际、实事求是的科学精神,树立严谨细致的工作作风。

二、实验原理

丙烯酰胺(AM)一般是由丙烯腈(AN)水合制得的。按催化剂不同,大致分为以下三种方法:硫酸作催化剂催化的水合法、骨架铜作催化剂催化的水合法、生物酶作催化剂的微生物催化水合法。实验室常用硫酸作催化剂催化丙烯腈水合来制备丙烯酰胺。

反应式:

$$H_2C{=}CH{-}CN + H_2O \xrightarrow[\textcircled{2}NH_3 \cdot H_2O]{\textcircled{1}H_2SO_4} H_2C{=}CH{-}\overset{\overset{\displaystyle O}{\|}}{C}{-}NH_2$$

三、仪器和试剂

(一)主要仪器

天平、量筒、100 mL 三口烧瓶、电动搅拌器、球形冷凝管、温度计、布氏漏斗、抽滤瓶、烧杯。

(二)主要试剂

丙烯腈、浓硫酸、浓氨水。

四、实验步骤

1. 如图 1.11 所示,在 100 mL 三口烧瓶上装配电动搅拌器、回流冷凝管和温度计。

2. 向三口烧瓶中加入 15 g 丙烯腈、32 g 84% 硫酸,将混合物加热至 95 ℃,在此温度下搅拌反应 2 h,丙烯腈转化为丙烯酰胺硫酸盐。

3. 抽滤,将滤液转移到 100 mL 烧杯中,搅拌下缓缓滴加浓氨水,控制中和温度不超过 50 ℃。

4. 当 pH 升到 6.5 时,停止滴加氨水。

5. 抽滤,除去固体(硫酸铵)。

6. 用冰盐浴把滤液冷却至 0 ℃～5 ℃,丙烯酰胺结晶析出。

7. 抽滤、干燥,得丙烯酰胺成品,称重,产品约 12～13 g,计算产率。

8. 测产品的熔点。

 注意事项

若反应温度超过 50 ℃,会有副反应发生,导致主反应产率下降。

五、思考题

1. 用稀硫酸水解会得到什么产物? 为什么?

2. 中和时,能换用氢氧化钠这样的强碱吗?

3. 中和时,控制反应温度不超过 50 ℃的原因是什么?

六、参考文献

[1] 杨国琛.小议丙烯酰胺单体制备的工艺[J]. 化工管理,2014(5):241.

[2] 杨翠翠,李粉吉,杨云汉,等.丙烯腈水解反应机理的理论研究[J]. 云南民族大学学报:自然科学版,2017,26(6):443－450.

七、拓展应用

丙烯酰胺是一种白色片状晶体,熔点为 84 ℃～86 ℃。丙烯酰胺是一种用途广泛的重要有机化工原料,以它为单体合成的产品不下百种,其中以聚丙烯酰胺用途最为广泛。聚丙烯酰胺为水溶性线性高分子聚合物,是一种优良的絮凝剂、增稠剂、纤维改性剂、增强剂,广泛应用于水处理、造纸、制糖、洗煤、纺织、采矿、建筑、石油及化工等各个领域。近年来,由于石油工业、水处理、纸浆及造纸行业对聚丙烯酰胺需求量的增加,丙烯酰胺的消费量逐年增加,特别是随着人们环境保护意识的日益增强,我国的丙烯酰胺生产还将有较大的发展。

26. 邻硝基苯酚和对硝基苯酚
(*o*-Nitrophenol and *p*-Nitrophenol)

一、实验目的

1. 学习邻硝基苯酚和对硝基苯酚的制备原理及实验方法。

2. 学习分离邻硝基苯酚和对硝基苯酚的原理及方法。

3. 熟练掌握水蒸气蒸馏装置的仪器安装和操作方法,培养良好的实验素养。

4. 练习巩固重结晶、熔点测定、抽滤、固体有机物的干燥等基本操作,遵守操作规范。

5. 了解邻硝基苯酚和对硝基苯酚合成工艺研究进展,以及邻硝基苯酚和对硝基苯酚在染料、药物、炸药和香料等领域的应用。

6. 培养学生理论联系实际、实事求是的科学精神,树立严谨细致的工作作风。

二、实验原理

由于羟基对苯环的活化作用,苯酚很容易硝化,与冷的稀硝酸作用即可生成硝基苯酚。由于酚羟基的定位效应,产物是邻、对位硝基苯酚。实验室进行硝化反应时,多用硝酸盐(硝酸钠或硝酸钾)与稀硫酸的混合物代替稀硝酸,以减少苯酚被硝酸氧化的可能性,且有利于增加对硝基苯酚的产量。尽管如此,反应时仍不可避免有部分苯酚会被氧化,生成少量焦油状物质。

反应式:

$$2 \text{(C}_6\text{H}_5\text{OH)} + 2H_2SO_4 + 2NaNO_3 \longrightarrow \text{(邻硝基苯酚)} + \text{(对硝基苯酚)} + HNO_3$$

邻硝基苯酚能通过分子内氢键形成六元螯合环,分子间不缔合且也不与水缔合,而对硝基苯酚能通过分子间氢键形成缔合体,因此,邻硝基苯酚的分子间作用力比较弱,沸点较对硝基苯酚低,在水中的溶解度也较对硝基苯酚低得多,可采用水蒸气蒸馏的方法将其与对位异构体分离。

对硝基苯酚(沸点 279 ℃)   邻硝基苯酚(沸点 214.5 ℃)

三、仪器和试剂

(一) 主要仪器

天平、三口烧瓶、量筒、温度计、恒压滴液漏斗、烧杯、水浴锅、玻璃管、T 形管、烧瓶、直形冷凝管、真空接液管、蒸馏头、吸滤瓶、布氏漏斗、空心塞、温度计、熔点毛细管、b 形管、酒精灯。

(二) 主要试剂

苯酚、硝酸钠、浓硫酸、浓盐酸、活性炭、工业酒精。

四、实验步骤

1. 邻硝基苯酚的制备。

(1) 在 250 mL 三口烧瓶中先加入 30 mL 水,然后缓缓加入 10.5 mL(19 g,0.17 mol)浓硫酸,并不断振摇,最后加入 11.5 g(0.135 mol)硝酸钠。待硝酸钠完全溶解后,装上恒压滴液漏斗和温度计,再将三口烧瓶置于冰水浴中冷却。

（2）称取 7 g（0.074 mol）苯酚于小烧杯中，并加入 2 mL 水，温热搅拌使其溶解，冷却后转入恒压滴液漏斗中。

（3）在不断振摇下自恒压滴液漏斗向三口烧瓶中逐滴加入苯酚水溶液，并用冰水浴把反应温度控制在 10 ℃～15 ℃。滴加完毕后，在反应温度下继续放置 0.5 h，并时加振摇，使反应完全。此时反应液呈黑色焦油状，用冰水浴冷却，使焦油状物固化。

（4）焦油状物固化后，小心倾出三口烧瓶中的水层，用水洗涤剩余固体物（20 mL×3 次），以除去残留的酸液。

（5）然后对黑色油状固体进行水蒸气蒸馏，直至馏出液中无黄色油滴为止。冷却馏出液，粗邻硝基苯酚迅速凝成黄色固体，抽滤，干燥，得粗产品（约 3 g）。

（6）用乙醇–水混合溶剂重结晶粗邻硝基苯酚，得亮黄色针状晶体，抽滤，干燥，得邻硝基苯酚，称重，产品约 2 g。

（7）测定熔点。

2. 对硝基苯酚的制备。

（1）在水蒸气蒸馏后的残液中加水至总体积约为 80 mL，再加入 5 mL 浓盐酸和 0.5 g 活性炭，煮沸 10 min，趁热抽滤。

（2）滤液再用活性炭脱色一次。

（3）将脱色后的溶液加热，用滴管将其分批滴入另一浸在冰水浴内的烧杯中，边滴加边搅拌，粗对硝基苯酚立即析出，抽滤，干燥，得粗产品（约 2～2.5 g）。

（4）用 2% 稀盐酸重结晶粗产品，得无色针状晶体，抽滤，干燥，得对硝基苯酚，称重，产品约 1.5 g。

（5）测定熔点。

注意事项

1. 苯酚对皮肤有较强的腐蚀性，如不慎接触皮肤，应立即用少许乙醇擦洗至不再有苯酚味，再用肥皂和水清洗。

2. 苯酚在室温下为固体（熔点 41 ℃），加水后用温水浴使其溶解，使其在滴加时呈液态。

3. 酚与酸不互溶，故需不断振荡使其相互接触而发生反应，且有利于散热，防止局部过热。反应温度低于 15 ℃ 时，邻硝基苯酚的产量会减少；若高于 20 ℃，则邻硝基苯酚将继续硝化或氧化。

4. 若焦油状液体长时间不固化，则可向反应瓶内加入少量活性炭，吸附油状物。

5. 在水蒸气蒸馏前，必须将剩余的硝酸去除干净，否则随着温度的升高，剩余的硝酸会使邻硝基苯酚进一步硝化或氧化。

6. 进行水蒸气蒸馏时，邻硝基苯酚可能会因为冷凝而结晶析出进而堵塞冷凝管，这时必须注意调节冷凝管水流量，保证馏分以液体流下。

7. 用乙醇-水混合溶剂重结晶邻硝基苯酚时，先将邻硝基苯酚溶于 40 ℃～45 ℃ 的乙醇中，抽滤，再将温水逐滴滴入滤液至浑浊，然后再将浑浊液置于 40 ℃～45 ℃ 的水中加热或滴入少量乙醇使之变清。最后再冷却，即可析出亮黄色的针状结晶。

8. 抽滤瓶中的残液含有副产物 2,4-二硝基苯酚，其毒性大，且能通过皮肤吸收，应加入 10 mL 1%氢氧化钠溶液作用后再倒入废液缸。

五、思考题

1. 在硝化过程中可能发生哪些副反应？如何减少这些副反应的发生？

2. 试说明水蒸气蒸馏分离邻硝基苯酚与对硝基苯酚的原理。

3. 比较苯酚、苯、硝基苯硝化的难易，并解释其原因。

4. 在重结晶邻硝基苯酚时，加入乙醇温热后常常出现油状物，如何使其消失？后来再滴加水时，也常会析出油状物，应如何避免？

5. 在使用重结晶法提纯固体产品时，为什么要先用其他方法除去原料、副产品和杂质后再进行重结晶？反应完成后直接进行重结晶提纯是否可行？为什么？

六、参考文献

[1] 靳通收，刘士江，王宝利.两相体系中邻硝基苯酚和对硝基苯酚的制备[J].化学试剂，1992,14(1):55—56,54.

[2] 齐立权，黄治清，刘屹，等.邻硝基苯酚、对硝基苯酚及其钠盐的合成[J].沈阳化工.1989,18(1):9—12.

七、拓展应用

有机分子中的氢原子被硝基($-NO_2$)所取代的反应称为硝化反应。芳环上的硝化反应是一类重要的亲电取代反应。通过芳环的硝化还原、重氮化、置换等反应可以衍生出许多种类的化合物，因此，它在精细有机合成中有着广泛的应用。硝基苯酚是重要的有机化工原料，可用于染料、药物、炸药和香料的合成；同时，也可用作比色法测定 pH 时的指示剂。邻硝基苯酚在常温下是一种亮黄色针状晶体，熔点为 45.3 ℃～45.7 ℃。对硝基苯酚是一种无色针状晶体，熔点为 114.9 ℃～115.6 ℃。

27. 邻氨基苯酚和对氨基苯酚
(*o*-Aminophenol and *p*-Aminophenol)

一、实验目的

1. 学习制备邻氨基苯酚和对氨基苯酚的原理及方法。

2. 熟练掌握搅拌滴加回流测温装置的仪器安装和操作方法，培养良好的实验素养。

3. 练习巩固萃取、抽滤、固体有机物的干燥、重结晶等基本操作,遵守操作规范。

4. 了解邻氨基苯酚和对氨基苯酚的合成工艺研究进展,以及邻氨基苯酚和对氨基苯酚在医药、染料等领域的应用。

5. 培养学生理论联系实际、实事求是的科学精神,树立严谨细致的工作作风。

二、实验原理

邻氨基苯酚是一种重要的有机合成中间体,可以用来合成多种有机化合物,如 8-羟基喹啉等。本实验以邻硝基苯酚为原料,用保险粉($Na_2S_2O_4$)作为还原剂,还原原料得邻氨基苯酚。反应式如下:

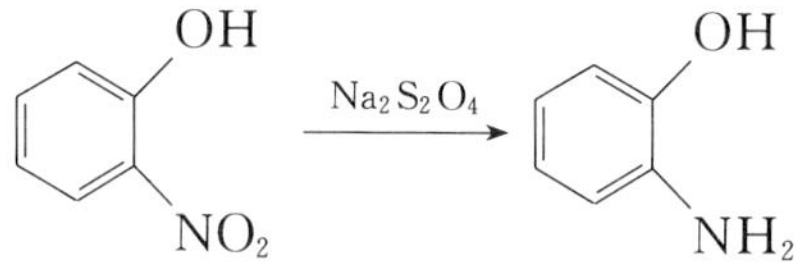

对氨基苯酚也是一种用途广泛的有机合成中间体,广泛用于医药、农药、染料的合成。本实验以对硝基苯酚为原料,用雷尼镍为催化剂,以水合肼为还原剂,制对氨基苯酚。反应式如下:

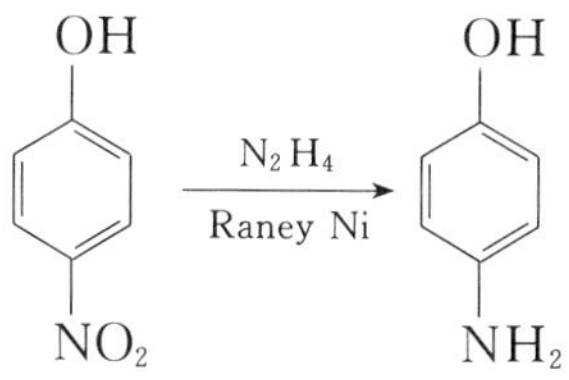

三、仪器和试剂

(一)主要仪器

电子天平、量筒、烧杯、布氏漏斗、抽滤瓶、真空保干器、四口烧瓶、电动搅拌器、温度计、温度计套管、滴液漏斗、球形冷凝管、圆底烧瓶、蒸馏头、直形冷凝管、真空接引管、温度计、熔点毛细管、b 形管、酒精灯。

(二)主要试剂

邻硝基苯酚、去离子水、氢氧化钠、保险粉、对硝基苯酚、无水乙醇、雷尼镍、80% 水合肼、浓硫酸。

四、实验步骤

1. 邻氨基苯酚的制备。

(1)取 4.2g(0.03 mol)邻硝基苯酚、75 mL 水和 7.2 g 氢氧化钠于 200 mL 烧杯中,搅拌使溶解。

(2)温热至 60 ℃后,加入 18.8 g(0.11 mol)保险粉,充分搅拌。

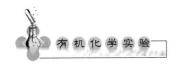

（3）继续加热反应混合物至 98 ℃并搅拌，使固体溶解，然后冷却至 15 ℃，产品结晶析出，抽滤，用少量冰水洗涤滤饼(5 mL×2 次)，得粗产品，真空干燥，称重，计算产率。

（4）测定熔点。

2. 对氨基苯酚的制备。

（1）在四口烧瓶的中间瓶口上装配电动搅拌器，在三个侧口上装配温度计、滴液漏斗和球形冷凝管。

（2）在四口烧瓶中加入 2.50 g(0.018 mol)对硝基苯酚、50 mL 无水乙醇和 0.18 g 雷尼镍，搅拌升温至 77 ℃，开始缓缓滴加 2.25 g 80 %水合肼，在 30 min 内滴加完毕，反应过程中控制反应温度在 77 ℃～78 ℃之间。

（3）滴完后，在 77 ℃～78 ℃继续搅拌回流 3 h。

（4）停止反应，趁热抽滤，得滤液，蒸去溶剂，得粗品。

（5）使用无水乙醇为溶剂，重结晶粗产品，得白色晶体。

（6）测定熔点。

注意事项

1. 在搅拌过程中，溶液由橘红色变为淡黄色，并且有固体析出。

2. 冷却后，反应混合物的温度不要低于 10 ℃，以免无机盐析出。

3. 因产品在空气中易变色，故需在真空保干器中干燥、保存。

4. 若溶液有颜色，则需使用活性炭脱色。

五、思考题

1. 在还原邻硝基苯酚制备邻氨基苯酚的过程中加入保险粉，颜色为什么显橘红色？

2. 为什么邻氨基苯酚在空气中极易变色？

3. 常用的对氨基苯酚的制备方法有哪些？试比较各方法的优缺点。

六、参考文献

[1] 张腾霄，王斌. 扑热息痛化学合成路线研究[J]. 绥化学院学报，2009,29(4):181－183.

[2] 刘丽秀，钱建华，张明伟. 对氨基苯酚的合成研究[J]. 北京石油化工学院学报，2007,15(3):5－7.

[3] 朱洵，李叶芝. 对氨基苯酚合成工艺的改进[J]. 化学工业与工程技术，2001,22(3):30－31.

七、拓展应用

邻氨基苯酚是一种白色针状晶体，在空气中迅速变棕色或黑色；能升华，熔点为 170 ℃～174 ℃；易溶于酸、乙醇和乙醚，不溶于苯。邻氨基苯酚广泛应用于制药和染料合成工业。对氨基苯酚是一种白色片状固体,其熔点为 189 ℃～190 ℃,广泛用于医药、农药、染料的合成,还可用于生产照相显影剂、橡胶防老剂和石油抑制剂,另外还被用作甲醛阻聚剂、抑制金属腐蚀剂、尿素加成反应及丙烯腈的二聚催化剂等。

28. α-苯乙胺

(α-Phenylethyamine)

一、实验目的

1. 学习用刘卡特(Leuchart)反应合成 α-苯乙胺的原理及方法。

2. 熟练掌握减压蒸馏装置的仪器安装和操作方法,培养良好的实验素养。

3. 练习巩固萃取、蒸馏、液体有机物干燥等基本操作,遵守操作规范。

4. 了解 α-苯乙胺的合成工艺研究进展及 α-苯乙胺在医药、染料、香料、乳化剂等领域的用途。

5. 培养学生理论联系实际、实事求是的科学精神,树立严谨细致的工作作风。

二、实验原理

醛、酮与甲酸和氨(或伯胺、仲胺),或与甲酰胺作用发生还原胺化反应,称为刘卡特反应。该反应通常不需要使用溶剂,只需将反应物混合在一起加热(100 ℃～180 ℃)即能发生。选用不同的胺(或氨)可以合成伯胺、仲胺、叔胺。反应中氨首先与羰基发生亲核加成,接着脱水生成亚胺,亚胺随后被还原成胺。与其他的还原胺化反应不同,该反应不需要催化氢化,也不需要使用其他还原剂,而是使用甲酸作为还原剂。

反应式:

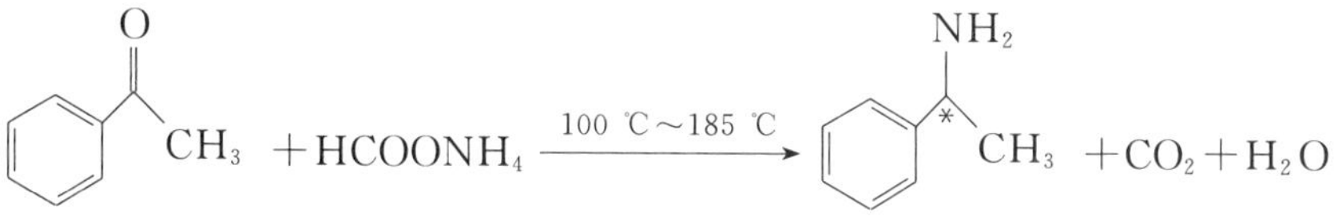

反应机理:

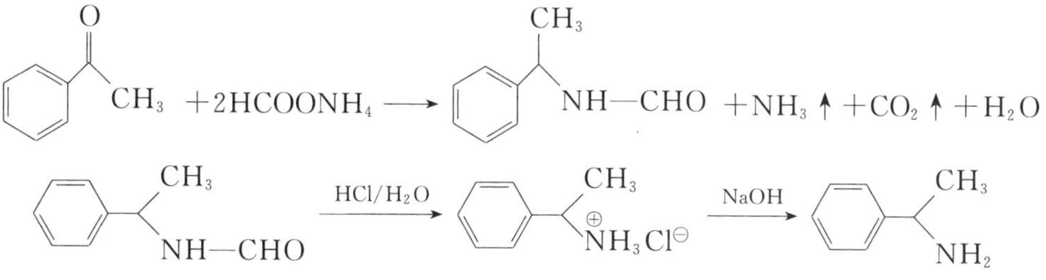

三、仪器和试剂

(一) 主要仪器

电子天平、量筒、100 mL 三口烧瓶、温度计、温度计套管、蒸馏头、直形冷凝管、真

空接引管、三角烧瓶、圆底烧瓶、分液漏斗、空气冷凝管、水浴锅。

（二）主要试剂

苯乙酮、甲酸铵、甲苯、浓盐酸、50％氢氧化钠溶液、粒状氢氧化钠。

四、实验步骤

1. 在 100 mL 三口烧瓶中加入 11.7 mL（约 0.1 mol）苯乙酮、20 g（约 0.32 mol）甲酸铵和几粒沸石，在烧瓶的一个侧口上装配量程为 200 ℃的温度计（温度计插入溶液中），在另一侧口上接简单蒸馏装置。

2. 缓缓加热，反应物慢慢熔化。当温度升到 150 ℃时，熔化后的液体呈两相，继续加热反应物便成一相，当体系温度升至 185 ℃时停止加热（通常约需 1 h）。

3. 在此过程中，水、苯乙酮和甲酸铵被蒸去。用分液漏斗分出上层苯乙酮并倒回原反应瓶中，然后在 180 ℃～185 ℃继续加热 1.5 h。反应混合物冷却后，转入分液漏斗，用 20 mL 饱和食盐水洗涤，以除去甲酸铵和甲酰胺。

4. 将分出的 N-甲酰苯乙胺粗品转入原反应瓶中，水层用甲苯萃取（5 mL×2次），萃取液合并倒入反应瓶中，加入 10 mL 浓盐酸和几粒沸石，缓缓加热回流 0.5 h。

5. 充分冷却后，用分液漏斗分出有机层，用甲苯萃取水层（10 mL×2次）。

6. 合并有机层和萃取液，转入圆底烧瓶中，在振摇下小心分批加入 20 mL 含 10 g 氢氧化钠的溶液，进行水蒸气蒸馏，直至馏出液的 pH＝7，收集馏出液约 80～100 mL，馏出液分两层。

8. 冷却后用分液漏斗分离，水层用甲苯萃取（10 mL×2次），合并有机层，用粒状氢氧化钠干燥。

9. 对有机层进行蒸馏，蒸出甲苯（111 ℃以上），然后改用减压蒸馏，收集 82 ℃～83 ℃（2 400 Pa，18 mmHg）的馏分，称重，产品约 5 g。

💡 注意事项

1. 若混合物分层不是很明显，可加少量水。

2. 在水蒸气蒸馏时，需要在玻璃磨口接头处涂上润滑脂以防磨口受碱性溶液作用而被粘连住。

3. α-苯乙胺能浸蚀橡皮塞及软木塞，且能吸收空气中的二氧化碳。

4. 也可先使用水泵减压，蒸出溶剂，然后用油泵减压，蒸出产品。

五、思考题

1. 本实验中，胺化还原反应结束之后，用水洗涤的目的是什么？在其后的实验中，先后两次用甲苯萃取的目的又是什么？

2. 本实验中，水蒸气蒸馏前将溶液碱化的目的是什么？如不用水蒸气蒸馏，还可采取什么方法来分离出 α-苯乙胺?

3. 本实验中,使用浓盐酸的作用是什么?

4. 水蒸气蒸馏时,为什么 pH＝7 时水蒸气蒸馏就可以结束?

六、参考文献

[1] 周霞. α-苯乙胺的合成及拆分[J]. 广东化工,2008,35(7):78－82.

[2] 吴海霞,尹琴,张玲. α-苯乙胺的微波合成研究[J]. 应用化工,2006,35(5):357－358.

七、拓展应用

刘卡特反应是甲酸的铵盐与醛(或酮)通过还原胺化形成胺的化学反应。α-苯乙胺是一种无色或淡黄色液体,沸点为 187.4 ℃。α-苯乙胺是制备精细化工产品的一种重要中间体,它的衍生物广泛应用于医药化工领域,如合成医药、染料、香料及乳化剂等。

29. 甲基红

(Methyl Red)

一、实验目的

1. 学习重氮盐的制备原理与实验操作。

2. 学习重氮盐偶联反应的原理与实验操作。

3. 练习巩固抽滤、洗涤、重结晶等基本操作,遵守操作规范。

4. 了解甲基红的合成工艺研究进展及甲基红在织染业中的应用。

5. 培养学生理论联系实际、实事求是的科学精神,树立严谨细致的工作作风。

二、实验原理

甲基红是一种酸碱指示剂,先由邻氨基苯甲酸与亚硝酸发生重氮化反应生成重氮盐,然后与 N,N-二甲基苯胺偶联制得。

在重氮化反应中,酸的用量通常比理论用量多 0.5～1 mol,因为重氮盐在酸性介质中较为稳定,同时弱酸性会使胺质子化,防止生成的重氮盐和未反应的胺进行偶联反应。但邻氨基苯甲酸的重氮盐是一个例外,不需要用过量的酸,因为该重氮盐生成的内盐比较稳定。

重氮盐和酚类或芳香族叔胺均可发生偶联反应,生成具有 $C_6H_5-N=N-C_6H_5$ 结构的有色偶氮化合物。介质的酸碱性对偶联反应的速度影响很大。研究表明,重氮盐与酚的偶联反应在中性或弱碱性条件下进行,而重氮盐与芳香胺的偶联反应宜在中性或弱酸性条件下进行。偶联反应通常在较低的温度下进行。

反应式：

$$\begin{array}{c}\text{(红色)} \xrightarrow[\text{pH}=4.4]{\text{pH}=6.2} \text{(黄色)}\end{array}$$

三、仪器和试剂

（一）主要仪器

天平、量筒、100 mL烧杯、温度计、三角烧瓶、抽滤瓶、布氏漏斗。

（二）主要试剂

邻氨基苯甲酸、氯化钠、亚硝酸钠、N,N-二甲基苯胺、1∶1（体积比）盐酸、95％乙醇、甲苯、甲醇。

四、实验步骤

1. 在100 mL烧杯中加入0.75 g邻氨基苯甲酸和3 mL 1∶1盐酸，缓缓加热使其溶解，放置冷却。待结晶析出后，抽滤，洗涤，干燥，得邻氨基苯甲酸盐酸盐晶体（产品约为0.8 g）。

2. 称取0.57 g上述晶体（邻氨基苯甲酸盐酸盐）加入50 mL三角烧瓶中，并加入10 mL水，使其溶解。

3. 在冰盐浴中，将溶液冷却至5 ℃～10 ℃，然后加入1.7 mL溶有0.23 g亚硝酸钠的水溶液中，振荡，即制得重氮盐溶液，放在冰盐浴中备用。

4. 在另一三角烧瓶中加入0.4 mL N,N-二甲基苯胺和4 mL乙醇，摇匀后倒入上述制备的重氮盐溶液中，用塞子塞紧瓶口，用力振荡，静置，有甲基红析出，抽滤，用少量甲醇洗涤滤饼，干燥，得粗产品。

5. 按每克甲基红用15～20 mL甲苯的比例，用甲苯使粗产品重结晶。

6. 在热水浴中使溶液慢慢冷却，得到紫黑色粒状晶体。

7. 抽滤，用少量甲苯洗涤一次，干燥并称重（产品约为0.7 g），计算产率。

8. 在一支试管中，用水溶解少量甲基红，先后滴加稀盐酸和稀氢氧化钠溶液，在此过程中，观察溶液颜色的变化。

💡 **注意事项**

1. 由于邻氨基苯甲酸盐酸盐在水中有较大的溶解度，所以只能用少量冷水洗涤。

2. 由于重氮化反应是一个放热反应，且大多数重氮盐很不稳定，室温下就会分解,所以必须严格控制反应温度(5 ℃~10 ℃)。重氮盐溶液不能长期保存,最好制备好后立即使用。通常无须纯化分离,可直接用于下一步的合成反应。

3. 甲基红沉淀极难抽滤,若长时间放置,沉淀会凝成大块,可用水浴加热使其溶解,并在热水浴中慢慢冷却,可得较大颗粒结晶。

4. 为了得到较好的产品结晶,需要对趁热抽滤得到的甲苯溶液再加热回流,然后将滤液放入热水中令其缓缓冷却,抽滤,可得到有光泽的片状晶体。

五、思考题

1. 什么是重氮化反应? 为什么重氮化反应需要在 5 ℃~10 ℃下进行? 如果温度过高或溶液酸度不够会发生什么副反应?

2. 结合反应方程式,试解释甲基红在酸碱介质中的变色原因。

3. 为什么洗涤邻氨基苯甲酸盐酸盐晶体时,要用少量冷水洗涤?

4. 抽滤甲基红粗产品比较困难,实验中如何克服这一困难?

六、参考文献

[1] 王宝丰,王俊茹.甲基红合成的新方法[J].化学试剂,2003,25(3):165.

[2] 王仁章,吴士杰.甲基红合成方法的改进[J].化学试剂,1993,15(4):250.

七、拓展应用

甲基红又称对二甲氨基偶氮苯邻羧酸,是一种具有光泽的紫色结晶或红棕色粉末,能溶于乙醇和乙酸,几乎不溶于水。甲基红的熔点为 181 ℃~182 ℃;pH 变色范围是 4.4(红)~6.2(黄),与甲基橙类似,也是常用的酸碱指示剂之一。

4.9　杂环化合物

30. 喹啉

(Quinoline)

一、实验目的

1. 掌握利用斯克劳普(Skraup)反应制备喹啉的原理和方法。

2. 熟练掌握水蒸气蒸馏和减压蒸馏装置的仪器安装和操作方法,培养良好的实验素养。

3. 练习巩固回流、萃取、液体有机物干燥等基本操作,遵守操作规范。

4. 了解喹啉类化合物的合成工艺研究进展及喹啉在医药工业、有机合成中的应用。

5. 培养学生理论联系实际、实事求是的科学精神,树立严谨细致的工作作风。

二、实验原理

Skraup 反应是合成喹啉及其衍生物最重要的方法,是指用芳香胺与甘油、硫酸、芳香硝基化合物一起加热,得到喹啉或喹啉衍生物。Skraup 反应中所用的芳香硝基化合物与所用芳香胺的结构一定要保持一致,因为在反应过程中,芳香硝基化合物被还原为芳香胺,若二者结构不一致,将会得到混合物。为避免反应过于剧烈,常加入少量硫酸亚铁。浓硫酸的作用是使甘油脱水成丙烯醛,并使苯胺与丙烯醛的加成产物脱水成环。硝基苯等弱氧化剂则将 1,2-二氢喹啉氧化成喹啉。

反应式:

$$
\begin{array}{c}
H_2C{-}OH \\
| \\
HC{-}OH \\
| \\
H_2C{-}OH
\end{array}
\xrightarrow{H_2SO_4}
\begin{array}{c}
CH_2 \\
\| \\
CH \\
| \\
CHO
\end{array}
+ H_2O
$$

三、仪器和试剂

(一) 主要仪器

天平、量筒、圆底烧瓶、回流冷凝管、分液漏斗、烧杯、空气冷凝管。

(二) 主要试剂

苯胺、硝基苯、无水甘油、硫酸亚铁、浓硫酸、乙醚、亚硝酸钠溶液、氢氧化钠溶液、固体氢氧化钠。

四、实验步骤

1. 在 100 mL 圆底烧瓶内依次加入 1.50 g 研成粉末状的硫酸亚铁、17.2 mL 无水甘油、5.5 mL 苯胺、3.5 mL 硝基苯,混合均匀后,在摇动下缓缓加入 5.3 mL 浓硫酸,装上回流冷凝管,缓缓加热反应液至微沸。

2. 当反应液开始有气泡产生时,立即停止加热。

3. 由于反应放热,反应将继续进行,待反应液停止沸腾后,再加热回流 2 h。

4. 待反应液稍冷后,缓缓加入 25 mL 40％氢氧化钠溶液,使溶液呈强碱性。

5. 利用水蒸气蒸馏蒸出反应液中的喹啉、未反应的苯胺和硝基苯,直至馏出液明显变澄清为止。

6. 馏出液用浓硫酸酸化后,利用分液漏斗分去不溶于水层的黄色油状物。

7. 将水层倒入 250 mL 烧杯,将该烧杯浸在冰水浴中,待该水溶液冷却至 5 ℃左右后,缓缓滴加 10％亚硝酸钠水溶液,直至取一滴反应液即使淀粉-碘化钾试纸变蓝为止。

8. 将反应液置于沸水浴上加热到无氮气放出为止(整个过程约需 10~15 min)。

9. 冷却后,向溶液中慢慢加入 30％氢氧化钠水溶液,使其呈强碱性,再进行水蒸气蒸馏。将馏出液倒入分液漏斗中,分出油层(喹啉),利用乙醚萃取水层(10 mL×2 次)。

10. 合并萃取液与油层,使用固体氢氧化钠干燥该有机层。

11. 水浴上蒸去乙醚,再改成空气冷凝管,蒸馏,收集 234 ℃~238 ℃的馏分,称重,产量为 7.00~9.00 g。

注意事项

1. 硫酸亚铁在实验中的作用是避免反应过于剧烈,使反应易于控制。

2. 所用无水甘油的含水量应小于 0.5％,如果甘油中含水较多,则喹啉的产量不理想。无水甘油的制备:将普通甘油在通风橱内置于瓷蒸发皿中加热至180 ℃,冷至100 ℃左右,放入盛有硫酸的干燥箱中备用。

3. 试剂必须按所述次序加入,若浓硫酸早于硫酸亚铁加入,则反应往往非常剧烈,不易控制。

4. 该反应是放热反应,加热至溶液微沸,反应开始进行。此时反应放出的热量可以维持反应继续进行,若再继续加热,则反应就会过于剧烈,不易控制,甚至会使反应混合物冲出烧瓶。

5. 由于中和反应是放热反应,为了避免出现危险,每次酸化或碱化时,都需先将溶液稍加冷却。在酸化或碱化时,必须用试纸检验确实达到强酸性或强碱性。

6. 由于重氮化反应在接近完成时速度很慢,故加入亚硝酸钠后应在 3 min 后再检验是否有亚硝酸。

7. 如果使用减压蒸馏提纯产品,收集 110 ℃~114 ℃(1 866.5 Pa,14 mmHg)、118 ℃~120 ℃(2 666.4 Pa,20 mm Hg)和 130 ℃~132 ℃(5 332 Pa,40 mmHg)的馏分,可得无色的产品。

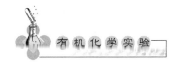

五、思考题

1. 硝基苯和浓硫酸在本实验中的作用是什么？

2. 为什么硫酸亚铁要早于浓硫酸加入？

3. 在本实验中，用对甲苯胺代替苯胺作反应原料，将得到什么产物？相应的，硝基苯应替换为什么化合物？

4. 如何利用 Skraup 反应，由苯酚、甘油、硫酸合成 8-羟基喹啉？写出反应方程式。

5. 本实验中采用了什么方法除去反应混合物中未反应的苯胺和硝基苯？用反应式表示加入亚硝酸钠后所发生的反应。

六、参考文献

[1] 丛文霞,于福强,陈鑫淼,等.制备 2-甲基喹啉的新方法[J].农药,2020,59(7):481—482.

[2] 姜海燕,尹彦冰,张宏波,等.喹啉制备技术进展[J].化工时刊,2011,25(5):38—40.

七、拓展应用

喹啉为无色透明液体,具有特殊气味;凝固点为 $-15.6\ ℃$,沸点为 $238\ ℃$,折射率 $n_D^{20}=1.626\ 8$;微溶于水,易溶于乙醇、乙醚等有机溶剂。喹啉的用途非常广泛,是许多生物碱(如奎宁)、抗疟药物、抗阿米巴药和染料的合成母体。

31. 8-羟基喹啉

(8-Hydroxyquinoline)

一、实验目的

1. 学习运用斯克劳普(Skraup)反应合成喹啉及衍生物的原理和方法。

2. 巩固回流、水蒸气蒸馏及重结晶等基本操作。

3. 了解 8-羟基喹啉合成工艺进展及其在日常生活中的重要用途。

4. 培养学生实事求是、理论联系实际的科学态度和严谨求实、不断创新的科学精神。

5. 弘扬学科价值,培养学生的职业认同感。

二、实验原理

斯克劳普(Skraup)反应是合成喹啉(Quinoline)及其衍生物的重要方法,是将芳胺、无水甘油与催化剂浓硫酸、氧化剂硝基芳胺共热反应。其中浓硫酸可以促进甘油脱水,提高丙烯醛的选择性,同时催化芳胺与丙烯醛的加成反应。硝基芳胺可以氧化 1,2-二氢喹啉生成喹啉,本身被还原,可以参与加成反应。

反应式：

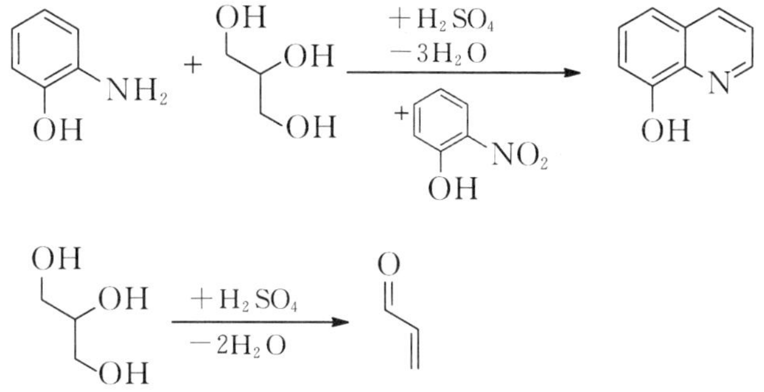

反应机理：

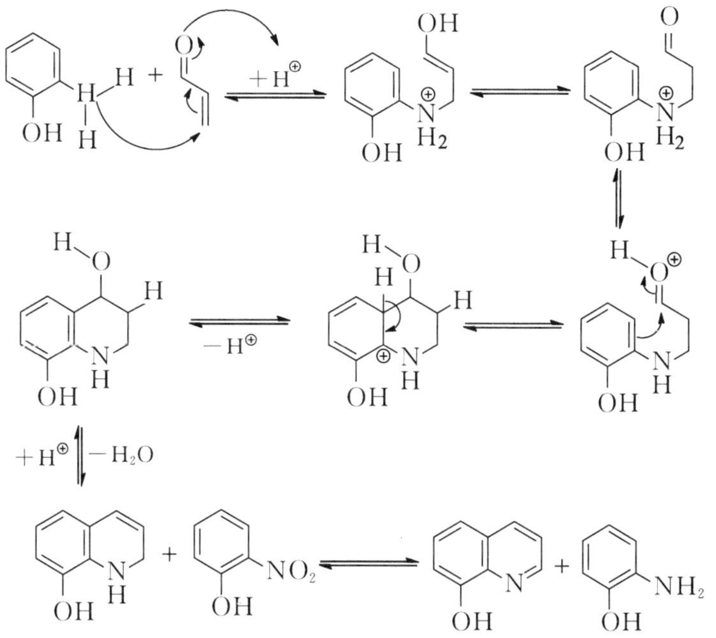

需要指出的是，该反应中，氧化剂硝基芳胺必须与所用的芳胺结构一致，否则会导致副产物生成。该反应较为剧烈，通常可以通过添加硫酸亚铁降低反应的剧烈程度，或者使用砷酸作为氧化剂。

三、仪器和试剂

（一）主要仪器

电子天平、电热套、普通玻璃仪器、常量或半微量标准磨口玻璃仪器、水蒸气发生装置、抽滤装置、循环水真空泵。

（二）主要试剂

邻氨基苯酚、无水甘油、浓硫酸、邻硝基苯酚、氢氧化钠、碳酸钠和乙醇。

四、实验步骤

1. 实验装置如图 1.5 所示。称取 9.5 g(0.1 mol)无水甘油、2.8 g(0.025 mol) 邻氨基苯酚和 1.8 g(0.013 mol)邻硝基苯酚于预先干燥的 100 mL 圆底烧瓶中,充分 振荡使之混合均匀。

2. 边振荡边滴加 4.5 mL(8 g)浓硫酸。

3. 装上球形冷凝管,用小火加热。当溶液微沸时,立即撤去热源。该反应放出 大量热,待反应温和后,继续加热,保持体系微沸 1.5 h。

4. 待冷却后,加入少量水,进行水蒸气蒸馏(装置如图 1.23 所示),除去剩余的邻 硝基苯酚(约 30 min),馏分从黄色变为浅黄色至无色。

5. 待反应液冷却后,滴加 7 mL 50%氢氧化钠溶液,再慢慢滴加饱和碳酸钠溶 液,调节溶液呈中性。

6. 加入少量水,进行第二次水蒸气蒸馏,蒸出 8-羟基喹啉(约 25 min)。

7. 待馏出液充分冷却后,抽滤,洗涤,干燥,得粗产物,约 3 g。

8. 将粗产物用体积比为 4:1 的乙醇-水混合溶剂进行重结晶,干燥,测熔点。纯 8-羟基喹啉的熔点为 75 ℃~76 ℃。

本实验约需 6~7 h。

注意事项

1. 体系中有大量水时会影响反应产率,所以含水量较大的甘油需要进行预处 理。可以在蒸发皿中将其加热至 180 ℃,待除去水后稍冷,再放在干燥器中备用。

2. 滴加浓硫酸的速度不可太快,同时要避免局部浓度过高,导致碳化。(甘油本 身黏度大,加入浓硫酸后黏度显著降低)

3. 该反应为放热反应,当反应开始时(微沸)若继续加热,则可能导致反应过于 剧烈,甚至导致反应物冲出容器。

4. 8-羟基喹啉在酸碱中均可以形成盐,难以通过水蒸气蒸馏进行分离,所以需要 小心滴加碳酸钠溶液,严格控制 pH 在 7~8。

5. 也可以通过升华对产物进行纯化,得到针状晶体。

五、思考题

1. 为什么第一次水蒸气蒸馏要在酸性条件下进行,第二次要在中性条件下进行?
2. 第二次水蒸气蒸馏前调节 pH 时,若滴加过量碱会如何? 如何补救?
3. 反应中若用对甲基苯胺作原料,应得到什么产物? 硝基化合物应如何选择?

六、参考文献

[1] 张珍明,李树安,葛洪玉. Skraup 法合成 8-羟基喹啉[J]. 精细石油化工,

2007,24(1):32—33.

[2] 鄂永胜.8-羟基喹啉的合成[J]. 辽宁科技学院学报,2009,2(11):42—43.

[3] 王晶晶,李峰,张安安,等.关于8-羟基喹啉制备实验的一些探讨[J]. 商丘师范学院学报,2015,31(12):38—40.

七、拓展应用

8-羟基喹啉是一种白色或淡黄色结晶或结晶粉末,沸点 267 ℃,易溶于乙醇、丙酮、氯仿和苯等有机溶剂,几乎不溶于水。8-羟基喹啉应用广泛,其与金属离子的配位作用可以用来对金属离子进行测定和分离。此外,它还是重要的医药中间体,是合成克泻痢宁、氯碘喹啉、扑喘息敏等的原料。

32. 巴比妥酸
(Barbituric Acid)

一、实验目的

1. 学习运用缩合反应合成巴比妥酸的实验原理和实验方法。

2. 巩固回流、重结晶及熔点测定等基本操作。

3. 了解巴比妥酸合成工艺进展及其在生产生活中的重要用途。

4. 了解化学与生产生活的紧密联系,弘扬学科价值,培养学生的职业认同感。

二、实验原理

巴比妥酸(Barbituric Acid)又称丙二酰脲,学名 2,4,6-嘧啶三酮,可以通过丙二酸二乙酯与尿素在催化剂乙醇钠的存在下发生缩合反应制备。该反应还可以用于制备巴比妥酸类的嘧啶衍生物。需要注意的是,乙醇钠易水解,通常是现用现制,可以将钠块或钠丝与无水乙醇进行反应制备,同时保证整个反应体系无水。

反应式:

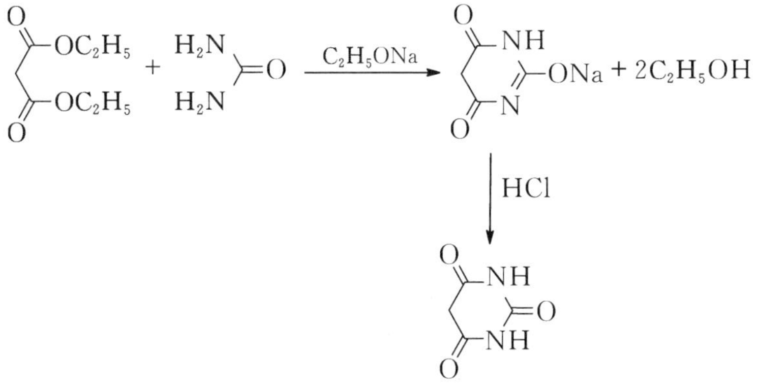

三、仪器和试剂

（一）主要仪器

电子天平、机械搅拌装置、水浴、普通玻璃仪器、常量或半微量标准磨口玻璃仪器、抽滤装置、循环水真空泵。

（二）主要试剂

丙二酸二乙酯、金属钠、尿素、无水乙醇、浓盐酸、无水 $CaCl_2$。

四、实验步骤

1. 搭建如图 1.12 所示的实验装置。反应装置需要预干燥。量取 20 mL 无水乙醇加入 250 mL 三口烧瓶中；快速称取 1 g(0.043 mol)金属钠，切成小块，分多次加入。

2. 开启搅拌，待金属钠完全溶解，加入 6.5 mL(0.04 mol)丙二酸二乙酯，充分搅拌均匀。

3. 在搅拌下滴加预干燥的 2.4 g(0.04 mol)尿素和 12 mL 无水乙醇所配制成的溶液，水浴回流 1 h。

4. 待反应体系冷却，得到黏稠的白色半固体，向烧瓶中加入 30 mL 热水，再滴加浓盐酸调节 pH＝3，得到澄清溶液。

5. 用冰水浴冷却，静置结晶，抽滤，用少量冰水洗涤，干燥，得粗产物 2～3 g。

6. 以水为溶剂进行重结晶，得到白色棱状晶体，产量约 1.5～2 g，熔点 244 ℃～255 ℃。

本实验约需 4 h。

 注意事项

1. 体系需要保证无水。

2. 无水乙醇快速处理方法：使用无水硫酸镁进行干燥。标准处理方法：使用镁条进行回流。

3. 金属钠非常活泼，使用过程中不可接触水，不能直接接触皮肤，以免发生危险。

4. 金属钠易与醇反应，所以钠块不需要切得特别小，减少在称量过程与空气的反应。

5. 丙二酸二乙酯如果放置时间过长或者纯度不高，可以先进行减压蒸馏，收集 82 ℃～84 ℃(1.07 kPa)的馏分。

五、思考题

1. 为什么实验中使用的仪器和药品均需要保证无水？

2. 在取用金属钠过程中需要注意哪些？

3. 反应完成之后加入浓盐酸调节 pH＝3 的目的是什么？

4. 粗巴比妥酸为什么要进行重结晶？含有哪些杂质？

六、参考文献

［1］刘琪,梅洪波,刘野,等. 镇静催眠药巴比妥酸的合成研究[J]. 辽宁化工, 2019,48(1):33－34,38.

［2］魏常喜,戴立言,王晓钟,等. 嘧啶合成新工艺研究[J]. 化学世界,2009 (10):604－606,610,614.

七、拓展应用

巴比妥酸是白色无臭晶体,微溶于冷水和乙醇,但可以溶于热水。通常巴比妥酸含有两分子结晶水,长时间在空气中易风化,水溶液显酸性。巴比妥酸是重要的医药中间体,可以合成异戊巴比妥、苯巴比妥等巴比妥类药物,广泛用于镇静、催眠、麻醉等医疗领域。巴比妥酸还是维生素 B_{12} 等药物的中间体。此外,它还可用作分析试剂、塑料和燃料中间体、聚合反应的催化剂等。

4.10　微波辅助有机化学反应

33. 己二酸

(Adipic Acid)

一、实验目的

1. 学习高锰酸钾氧化环己醇制备己二酸的原理和方法。

2. 学习气体吸收操作并巩固重结晶操作。

3. 了解己二酸在工业生产中的重要应用。

4. 培养学生观察记录、数据处理的科学方法论,培养学生的绿色化学理念,合理地设计化学反应。

二、实验原理

羧酸的制备反应主要可以分为氧化和水解两大类。实验室中常以 50％硝酸或者高锰酸钾作为氧化剂,将原料环己醇先氧化成环己酮,再氧化开环得到己二酸。

反应式:

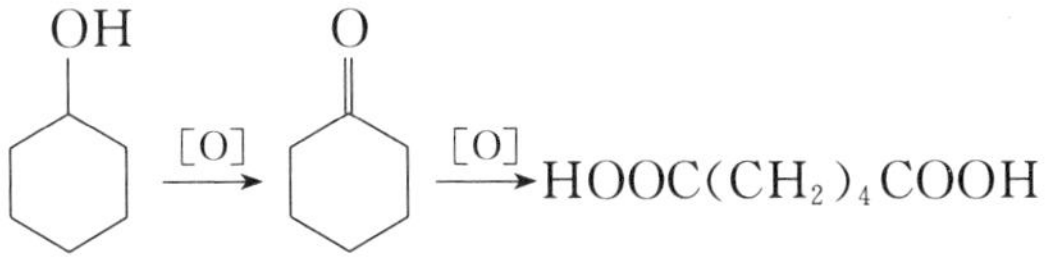

$$\text{环己醇} \xrightarrow{[O]} \text{环己酮} \xrightarrow{[O]} HOOC(CH_2)_4COOH$$

但是以硝酸作为氧化剂,反应过程具有一定的危险性和毒性;以高锰酸钾作为氧化剂,反应时间较长,且需要精确控制温度,否则容易发生冲料现象。本实验采用微波反应器,以 30％双氧水作为氧化剂,磷钨酸作为催化剂,将环己酮氧化制备己二酸。

反应式:

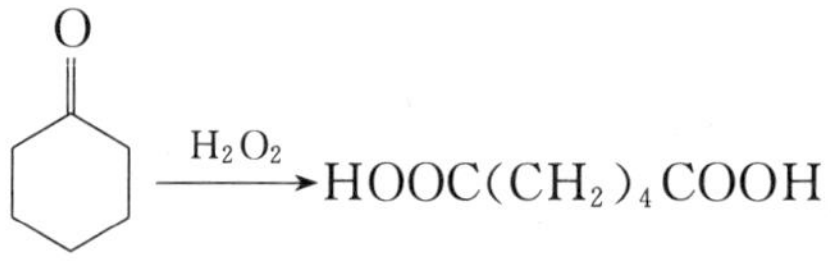

$$\text{环己酮} \xrightarrow{H_2O_2} HOOC(CH_2)_4COOH$$

三、仪器和试剂

（一）主要仪器

电子天平、微波反应器、机械搅拌装置、普通玻璃仪器、常量或半微量标准磨口玻璃仪器、抽滤装置、循环水真空泵。

（二）主要试剂

环己酮、30％双氧水、磷钨酸。

四、实验步骤

1. 在 150 mL 三口烧瓶中分别加入 7.8 g(0.08 mol)环己酮、0.6 g 磷钨酸和 40 mL 30％双氧水,振荡均匀后安装带有搅拌器的回流装置,置于微波反应器（图 1.43）中。

2. 开启搅拌,微波功率为 400 W,反应时间为 4 h。

3. 待反应物稍冷后倒入 250 mL 烧杯中,静置结晶,有白色晶体析出,用冰水浴冷却,促进结晶。

4. 抽滤,用少量冰水洗涤,干燥,称重,计算产量(产量约 2 g)。

本实验约需 4 h。纯己二酸的熔点为 151 ℃～152 ℃。

💡 **注意事项**

1. 30％双氧水有强腐蚀性,取用时注意防止溅到皮肤上。

2. 如果静置结晶得到的晶体较少,可以进行适当的浓缩。

3. 己二酸在水中有一定的溶解度,冰水可以减少己二酸的溶解。

五、思考题

1. 工业上还采取哪些方法制备己二酸?

2. 微波辅助反应有什么优势?

3. 用双氧水作为氧化剂有什么优点?

六、参考文献

[1] 曹小华.Dawson 结构磷钨酸铯的制备、表征及催化绿色合成己二酸[J]. 功能材料，2015,46(6):6124－6128.

[2] 曹小华,任杰,柳闽生,等.Dawson 型磷钨钼杂多酸的制备及其对 H_2O_2 氧化环己酮制己二酸的催化[J]. 应用化学，2012,29(8):915－920.

[3] 曹小华,严平,刘新强,等.微波辐射促进 $H_6P_2W_{18}O_{62}/SiO_2$ 催化 H_2O_2 氧化环己酮合成己二酸[J]. 合成纤维工业，2011,34(6):11－13.

七、拓展应用

己二酸又称肥酸,是一种重要的二元羧酸,为白色晶体,在酒精、乙醚等有机溶剂中溶解度较大,微溶于水,但随着温度升高,在水中的溶解度显著增加。己二酸是非常重要的化工原料,是生产尼龙-66 的原料之一,还广泛应用于各类聚酯类工程塑料的生产。此外,己二酸还广泛应用于医药、香料、染料的合成和食品添加剂等行业。

34. 乙酰水杨酸
（Acetyl Salicylic Acid）

一、实验目的

1. 学习乙酰水杨酸的制备原理和实验步骤。
2. 巩固(热)抽滤、重结晶、熔点测定等基本操作。
3. 了解乙酰水杨酸的重要药物价值,初步了解药物的开发过程。
4. 了解微波反应在有机合成中的应用。
5. 理解化学与生产生活的密切联系,弘扬学科价值,培养职业认同感。

二、实验原理

乙酰水杨酸俗称阿司匹林,对水杨酸(邻羟基苯甲酸)的羟基进行酰化即可制得。但需要注意的是,水杨酸同时有羟基和羧基,酰化试剂需要选择性地酰化羟基,而不与羧基发生反应。本实验采用微波辅助,以浓磷酸为催化剂,以乙酸酐为乙酰化试剂。

反应式：

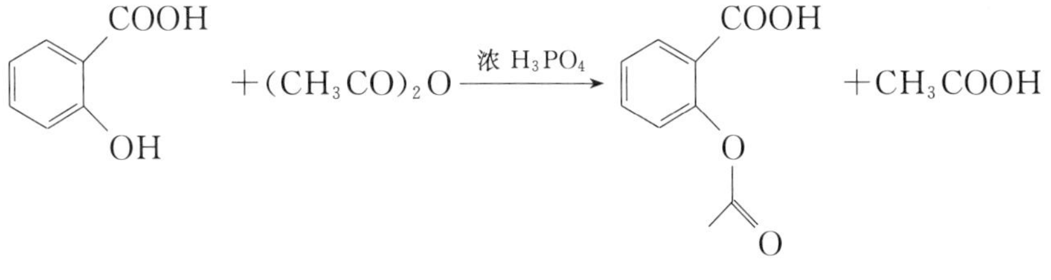

其中,浓磷酸的主要作用是打开水杨酸的分子内氢键,活化羟基,以利于酰化反应的进行。乙酰化试剂不可以用乙酰氯替代,因为乙酰氯活性高,易与羧基发生反

应,反应选择性会下降。乙酰化试剂也不可以用冰醋酸替代,因为冰醋酸活性低,酰化效率低,此时副反应即水杨酸的分子间酯化缩合反应会占比较大。

副反应式:

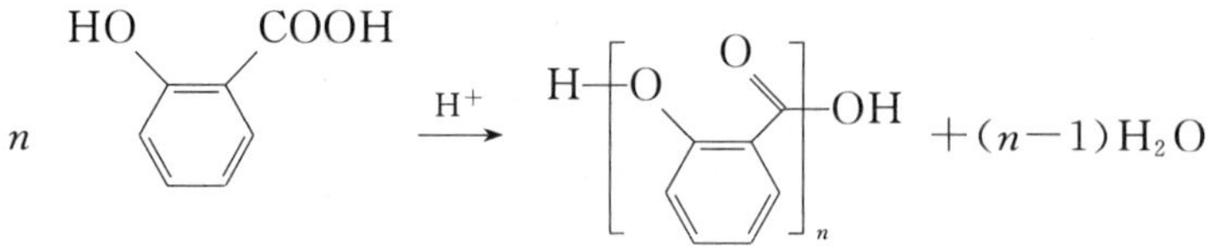

需要知道的是,尽管用乙酸酐作为酰化试剂,还是会存在上述副反应。可以通过加入饱和 $NaHCO_3$ 溶液进行分离。乙酰水杨酸有羧基,可以与 $NaHCO_3$ 反应得到水溶性的钠盐从而溶解,而发生分子间酯化缩合得到的寡聚物不能溶于 $NaHCO_3$ 溶液。溶解的乙酰水杨酸钠盐可以通过简单的酸化转化为乙酰水杨酸。

由于酰化不完全或者酰化产物在分离过程中发生了部分水解,得到的产物中可能存在少量的水杨酸,这部分水杨酸可以在后续重结晶等纯化过程中除去。检测是否含有水杨酸时可以利用酚的通性,加入三氯化铁,如果溶液显紫色,说明有水杨酸残留。纯乙酰水杨酸中的羟基完全被酰化,不与铁离子发生配位作用,不显紫色。

三、仪器和试剂

(一)主要仪器

电子天平、微波反应器、磁力搅拌或机械搅拌装置、普通玻璃仪器、常量或半微量标准磨口玻璃仪器、抽滤装置、循环水真空泵。

(二)主要试剂

水杨酸、乙酸酐(新蒸)、浓磷酸、饱和 $NaHCO_3$ 溶液、浓盐酸、1% $FeCl_3$ 溶液、乙酸乙酯。

四、实验步骤

1. 在 50 mL 三口烧瓶中加入 2 g(0.014 mol) 水杨酸、3 滴浓磷酸和 2.65 mL(0.028 mol)新蒸乙酸酐,振荡均匀后安装带有搅拌器的回流装置,置于微波反应器(图 1.43)中。

2. 开启搅拌,开启微波反应器,微波功率 300 W,反应时间 15 min。取少量反应物,用 1% $FeCl_3$ 溶液检测水杨酸是否存在。如果还有水杨酸残留,继续微波辐射 2 min,重复操作至水杨酸反应完全为止。

3. 待体系稍冷,将反应液倒入盛有 30 mL 水的烧杯中,并用冰水浴进行冷却,静置、结晶。

4. 抽滤,并用少量冰水进行洗涤,干燥,称重。

5. 将粗乙酰水杨酸转移到 200 mL 烧杯中,加入 25 mL 饱和 $NaHCO_3$ 溶液,搅拌至无气泡产生,抽滤,除去滤渣,用 5 mL 水淋洗漏斗,合并滤液。

6. 将滤液滴加到盛有 5 mL 浓盐酸和 10 mL 水的烧杯中,有大量晶体析出。用冰水浴冷却烧杯促进结晶。

7. 抽滤,用少量冰水洗涤,干燥,称重。

8. 为了进一步纯化产品,可以用乙酸乙酯(5~6 mL)进行重结晶。由于乙酸乙酯的闪点低,溶解时应用水浴进行加热,避免火源。如果有少量不溶物,可进行热过滤除去。

9. 将滤液静置冷却至室温,有大量晶体析出。再用冰水浴进行冷却,促进结晶,抽滤,干燥,称重,测熔点。

乙酰水杨酸为白色针状晶体,熔点为 135 ℃~136 ℃。

本实验约需 4 h。

💡 注意事项

1. 反应装置需要干燥,减少乙酸酐的水解。

2. 乙酸酐放久了会吸水部分水解,新蒸的效果更好。

3. 如果加入 $FeCl_3$ 溶液显紫色,表明仍有水杨酸残留。

4. 如果静置没有结晶析出,可用玻璃棒摩擦烧杯内壁或进行搅拌促进结晶。

5. 滤渣为水杨酸分子间酯化缩合生成的寡聚物。

6. 也可以选用乙醇-水、苯-石油醚等溶剂进行重结晶。

7. 乙酰水杨酸在熔点以下就容易分解。

五、思考题

1. 催化剂浓磷酸的作用是什么?

2. 三氯化铁与水杨酸显色的作用机理是什么?

3. 本实验可以使用乙酰氯或者冰醋酸作为酰化试剂吗?为什么?

4. 本实验中有哪些副产物?如何除去?

5. 对纯化的乙酰水杨酸进行熔点测定时需要注意什么?

六、参考文献

[1]康永锋,薛永刚,刘杨铭,等.微波辅助硅胶催化合成乙酰水杨酸的研究[J].化学研究与应用,2018,30(5):860－864.

[2]康永锋,马晨晨,裴蓉.乙酰水杨酸绿色合成实验新方法研究[J].实验技术与管理,2016,33(10):41－44.

[3]管晓渝,李尔康,刘章琴,等.三乙胺催化微波合成乙酰水杨酸实验研究[J].西南师范大学学报:自然科学版,2017,42(11):184－187.

七、拓展应用

乙酰水杨酸是一种白色晶体或结晶性粉末,微溶于水,水溶液呈酸性,易溶于乙醇、乙醚等有机溶剂。乙酰水杨酸又称阿司匹林,最早起源于柳树皮和绣线菊属植物的提取物,能够有效地镇痛、退烧。1763 年,英国牧师发现了其中的活性成分水杨酸。1853 年,法国化学家合成了乙酰水杨酸。1897 年,拜耳公司推出了乙酰水杨酸药物,相比水杨酸,其保持了药性,而且对消化道刺激更小,拜耳将其命名为阿司匹林。但是该药物的作用机理直到 1971 年才揭开。随着对阿司匹林研究的深入,科学家们发现阿司匹林还对心肌梗死、心脏病、中风等心血管疾病有一定的预防作用。

35. 乙酸异戊酯
(Isoamyl Acetate)

一、实验目的

1. 学习乙酸异戊酯的制备原理和实验步骤。

2. 学习分水器在回流装置中的安装与具体操作。

3. 巩固分液操作,初步了解液体有机物的干燥方法。

4. 了解乙酸异戊酯在生产生活中的广泛应用,弘扬学科价值,培养职业认同感。

二、实验原理

醇和羧酸在酸性催化剂作用下发生酯化反应是合成酯类化合物的重要途径之一。在工业上常以浓硫酸为催化剂,用乙酸和异戊醇直接酯化制备乙酸异戊酯,但是该方法对设备腐蚀严重,副反应多且污染环境。本实验采用微波辅助反应,以对甲苯磺酸为催化剂,用乙酸和异戊醇进行酯化制备乙酸异戊酯。反应方程式如下:

$$CH_3CO_2H + (CH_3)_2CHCH_2CH_2OH \underset{}{\overset{TsOH}{\rightleftharpoons}} CH_3CO_2CH_2CH_2CH(CH_3)_2 + H_2O$$

由于酯化反应是可逆的,为了提高产率,常使一种反应物过量。乙酸的成本较低,所以本实验采用过量的乙酸进行反应。

三、仪器和试剂

（一）主要仪器

电子天平、微波反应器、普通玻璃仪器、常量或半微量标准磨口玻璃仪器、分液漏斗。

（二）主要试剂

冰醋酸、异戊醇、对甲苯磺酸、5% $NaHCO_3$ 溶液、饱和 $NaCl$ 溶液、无水 $MgSO_4$。

四、实验步骤

1. 在 100 mL 圆底烧瓶中加入 16.7 g(21.6 mL,0.2 mol)异戊醇、17.4 g(16.5 mL,

0.29 mol)冰醋酸和 1.8 g 对甲苯磺酸。振荡摇匀后,安装带有搅拌器的回流装置,置于微波反应器(图 1.43)中。

2. 开启搅拌,开启微波反应器,微波功率 400 W,反应时间 3 min。

3. 待反应装置冷却,将反应液倒入分液漏斗中,用 20 mL 水洗涤圆底烧瓶并转移到分液漏斗中。分出有机相,加入 5% NaHCO₃溶液至无气泡产生,分液取有机相,用 15 mL 饱和 NaCl 溶液洗涤,分去水层。

4. 将有机相转入三角烧瓶中,加入 1~2 g 无水 MgSO₄,静置干燥。

5. 将粗产品过滤到干燥的圆底烧瓶中,加入沸石,进行简单蒸馏,收集 138 ℃~143 ℃的馏分,产量约 18 g。

纯乙酸异戊酯的沸点为 142.5 ℃,折射率 $n_D^{20} = 1.400\,3$。

本实验约需 4 h。

💡 注意事项

1. 冰醋酸有强刺激性,取用时要注意。

2. 有机相中还存在少量醋酸和对甲苯磺酸。

3. 饱和 NaCl 溶液可以减少有机物在水中的溶解度,同时利于分相。

4. 可以用少许脱脂棉放在三角漏斗颈部进行过滤操作。

五、思考题

1. 使用微波辅助反应有什么优点?

2. 本实验以对甲苯磺酸为催化剂,相比于使用浓硫酸有什么优点?

3. 反应液中加入 5% NaHCO₃溶液的作用是什么?用饱和 NaCl 溶液洗涤的作用是什么?

六、参考文献

[1] 侯金松.微波辐射催化合成乙酸异戊酯[J]. 应用化工,2013,42(4):677－678,682.

[2] 谢秀荣,董迎,宋雪琦,等.微波催化合成乙酸异戊酯的研究[J]. 天津理工学院学报,2002,18(1):85－86,95.

[3] 陈湘,冯巧,胡继勇.微波辐射合成乙酸异戊酯的工艺研究[J]. 广州化学,2016,41(1):20－24.

七、拓展应用

乙酸异戊酯为无色透明液体,微溶于水,溶于乙醇、乙醚、乙酸乙酯等,与低级乙酸酯相比不易水解。由于其有香蕉和梨的气味,被广泛用于配制各种果味食用香精,是我国规定允许使用的食用香料;此外还用于香皂、洗衣粉、洗涤剂等日用化学品的生产。乙酸异戊酯的沸点为 143 ℃。它是一种重要的溶剂,能够溶解硝化纤维素、甘油三松香酸酯、乙烯树脂等;也常用作分析试剂,如作溶剂、萃取剂、色谱分析的标准物质。

4.11 天然产物的提取

36. 从茶叶中提取咖啡因
(Caffeine)

一、实验目的

1. 学习生物碱的提取原理和实验步骤。

2. 巩固索氏提取器的使用方法和升华操作。

3. 了解天然产物提取在药物研发方面的重要价值。

4. 理解理论知识与实际生产的密切联系,弘扬学科价值。

二、实验原理

咖啡因是一种嘌呤类生物碱,学名为 1,3,7-三甲基-2,6-二氧嘌呤,广泛存在于咖啡树、茶树、巴拉圭冬青及瓜拿纳的果实和叶片中。其结构如下:

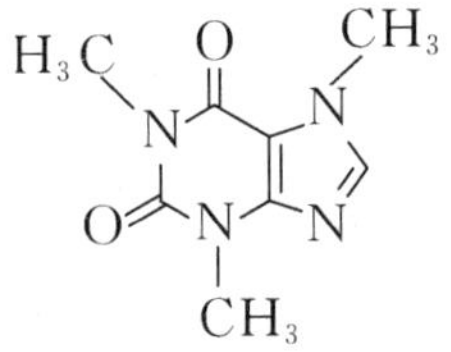

$$\text{1,3,7-三甲基-2,6-二氧嘌呤结构式}$$

含有结晶水的咖啡因为无色针状晶体,极易溶于吡咯和四氢呋喃,易溶于氯仿、水、丙酮、乙醇(溶解度逐渐减小),且温度升高时溶解度显著增加。受热时咖啡因的结晶水易失去;当温度升至 100 ℃时,咖啡因开始升华;随着温度升高,升华速度加快;当温度升至 178 ℃时,咖啡因快速升华。

本实验采用索氏提取器,以乙醇为溶剂,从茶叶中提取咖啡因。茶叶中除了含有咖啡因(1%~5%)外,还含有 11%~12% 的单宁酸(又称丹宁酸或鞣酸),以及 0.6% 的色素、纤维素、蛋白质等。需要注意的是,茶叶中除了咖啡因易溶于乙醇外,单宁酸也易溶于乙醇,所以用乙醇进行提取后,需要加碱使单宁酸转变成盐,再利用升华法对咖啡因进行分离提纯。

三、仪器和试剂

(一)主要仪器

电子天平、索氏提取器、水浴、电热套、普通玻璃仪器、常量或半微量标准磨口玻璃仪器、蒸发皿、砂浴、电炉。

（二）主要试剂

茶叶、95%乙醇、生石灰、脱脂棉。

四、实验步骤

1. 搭建反应装置，如图 1.25(b)所示。称量约 10 g 茶叶末，装于预折好的滤纸筒中。将滤纸筒置于提取筒中。

2. 在烧瓶中加入 100 mL 95%乙醇和 1~2 粒沸石，开启电热套，连续提取至提取液颜色很浅为止，约需 1.5~2 h。

3. 待反应装置稍冷，改成蒸馏装置，将大部分乙醇蒸出，然后将蒸馏之后的残液转移到盛有 4 g 生石灰的蒸发皿中，搅拌均匀。

4. 先用水浴加热将乙醇蒸干，其间注意不断搅拌，如有块状固体，可用空心塞碾碎，形成均匀的粉末。改用砂浴缓慢加热、焙炒，至水分完全去除，停止加热。冷却后，将蒸发皿边缘上沾有的粉末擦拭干净，防止污染升华时用的滤纸，影响产品纯度。

5. 在一张稍大于蒸发皿口径的圆形滤纸上单向刺出许多小孔，然后小孔朝上盖在蒸发皿上，盖上一个大小合适的三角漏斗，漏斗颈部塞一小簇棉花。

6. 用砂浴缓慢加热，观察到白烟产生时，减慢加热速度，使咖啡因更好地结晶。当出现棕色烟雾时，停止加热。

7. 稍冷后，小心取下漏斗和滤纸，将滤纸两侧及漏斗内部的咖啡因晶体刮下。

8. 将蒸发皿中的固体搅拌均匀后再升华一次。

9. 合并两次得到的咖啡因，称重，测熔点。

不含结晶水的咖啡因的熔点为 235 ℃~236 ℃。

本实验约需 8 h。

注意事项

1. 索氏提取器利用溶剂的回流和虹吸原理，使每次进行固液萃取的溶剂都是纯溶剂，萃取效率高且节省溶剂。

2. 滤纸筒的大小要适中，不得高于提取筒的虹吸管，既要紧贴提取筒内壁，又要方便取出。此外还要注意包裹严密，防止有茶叶末漏出堵塞虹吸管。

3. 当提取液颜色很浅时，等提取筒中溶剂刚虹吸下去时，立刻撤去热源。

4. 乙醇不可以蒸得太干，预留 10 mL 左右，防止蒸馏之后的残液黏度过大，转移时造成明显损失。

5. 加入生石灰的作用是为了和单宁酸反应形成盐，从而在后续升华操作中固定单宁酸。

C. 步骤 4 中,如有残留水分,后续升华操作时水会冷凝在三角漏斗上,导致升华得到的晶体部分溶解,从而造成损失。后续升华操作中如果发现有水汽,需要及时取下三角漏斗,用滤纸擦干后再继续升华。

7. 三角漏斗口径要盖住圆形滤纸小孔的最外延,防止升华时咖啡因逸出。

8. 三角漏斗颈部加一簇棉花是为了防止升华时咖啡因从漏斗颈逸出。

9. 出现棕色烟雾说明温度已经过高,导致蒸发皿里的固体和滤纸部分碳化,产生有色物质。

10. 升华时滤纸小孔朝上是为了减少针状晶体掉落回蒸发皿中。

11. 第二次升华时咖啡因含量较少,加热速度可以稍快一些。

五、思考题

1. 使用索氏提取器进行萃取的优点有哪些?

2. 加入生石灰的目的是什么?

3. 本实验选用乙醇作为溶剂,可否换成水?为什么?

4. 本实验中升华操作对产品的纯度至关重要,升华操作中需要注意什么?

六、参考文献

[1] 闫洪军,郑择,李涵汶,等.茶叶中咖啡因的提取及条件优化[J].安徽化工,2018,44(4):36-37.

[2] 张玉竹,陈凯旋,唐建城,等.直接升华法从茶叶中提取咖啡因[J].成都工业学院学报,2018,21(2):54-57,89.

[3] 郭叶,郝鹤.从茶叶中提取咖啡因实验改进[J].包头医学院学报,2017,33(4):111-112,118.

七、拓展应用

咖啡因是一种植物生物碱,是天然杀虫剂,可使以植物为食的昆虫麻痹。咖啡因对人来说是一种中枢神经兴奋剂,能暂时驱走睡意并恢复精力,所以人们在从事脑力工作时常饮用含有咖啡因的咖啡、茶或能量饮料等来提神。适量摄入咖啡因可以提升大脑和身体的能力,但是摄入过量则会导致身体和心理上的不良反应并产生一定的依赖性。我国将咖啡因列为第二类精神药品管制,其生产和供应都受到严格的管制。

37. 从黄连中提取黄连素
(Berberine)

一、实验目的

1. 掌握生物碱的提取原理和实验步骤。

2. 掌握索氏提取器的使用方法,巩固减压蒸馏、抽滤等基本操作。

3. 了解天然产物提取在药物研发方面的重要价值。

4. 培养学生观察记录、分析综合的科学方法论和团结合作、勇于探索的科学精神。

二、实验原理

黄连素(Berberine)又称小檗碱,是一种异喹啉类生物碱,学名为 5,6-二氢-9,10-二甲氧基苯并[5,6-α]喹嗪,在植物中分布广泛,如存在于在黄连、黄柏、白屈菜、伏牛华、三颗针等中草药中。黄连素存在三种互变式:季铵盐式、醇式和醛式,其结构如下:

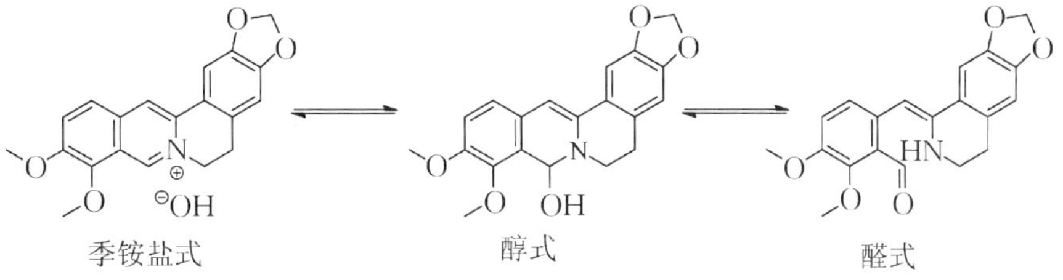

季铵盐式　　　　　　　醇式　　　　　　　醛式

其中,季铵盐式最为稳定,特别是在酸性条件下。当处于碱性条件下时,季铵盐式会部分转化成醛式。自然界中黄连素多以季铵盐的形式存在。黄连素微溶于水和乙醇,但易溶于热水和热乙醇,微溶于氯仿,几乎不溶于乙醚。黄连素的盐酸盐、氢碘酸盐、硫酸盐和硝酸盐都难溶于冷水(醋酸盐除外),易溶于热水,可以用水作为溶剂进行重结晶。

本实验以乙醇为溶剂,采用索氏提取器从黄连中提取黄连素(黄连中有 4%～10% 的黄连素),经过浓缩、酸化沉淀和重结晶制备纯黄连素。

三、仪器和试剂

(一) 主要仪器

电子天平、索氏提取器、电热套、普通玻璃仪器、常量或半微量标准磨口玻璃仪器、循环水泵。

(二) 主要试剂

黄连、95% 乙醇、1% 醋酸、浓盐酸、石灰乳。

四、实验步骤

1. 称量约 10 g 黄连,剪成小块,装于预折好的滤纸筒中。将滤纸筒置于提取筒中,如图 1.25(b)所示。

2. 在烧瓶中加入 100 mL 95% 乙醇,开启加热,连续提取 1.5～2 h。

3. 待反应装置冷却,改成减压蒸馏装置,在循环水泵下进行减压蒸馏,除去大部分乙醇,得到棕红色的黏稠液体。

4. 向烧瓶中加入 30~40 mL 1% 的醋酸,加热溶解,趁热抽滤,除去不溶物。

5. 向滤液中滴加浓盐酸,至观察到浑浊为止,约需 10 mL 浓盐酸。

6. 用冰水冷却,静置结晶,得到黄色针状晶体,抽滤,用冰水洗涤两次,干燥,得黄连素盐酸盐粗产品。

7. 将粗黄连素盐酸盐加入适量水中,加热煮沸至刚好溶解,加入石灰乳,调节 pH=8.5~9.8,稍冷后趁热过滤,除去杂质。将滤液静置结晶,待有针状晶体析出后,用冰水浴冷却结晶,抽滤,用冰水洗涤,在 50 ℃~60 ℃下干燥,得纯黄连素,熔点为 145 ℃。

💡 注意事项

1. 索氏提取器利用溶剂的回流和虹吸原理,使每次进行固液萃取的溶剂都是纯溶剂,萃取效率高且节省溶剂。

2. 步骤 1 中剪成的黄连小块要小一点,这样萃取效率更高。

3. 滤纸筒的大小要适中,不得高于提取筒的虹吸管,既要紧贴提取筒内壁,又要方便取出。此外还要注意包裹严密,防止有黄连末漏出堵塞虹吸管。

4. 具体提取时间可以根据提取液的颜色进行判断。当提取液颜色很浅时,等提取筒中溶剂刚虹吸下去时,立刻撤去热源。

5. 黄连素本身微溶于水,但是和醋酸形成醋酸盐后在水中的溶解度增大,便于在水中富集。

6. 加入浓盐酸,促使在水中易溶的黄连素醋酸盐转变为在水中微溶的黄连素盐酸盐。

7. 黄连素晶体制备相对困难一些,有时直接制备黄连素盐酸盐晶体。将黄连素盐酸盐粗产品加入适量水中加热煮沸,稍冷后趁热过滤,除去杂质。向滤液中加入浓盐酸,调节 pH 接近 2,静置结晶,得到黄色针状晶体。用冰水冷却促进结晶,抽滤,用冰水洗涤,在 50 ℃~60 ℃下干燥,得纯黄连素盐酸盐。

五、思考题

1. 使用索氏提取器进行萃取的优点有哪些?

2. 加入 1% 醋酸的作用是什么?

3. 加完 1% 醋酸之后,加入浓盐酸为什么会产生浑浊?

4. 粗黄连素盐酸盐重结晶时为什么要加入石灰乳调节 pH=8.5~9.8?

六、参考文献

[1] 赵洋,姜健,郭楚微,等.溶剂浸提法从黄连中提取黄连素[J].江西化工,2019(3):68—69.

[2] 吴建阳,徐砺瑜,刘悦,等. 黄连中黄连素的提取工艺研究[J]. 求医问药,2012,10(1):433-434.

[3] 席国萍,宋国斌. 黄连中小檗碱提取方法研究进展[J]. 贵州农业科学,2009,37(1):8-10.

七、拓展应用

黄连素是一种异喹啉类生物碱,有显著的抑菌作用。临床上通常使用黄连素的盐酸盐,又称盐酸小檗碱,可以用来治疗细菌性肠胃炎、痢疾等消化道疾病,无明显的抗药性和副作用。盐酸小檗碱还可以起到保护心肌、血管,改善血压,治疗心血管疾病的功效;此外,对高血糖、糖尿病等也有一定的疗效。

38. 从橙皮中提取柠檬烯

(Limonene)

一、实验目的

1. 巩固水蒸气蒸馏的基本操作和反应原理。

2. 了解工业上从天然产物中提取植物精油的操作方法和原理。

3. 让学生理论联系实际,将理论知识联系工业生产,弘扬学科价值,培养学生的职业认同感。

二、实验原理

柠檬烯(Limonene)又称苎烯,是一种单环萜,广泛存在于植物精油中,有令人愉悦的香味。其学名为 1-甲基-4-异丙基-1-环己烯,结构如下:

柠檬烯分子中存在一个手性碳原子,所以柠檬烯存在光学异构体。其中,右旋异构体存在于柑橘类(如橙子、柚子和柠檬等)的果皮中,左旋异构体主要存在于薄荷油和松针油中,外消旋体存在于香茅油中。

柠檬烯的沸点为 176 ℃,高温下会分解成异戊二烯。所以工业上从柑橘类水果中提取柠檬烯主要有离心分离和水蒸气蒸馏两种方法。本实验采用水蒸气蒸馏法,在低于 100 ℃时从橙皮中提取高沸点的柠檬烯,再用二氯甲烷进行萃取富集制备柠檬烯。

三、仪器与试剂

(一)主要仪器

电热套、普通玻璃仪器、常量或半微量标准磨口玻璃仪器、水蒸气发生装置、循环

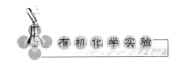

真空水泵、分液漏斗。

（二）主要试剂

橙子皮、二氯甲烷、无水硫酸钠。

四、实验步骤

1. 如图 1.23 所示搭建装置。准备 2～3 个新鲜的橙子，将橙皮剪成小块，装于三口烧瓶中，并加入 30 mL 水。

2. 松开水蒸气发生装置和蒸馏装置之间三通管上的弹簧夹。开启水蒸气发生装置至水沸腾，夹紧弹簧夹，开始水蒸气蒸馏，蒸馏部分的烧瓶下用水浴进行加热。

3. 待馏出液达到 60～70 mL 时，打开弹簧夹，关闭水蒸气发生装置。这时可以在馏出液上层观察到薄薄的油层。

4. 用 30 mL 二氯甲烷分三次萃取馏出液，合并萃取液加入磨口的三角烧瓶中，加入适量无水 Na_2SO_4，盖上空心塞，静置干燥。

5. 用脱脂棉进行过滤，将滤液加入一圆底烧瓶中，用水浴进行简单蒸馏。待蒸去大部分二氯甲烷后，改为减压蒸馏，蒸去残留的二氯甲烷，得到微量油状液体。

6. 称量烧瓶，计算产量。测量柠檬烯的旋光度，计算比旋光度。

纯柠檬烯的沸点为 176 ℃，折射率 $n_D^{20}=1.472\,7$，比旋光度 $[\alpha]_D^{20}=+125.6°$。

本实验用时约 4 h。

💡 **注意事项**

1. 橙子尽量选新鲜的，用干的橙子则实验效果要差一些。

2. 步骤 1 中剪成的橙皮小块要小一点，这样萃取效率更高。

3. 步骤 2 中水浴加热的目的是防止产生的水蒸气被冷凝。

4. 步骤 3 中的油层即为柠檬烯。

5. 干燥完全的标准：得到单一相澄清溶液，且干燥剂不结块。

6. 步骤 5 中的圆底烧瓶需预先称重。

7. 如果单组得到的柠檬烯量较少，可以多组进行合并再测旋光度。

五、思考题

1. 采用水蒸气蒸馏的优点是什么？满足什么条件可以采用水蒸气蒸馏？

2. 橙皮剪成小块有什么作用？

3. 二氯甲烷萃取液用无水 Na_2SO_4 进行干燥时，如何判断干燥剂用量是否足够？

4. 在对二氯甲烷萃取液进行蒸馏时，为什么先简单蒸馏后减压蒸馏？

六、参考文献

[1] 许景秋. 从橙皮中提取柠檬烯无害化方法的研究[J]. 大庆师范学院学报，

2015,25(4):19—20.

[2]陈静静.从废弃的橙皮中提取 d-柠檬烯的工艺[J].企业科技与发展,2008 (21):46—47.

[3]刘苑,梁恭博,张文,等.一种改进的从橙皮中提取柠檬烯的新方法[J].山西师范大学学报:自然科学版,2013,27(3):62—64.

七、拓展应用

柠檬烯是一种橙色或无色液体,具有类似柠檬的香味,常作食品和药物的添加剂以改善口感。柠檬烯由于其令人愉悦的香味还作为香料添加在化妆品中。不仅如此,柠檬烯还有清洁作用,可以替代有机溶剂除去机械上的油污和黏合剂,是一种绿色环保溶剂。此外,柠檬烯还有一定的抑菌性,可以有效抑制葡萄杆菌、黑曲霉、大肠杆菌,延缓食品的腐坏。进一步研究表明,柠檬烯还有一定的临床应用潜力,可以减轻或者抑制咳喘,促进结石的排出,对胆结石有良好的治疗作用。

39. 从黄花蒿中提取青蒿素
（Artemisinin）

一、实验目的

1. 学习超声辅助提取法的工作原理和实验步骤。

2. 巩固减压蒸馏、抽滤等基本操作。

3. 了解天然产物提取在药物研发方面的重要价值。

4. 培养学生观察记录、分析综合的科学方法论和团结合作、勇于探索的科学精神。

二、实验原理

青蒿素及其衍生物是目前起效最快的治疗恶性疟原虫疟疾的药物。使用青蒿素-双氢青蒿素为主的青蒿素联合疗法已经成为全球范围内治疗恶性疟原虫疟疾的标准方法。青蒿素是一种倍半萜内酯,内含过氧桥键,且存在 7 个手性原子,结构如下:

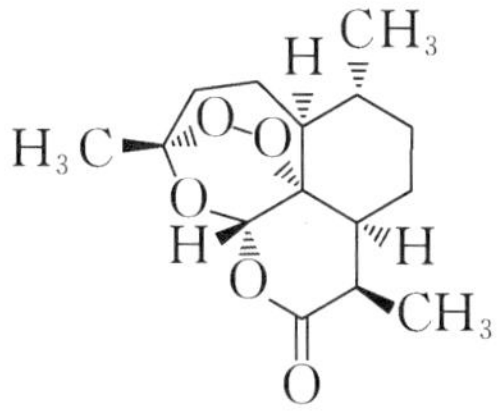

由于其结构复杂,通过化学合成的方法生产步骤繁琐,总收率低于 1%,还达不到工业生产的标准。目前主流获取青蒿素的方法是直接从天然产物(如黄花蒿)中提

取。由于青蒿素中含有过氧桥键,高温下不稳定,所以需要控制提取温度。

本实验中采用超声辅助提取法,以石油醚为溶剂对青蒿素进行提取。超声辅助提取法利用超声波的空化作用、机械效应和热效应等加速细胞内有效物质的释放、扩散和溶解,提升提取效率。超声辅助提取法不需要加热,不会破坏天然产物的结构,且操作简单、方便。

三、仪器和试剂

(一)主要仪器

超声清洗机、普通玻璃仪器、常量或半微量标准磨口玻璃仪器、循环真空水泵。

(二)主要试剂

干黄花蒿、石油醚、70%乙醇。

四、实验步骤

1. 将 40 g 干黄花蒿剪碎磨粉,装于 250 mL 三角烧瓶中,加入 120 mL 石油醚。

2. 将三角烧瓶放入超声清洗机中,设置超声强度为 100 W,超声作用时间为 1 h。

3. 将提取液进行过滤,滤液转入圆底烧瓶中,加入沸石,用水浴进行减压蒸馏以除去石油醚,得到青蒿素粗产品。

4. 用 70%乙醇溶解青蒿素粗产品,过滤,除去不溶物。将滤液转移到已称重的圆底烧瓶中,减压蒸馏,得到青蒿素纯品。

纯青蒿素的熔点为 156 ℃~157 ℃。

💡 注意事项

1. 步骤 1 中将干黄花蒿剪碎研磨成粉末,提取效果更好。

2. 步骤 4 中对圆底烧瓶进行称重,是为了方便计算青蒿素的产量。

五、思考题

1. 采用超声辅助提取法的优点是什么?

2. 将干黄花蒿研磨成粉末有什么作用?

3. 除去溶剂为什么选择减压蒸馏?

六、参考文献

[1] 杨家庆,林燕芳,詹利之,等.青蒿中青蒿素提取工艺的优化及含量测定[J].广东药学院学报,2012,28(1):41-43.

[2] 刘佳.青蒿素的药理学作用及提取工艺的研究状况[J].化学工程与装备,2019(2):219-220,229.

[3] 张海容,张娜.超声萃取-紫外分光光度法测定不同产地青蒿中的青蒿素[J].药物分析杂志,2007,27(3):414-416.

七、拓展应用

青蒿素又称黄花蒿素,为无色针状晶体,易溶于氯仿、乙酸乙酯、丙酮,可溶于乙醇、乙醚,微溶于冷石油醚,几乎不溶于水。青蒿素及其衍生物属于新型抗疟疾药,具有高效、低毒、安全等特点。青蒿素结构复杂,全合成产率不到 1%,所以青蒿素主要来源于天然植物黄花蒿。青蒿素-双氢青蒿素作为新型抗疟疾药,中国科学家屠呦呦和国际上其他两位科学家因此共同获得了 2015 年的诺贝尔生理学或医学奖。

4.12　多步骤有机合成

40. 邻羟基苯乙酮

(2-Hydroxyacetophenone)

一、实验目的

1. 学习和熟练掌握酚酯反应和 Fries 重排反应。

2. 巩固减压蒸馏的基本操作,锻炼学生规范的实验操作。

3. 了解查尔酮类药物的合成工艺研究进展及查尔酮类药物的药用价值。

4. 培养学生理论联系实际、实事求是的科学精神,树立严谨细致的工作作风。

二、实验原理

邻羟基苯乙酮又称邻乙酰基苯酚、2-羟基苯乙酮、2-乙酰基苯酚,为淡黄色液体,是合成查尔酮类药物的中间体。天然的查尔酮多含酚羟基,存在于甘草、红花等植物中,具有抗肿瘤、消炎、镇痛、抗菌、抗病毒等诸多药理作用。本实验中,以苯酚为起始原料,需要经历以下两个主要反应历程:① 苯酚与乙酸酐在碱性条件下反应生成乙酸苯酯;② 乙酸苯酯在无水三氯化铝催化作用下发生 Fries 重排反应合成邻羟基苯乙酮。

反应式:

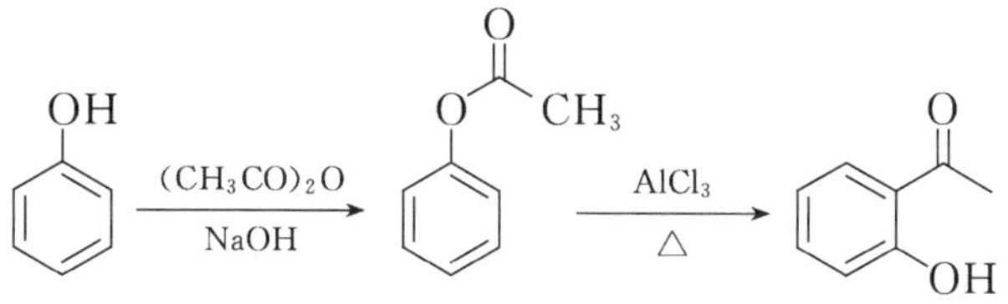

三、仪器和试剂

（一）主要仪器

100 mL 三口烧瓶、球形冷凝管、恒压滴液漏斗、磁力加热搅拌器或电动搅拌器、恒温水浴锅、温度计、烧杯、减压蒸馏装置、真空水泵。

（二）主要试剂

苯酚、乙酸酐、氢氧化钠、碳酸氢钠、无水三氯化铝、盐酸、乙酸乙酯。

四、实验步骤

1. 乙酸苯酯的制备。

（1）如图 1.14 所示搭建反应装置和气体吸收装置。

（2）往 100 mL 三口烧瓶中加入 4.7 g(0.05 mol)苯酚和氢氧化钠，缓慢滴加 4.71 g(0.06 mol)乙酸酐，滴加完成后，室温下反应 2 h。

（3）用碳酸氢钠溶液调节 pH 为 8 左右，分液，收集有机相，用无水硫酸镁干燥。

（4）抽滤，减压蒸馏得到淡黄色油状液体乙酸苯酯。

2. 邻羟基苯乙酮的制备。

（1）如图 1.14 所示搭建反应装置和气体吸收装置。

（2）往 100 mL 干燥的三口烧瓶中加入 8.0 g(0.06 mol)无水三氯化铝，在冰水浴搅拌条件下缓慢滴加 6.8 g(0.05 mol)乙酸苯酯，滴加完毕后，维持 140 ℃加热搅拌反应 1 h。

（3）反应停止，待反应物冷却后，加入约 30 mL 5%盐酸，固体溶解，呈棕色油状物，用乙酸乙酯萃取(10 mL×3 次)，合并乙酸乙酯溶液，减压蒸馏，产物为淡黄色黏稠状液体，称重并计算产率。

💡 **注意事项**

1. 乙酸苯酯的制备方法有多种，主要有三种技术路线：① 苯酚与乙酸酐在氢氧化钠溶液或其他吡啶等碱性溶液条件下反应生成，产率为 80% 左右；② 苯酚与乙酸酐在浓硫酸等酸性条件下直接酯化；③ 苯酚与乙酰氯直接反应。

2. 乙酸酐较活泼，遇水或乙醇易分解。取用乙酸酐应在通风橱中进行，采用手套、护目镜等防护措施。

3. 制备乙酸苯酯和邻羟基苯乙酮的过程中均有氯化氢气体放出，因此应保持装置的气密性并装配好尾气吸收装置。

五、思考题

1. 乙酸苯酯的制备方法有哪些？酚酯反应与通常的酯化反应有什么联系和区别？

2. 什么叫 Fries 重排？主要应用在哪些领域？

3. 乙酸酐取用时应注意什么？

4. 利用邻羟基苯乙酮如何制备查尔酮类药物？羟基查尔酮类药物的药用价值有哪些？

六、参考文献

[1] 李兆陇,阴金香,林天舒.有机化学实验(修订版)[M].北京:清华大学出版社,2001.

[2] 关丽萍,尹秀梅,全红梅,等.羟基查尔酮类衍生物的合成[J].有机化学,2004,24(10):1274-1277.

七、拓展应用

邻羟基苯乙酮,熔点 4 ℃~6 ℃,沸点 218 ℃,常温下为淡黄色液体,微溶于水,其2.0%的溶液具有热带水果的果香和烟草的香味,可以用作食品的香料。邻羟基苯乙酮更重要的作用是作为医药化工合成的中间体,不仅是合成抗心律药心律平的重要中间体,而且是新型抗哮喘药普仑司特的重要中间体,在医药化工和有机合成中有重要应用。

查尔酮类化合物主要是以 1,3-二苯基丙烯酮为基本骨架单元,自然界主要存在于红花和甘草等植物中,是一类重要的甾体化合物。而甾体化合物被称为生命的荷尔蒙,具有重要的生理功能。目前,查尔酮类化合物的获取主要通过从药用植物中提取和人工合成。其中,具有代表性的药用查尔酮化合物为甘草查尔酮 A 和甘草查尔酮 B,在杀菌、消炎、护肝、抗肿瘤和抗癌等方面具有重要的作用。

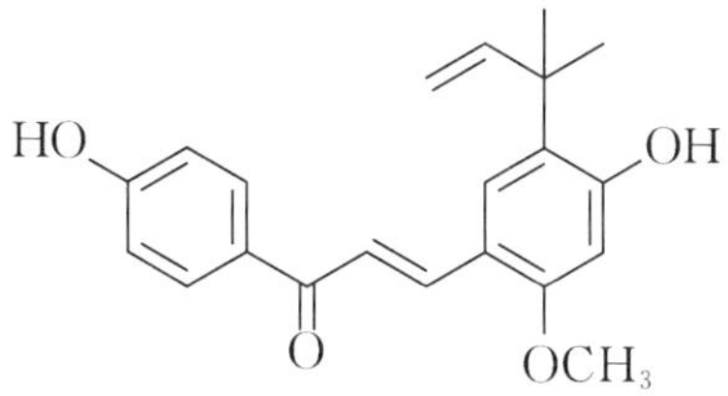

甘草查尔酮 A 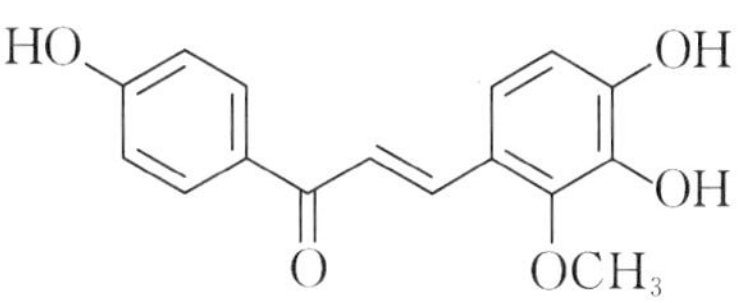　　　　甘草查尔酮 B

41. 2-(4-异丁基苯基)丙酸

(2-(4-Isobutylphenyl) Propanoic Acid)

一、实验目的

1. 学习和熟练掌握傅-克酰基化反应、催化重排和酯类的水解反应。

2. 巩固回流、脱色、干燥等基本操作,遵守操作规范。

3. 了解布洛芬药物的合成工艺研究进展及布洛芬药物的药用价值。

4. 培养学生理论联系实际、实事求是的科学精神,树立严谨细致的工作作风。

二、实验原理

2-(4-异丁基苯基)丙酸(CAS 号:15687-27-1)又称异丁苯丙酸、布洛芬等,白色结晶状粉末,几乎无臭,能溶于乙醇、丙酮、氯仿等有机溶剂,在水中几乎不溶解。布洛芬具有解热、镇痛、消炎等作用,与阿司匹林(乙酰水杨酸)、扑热息痛(对乙酰氨基酚)是解热镇痛的三大药物。由于其药效确切且副作用小,成为解热镇痛的首先药物,尤其用于婴幼儿的退热药。布洛芬的结构如下:

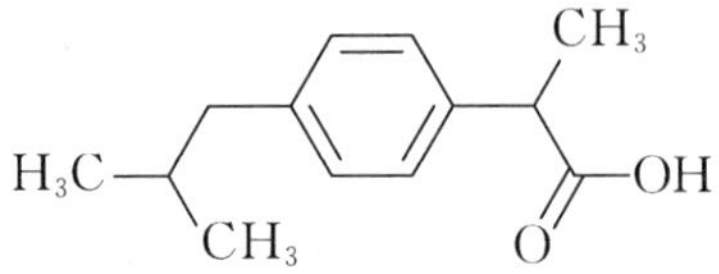

本实验中,主要采用目前国内厂家普遍采用的芳基-1,2-转位重排法,主要经历以下三个反应历程:① 傅-克酰基化反应,由异丁苯生成 1-氯乙基-4-异丁苯酮;② 缩酮化反应,由 1-氯乙基-4-异丁苯酮生成 2-氯-(4-异丁基苯基)丙缩酮;③ 催化重排,由 2-氯-(4-异丁基苯基)丙缩酮生成布洛芬氯酯;④ 水解反应,由布洛芬氯酯生成布洛芬。

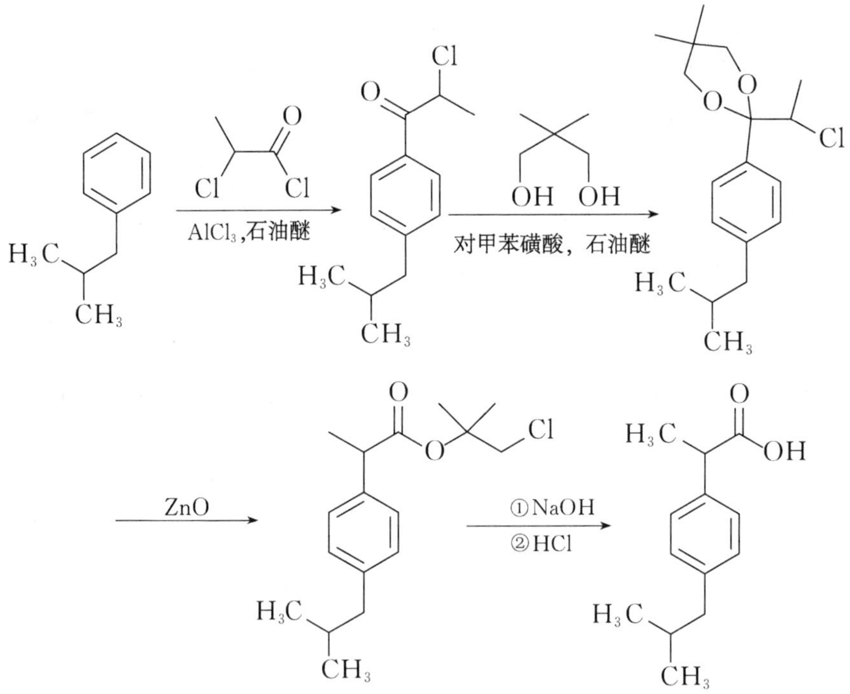

三、仪器和试剂

(一)主要仪器

三口烧瓶、球形冷凝管、恒压滴液漏斗、磁力加热搅拌器或电动搅拌器、恒温水浴锅、温度计、烧杯、漏斗、布氏漏斗、真空水泵。

(二)主要试剂

异丁苯、2-氯丙酰氯、无水三氯化铝、石油醚、新戊二醇、对甲苯磺酸、氧化锌、氢氧化钠、活性炭、盐酸、乙醇。

四、实验步骤

1. 如图 1.14 所示搭建反应装置和气体吸收装置。

2. 往 100 mL 干燥的三口烧瓶中加入 2.67 g(20 mmol)无水三氯化铝和 50 mL 石油醚,搅拌下加入 2.54 g(20 mmol) 2-氯丙酰氯,在低温下反应 10 min(冰水浴温度控制在 10 ℃以下)。搅拌下缓慢滴加 2.68 g(20 mmol)异丁苯,滴加完成后,继续在低温下反应 2 h。

3. 反应完成后,将反应混合物倒入 250 mL 烧杯中,加入 50 mL 水淬灭催化剂无水三氯化铝。用分液漏斗分出石油醚层,水相用石油醚萃取三次,合并石油醚层,用水洗涤三次,洗涤至 pH 呈中性。石油醚相为淡黄色的 1-氯乙基-4-异丁苯酮,可以不用减压蒸馏,继续进行下一步反应。

4. 往 250 mL 三口烧瓶中加入上述 1-氯乙基-4-异丁苯酮的石油醚溶液,再加入 1.21 g(11.6 mmol)新戊二醇和 2.0 g(1.16 mmol)对甲苯磺酸,水浴加热搅拌回流反应 4 h,冷却至室温,用水(40 mL)洗涤三次,得到黄色或棕红色的 2-氯-(4-异丁基苯基)丙缩酮石油醚溶液。

5. 往 250 mL 三口烧瓶中加入上述缩酮的石油醚溶液和 0.4 g 氧化锌,搅拌回流 2 h,冷却至室温,抽滤后得重排后的布洛芬氯酯石油醚溶液。

6. 往 250 mL 三口烧瓶中加入布洛芬氯酯石油醚溶液,回流搅拌下加入 50%的 NaOH 溶液,回流水解 30 min,冰水浴冷却结晶,抽滤,用石油醚洗涤三次,得粗产品布洛芬钠盐。

7. 用 8 倍量的热水溶解粗产品布洛芬钠盐,加入活性炭脱色,抽滤、水洗后,用浓盐酸酸化将 pH 调至 2,冷却结晶,抽滤干燥后得粗产品布洛芬。

8. 加 3～4 倍量的 70%乙醇热溶液溶解,用磷酸将 pH 调至 3～4,加入活性炭脱色,抽滤,用去离子水洗涤数次,干燥后得到布洛芬精品,称重并计算产率。

💡 **注意事项**

1. 布洛芬制备工艺流程中,不用分离中间产物,产率得到了提高。

2. 在催化重排反应过程中,催化剂选用的是锌盐或锌的氧化物,如氧化锌、对甲苯磺酸锌(或二者的混合物)、布洛芬锌等。

3. 中间体 1-氯乙基-4-异丁苯酮为浅黄棕色液体,2-氯-(4-异丁基苯基)丙缩酮为深棕红色黏稠状液体。

五、思考题

1. 查找文献,布洛芬的制备主要有哪些方法?

2. 为什么布洛芬的制备过程中不提纯每一步的中间产物？

3. 在催化重排过程中，选择催化剂的原则是什么？能选择哪些催化剂？

4. 布洛芬类药物如何进行化学设计？都具有哪些重要药用价值？

六、参考文献

[1] 刘玮炜.药物合成反应实验[M].北京：化学工业出版社，2012.

[2] 姜卓文.布洛芬合成工艺改进研究[D].济南：山东大学，2013.

[3] 于凤丽，赵玉亮，金子林.布洛芬合成绿色化进展[J].有机化学，2003，23（11）：1198－1204.

[4] 徐志，董爽，吕早生.S-布洛芬的合成进展[J].国外医药抗生素分册，2016，37（4）：161－164.

七、拓展应用

布洛芬的发明者是英国化学家斯图尔特·亚当斯。1962年Boots公司注册了布洛芬专利。1983年布洛芬成为各种药店的非处方药。当今，布洛芬成为消热、镇痛、消炎等最为重要的一种非甾体抗炎药物，而目前研究表明，右旋布洛芬（S-布洛芬）具有更高的药学活性，且具有更小的副作用，同等情况下所用的剂量小、疗效好，广泛应用于儿童退烧药。右旋布洛芬采用的合成方法主要分为外消旋体拆分和化学合成法。

右旋布洛芬

42. 对氨基苯磺酰胺

（Sulfanilamide）

一、实验目的

1. 学习和熟练掌握氯磺化反应、磺酰氯的氨解和乙酰氨基衍生物的水解。

2. 巩固回流、脱色、重结晶、干燥等基本操作，遵守操作规范。

3. 了解磺胺类药物的合成工艺研究进展及磺胺类药物的药用价值。

4. 培养学生理论联系实际、实事求是的科学精神，树立严谨细致的工作作风。

二、实验原理

对氨基苯磺酰胺又称磺胺、磺酰胺、对苯胺磺酰胺或对磺酰胺苯胺等，为白色颗粒或粉末状结晶，无臭，味微苦。对氨基苯磺酰胺是磺胺类药物中最简单的一种，磺

胺类药物能抑制细菌和病毒的生长和繁殖,主要用于病菌或真菌感染,是普遍使用的抗菌剂。磺胺类药物的结构通式如下:

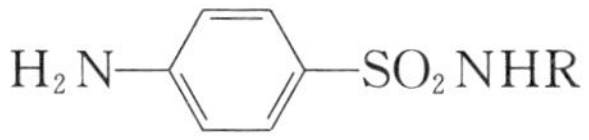

$$H_2N-\!\!\!\!\bigcirc\!\!\!\!-SO_2NHR$$

本实验中,主要采用乙酰苯胺法制备对氨基苯磺酰胺,需要经历以下三个主要反应历程:① 乙酰苯胺经氯磺化反应生成对乙酰氨基苯磺酰氯;② 对乙酰氨基苯磺酰氯经过氨解反应生成对乙酰氨基苯磺酰胺;③ 对乙酰氨基苯磺酰胺经过水解反应生成产物对氨基苯磺酰胺。

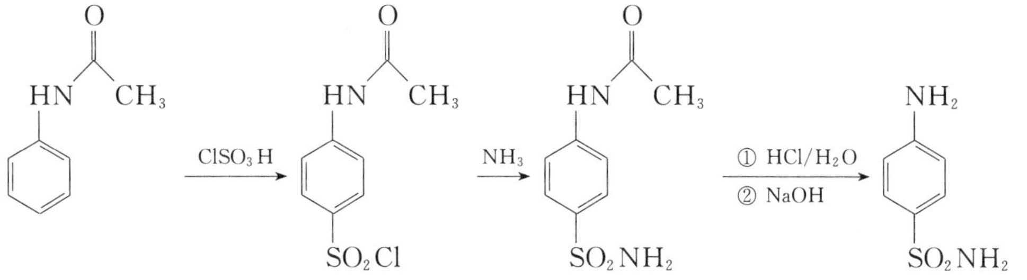

三、仪器和试剂

(一)主要仪器

100 mL 三口烧瓶、球形冷凝管、恒压滴液漏斗、磁力加热搅拌器或电动搅拌器、恒温水浴锅、温度计、烧杯、漏斗、布氏漏斗、真空水泵。

(二)主要试剂

乙酰苯胺、氯磺酸、浓氨水、浓盐酸、氢氧化钠、活性炭、乙醇。

四、实验步骤

1. 对乙酰氨基苯磺酰氯的制备。

(1)如图 1.14 所示搭建反应装置和气体吸收装置。

(2)往 100 mL 干燥的三口烧瓶中加入 12.5 mL 氯磺酸,搅拌,用冰水浴将氯磺酸冷却到 10 ℃以下。用固体漏斗在 1 h 内分批加入 5.0 g 干燥的乙酰苯胺,反应过程中放出大量热并有氯化氢气体放出,需要及时补充冰块降温并且装配好尾气吸收装置。

(3)待反应温和时,撤去冰水浴,在室温下反应 1 h。待气泡较少或者没有气泡产生时,开始升温至约 60 ℃,加热搅拌回流 3 h。

(4)冷却后,保持尾气吸收装置不拆解,反应瓶置于冰水浴中,搅拌下往反应瓶中缓慢滴加 50 mL 冷水,半小时内滴加完毕。尾气吸收装置中无气泡产生,反应瓶中出现白色固体物质。

(5)抽滤,用冷水洗涤数次,干燥后称重并计算产率。

2. 对乙酰氨基苯磺酰胺的制备。

（1）往 100 mL 三口烧瓶中加入 5 g 对乙酰氨基苯磺酰氯，搅拌下缓慢滴加浓氨水约 15 mL，产生大量沉淀并呈白色糊状物。

（2）在约 70 ℃水浴中加热 10 min，待反应物冷却后，加入 20 mL 水，冷却后抽滤，沉淀用冷水洗涤三次，然后抽干，称重，得到粗产物，可直接继续进行下一步反应。

（3）粗产物可用 50%的乙醇溶液进行重结晶，抽滤得产物，干燥后称重并计算产率。

3. 对氨基苯磺酰胺的制备。

（1）往上述粗产物中加入 5 mL 浓盐酸和 10 mL 水，加热回流 1 h，若溶液呈黄色，可加入活性炭脱色，趁热过滤。

（2）待滤液冷却，往滤液中先慢慢加入 20%的 NaOH 溶液，调节 pH 为 9，有大量沉淀析出，用冰水浴冷却，抽滤，用少量水洗涤数次，干燥后称重，得到粗产品磺胺。

（3）用水对粗产品磺胺进行重结晶提纯（6～7 mL 粗产品磺胺用 1 g 水），干燥后，称重并计算产率，测定熔点。

💡 注意事项

1. 氯磺酸具有强烈的腐蚀性，且易水解，所以用到的反应溶剂和药品均需干燥，并且使用时应注意安全。

2. 控制氯磺酸处在较低的温度，采用分批加入固体乙酰苯胺的方法有利于充分反应并且减少反应物的量，减缓反应整体的剧烈程度。

3. 由于氯磺酸的用量是过量的，因此淬灭氯磺酸是必需的。通常淬灭氯磺酸的方法是将反应瓶中反应混合物直接倒入水中淬灭，这样会造成大量的氯化氢气体释放出来，无法有效避免空气污染。若保持尾气吸收装置不拆解，往反应体系中滴加水，则既可以淬灭氯磺酸，又可以继续对生成的氯化氢气体进行尾气吸收，避免空气污染。

4. 氯磺酸淬灭生成氯化氢和硫酸，为放热反应，因此需要用冰水浴控制温度。

五、思考题

1. 为什么以苯胺为起始物直接进行氯磺化的方案不可行？

2. 在氯磺化步骤中，为什么要在冰水浴中控制反应在低温下进行？

3. 氯磺酸淬灭时应注意什么？

4. 对乙酰氨基苯磺酰胺是否是两性物质？如何理解？

六、参考文献

[1] 赵斌. 有机化学实验(修订版)[M]. 青岛:中国海洋大学出版社,2013.

[2] 许遵乐,刘汉标. 有机化学实验[M]. 广州:中山大学出版社,1988.

[3] 邓永峰. 对氨基苯磺酰胺的制备研究[D]. 天津:天津大学,2015.

[4] 宗汉兴. 毛红雷,基础化学实验[M]. 杭州:浙江大学出版社,2007.

七、拓展应用

磺胺类药物应用于医药领域可追溯到 1908 年作为偶氮染料的对氨基苯磺酸的合成。1932 年,科学家发现含有磺酰胺基的偶氮染料对细菌具有较好的抑制作用,后来逐渐发现对氨基苯磺酰胺才是实际起到作用的基本结构。之后,人们开始转向对磺胺及其衍生物的研究,在 20 世纪 40 年代左右先后出现了磺胺吡啶、磺胺嘧啶等药物,接着出现了毒性更小、溶解性更好的磺胺类药物。尽管后来出现的青霉素、金霉素等抗生素的广泛使用在一定程度上制约了磺胺类药物的发展,但是磺胺类药物在治疗某些疾病方面仍然有不可替代的作用。

43. 磺胺吡啶
(Sulfapyridine)

一、实验目的

1. 学习和熟练掌握磺酰氯的氨解和乙酰氨基衍生物水解的实验原理和操作。

2. 巩固回流、脱色、重结晶、干燥等基本操作,遵守操作规范。

3. 了解磺胺吡啶合成工艺研究进展和磺胺吡啶的替代药物,以及磺胺类药物的用途。

4. 培养学生不断创新的科研态度,树立严谨细致的工作作风。

二、实验原理

磺胺吡啶为淡黄色或白色粉末,微溶于水,在空气中稳定,见光会变色。磺胺吡啶属于磺胺类抗菌药,是第一代磺胺类抗生素之一,具有消炎、抗菌、抗风湿和免疫抑制作用等,在第二次世界大战中被广泛使用,后来被青霉素和柳氮磺吡啶等磺胺类药物所取代。

本实验中,与磺胺的制备方案类似,也是采用乙酰苯胺法制备磺胺吡啶,主要分为三个反应步骤:① 氯磺化反应,生成对乙酰氨基苯磺酰氯(同磺胺制备方法);② 氨解反应(2-氨基吡啶),生成对乙酰氨基苯磺胺吡啶;③ 水解反应,生成磺胺吡啶。

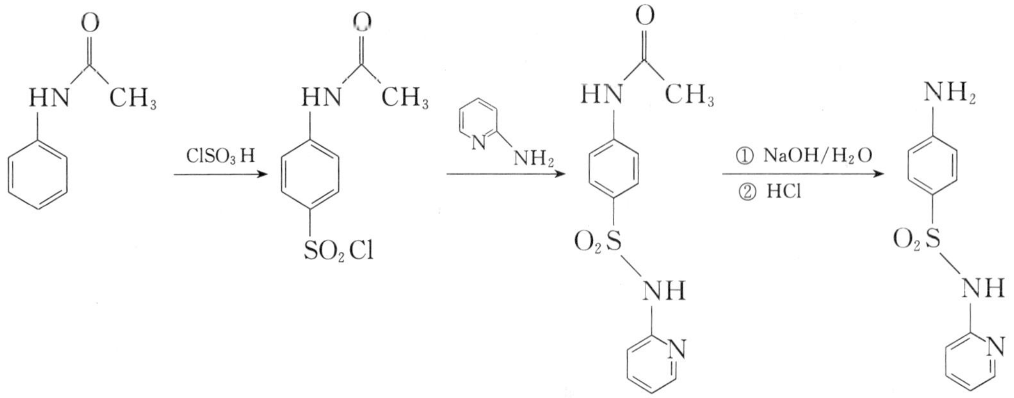

三、仪器和试剂

（一）主要仪器

100 mL 三口烧瓶、球形冷凝管、恒压滴液漏斗、磁力加热搅拌器或电动搅拌器、恒温水浴锅、温度计、烧杯、分液漏斗、薄层色谱板、层析柱等。

（二）主要试剂

乙酰苯胺、氯磺酸、2-氨基吡啶、碳酸钾、氢氧化钠、浓盐酸、95％乙醇、活性炭等。

四、实验步骤

1. 如图 1.14 所示搭建反应装置和气体吸收装置。

2. 往 100 mL 三口烧瓶中加入 6.0 g(25.7 mmol)对乙酰氨基苯磺酰氯,冰水浴温度控制在 10 ℃以下,缓慢滴加溶解在 20 mL 水中的 2.4 g(25.5 mmol)2-氨基吡啶。

3. 在上述反应体系中滴加质量分数为 40％的 K_2CO_3 溶液,不断搅拌调节 pH 为 7 左右,待温度不再上升,缓慢加热至 50 ℃,调节 pH 为 8,并在此条件下搅拌加热 3 h。

4. 冷却结晶后抽滤,用水洗涤至近中性,干燥后得粗产品。

5. 将上述粗产品投入 5 倍量的 15％ NaOH 溶液中。加热搅拌回流 1 h,冰水浴冷却结晶,析出磺胺吡啶钠盐,抽滤。

6. 往磺胺吡啶钠盐中加入 6 mol/L 盐酸中和,产生淡黄色或白色沉淀磺胺吡啶。

7. 抽滤,粗产品用 95％乙醇重结晶,加活性炭脱色,抽滤,干燥后称重并计算产率。

💡 **注意事项**

1. 对乙酰氨基苯磺酰氯的制备合成方案参见对氨基苯磺酰胺的合成实验,本实验中不再赘述。

2. 在制备对乙酰氨基苯磺胺吡啶过程中,碱性的控制尤为重要。选用无机碱

K_2CO_3 水溶液,降低了有机碱吡啶等产生的毒性。K_2CO_3 水溶液的浓度对产物的生成具有重要的影响,浓度太小会降低产率,浓度太大会导致乙酰氨基基团的水解,其浓度通常控制在 30%～50%(质量分数)。

五、思考题

1. 磺胺吡啶具有哪些药用价值?

2. 在氨解反应中,碱性条件对产物或产率有什么影响?

3. 氨解过程中为什么要调节 pH?

4. 产物中可能存在哪些杂质? 采用什么方法除去?

六、参考文献

[1] 上海第二制药厂. 治疗溃疡性结肠炎药物——柳氮磺胺吡啶的制备[J]. 医药工业,1975(3):8-9.

[2] 赵斌. 有机化学实验(修订版)[M]. 青岛:中国海洋大学出版社,2013.

[3] 王殿翔. 实用有机制药化学[M]. 北京:科学技术出版社,1957.

七、拓展应用

磺胺类药物的化学设计开发为该类药物新药的发展提供了新的机会和可能性。常用的磺胺类药物具有一定的毒性,副作用相对较大,因此,对磺胺类化合物的母体中的磺酰胺基、苯胺基、磺酰胺基与苯氨基同时进行化学修饰,米实现磺胺类新药的广谱性、高活性和低毒性。此外,利用磺胺类药物具有丰富的配位键、氢键、π-π 堆积作用等超分子作用,对磺胺类药物进行精确化学修饰和开发磺胺类超分子药物,以实现低毒、靶向性强和生物相容性好的目标,是未来该类药物研究发展的趋势。

44. 对溴乙酰苯胺

(4-Bromoacetanilide)

一、实验目的

1. 学习和熟练掌握芳烃溴化的原理和方法。

2. 巩固回流、搅拌、重结晶、干燥等基本操作,遵守操作规范。

3. 了解对溴乙酰苯胺合成工艺研究进展及对溴乙酰苯胺在有机合成中的用途。

4. 培养学生理论联系实际、实事求是的科学精神,树立严谨细致的工作作风。

二、实验原理

对溴乙酰苯胺为无色或淡黄色晶体,熔点为 164 ℃～166 ℃,主要用作有机合成中间体。芳烃的溴代反应中传统的溴代试剂为溴单质,但是溴具有强腐蚀性和刺激性。所以相对较为温和、安全的溴代试剂,如 N-溴代丁二酰亚胺(NBS)、三溴异氰尿酸(TCBA)、三溴化吡啶鎓、季铵溴盐、$NaBrO_3$-NaBr 等也较为常见。另外,溴代反应

也常会用到催化剂(如铜、铁、铝等金属盐),以提高产率和选择性。苯环上的取代反应属于亲电取代反应。苯环上有乙酰氨基基团时,由于乙酰氨基是邻对位定位基,且空间位阻大,因此,主要产物为对溴乙酰苯胺。

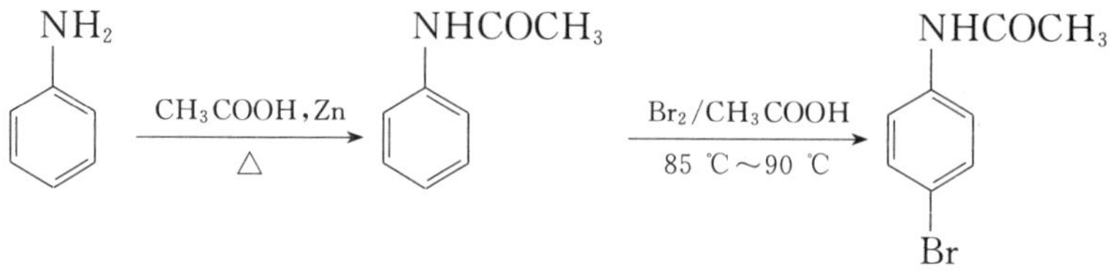

$$
\underset{\triangle}{\xrightarrow{CH_3COOH,Zn}} \quad \underset{85\ ℃\sim 90\ ℃}{\xrightarrow{Br_2/CH_3COOH}}
$$

三、仪器和试剂

(一)主要仪器

100 mL 三口烧瓶、球形冷凝管、恒压滴液漏斗、磁力加热搅拌器或电动搅拌器、恒温水浴锅、温度计、烧杯、分液漏斗、薄层色谱板、层析柱等。

(二)主要试剂

苯胺、溴、冰乙酸、亚硫酸氢钠、95%乙醇、硅胶。

四、实验步骤

(一)方案一(经典方法)

1. 如图 1.14 所示搭建反应装置和气体吸收装置。

2. 往 100 mL 三口烧瓶中加入 2.7 g(20 mmol)乙酰苯胺(乙酰苯胺通过苯胺合成,自制)和 10 mL 冰乙酸,45 ℃温水浴加热,使得乙酰苯胺溶解。

3. 在 45 ℃温水浴中,在搅拌的同时缓慢滴加 2 g(12.5 mmol)溴和 1 mL 冰乙酸的混合溶液。

4. 滴加完毕后,在 45 ℃温水浴中继续搅拌 0.5 h,然后将温度提高至 60 ℃持续搅拌,直至反应混合物中不再有红棕色气体溢出为止。

5. 反应结束后,将反应混合物倒入装有 50 mL 冷水的烧杯中,若产物中呈现棕红色,加入少许亚硫酸氢钠直至颜色变淡或者消失。搅拌 10 min,冷却至室温后抽滤,用冷水洗涤数次,抽滤,干燥后得到粗产物。

6. 用 95%乙醇溶液对对溴乙酰苯胺粗产品进行重结晶。产物经干燥后,称重并计算产率。

💡 **注意事项**

1. 溴具有强腐蚀性和刺激性,需在通风橱中量取。

2. 装置的气密性要良好,防止溴化氢从瓶口连接处溢出。

3. 控制好溴的滴加速度,不宜滴加过快,导致反应太剧烈而产生二溴代产物。

（二）方案二（绿色方案）

由于溴具有强腐蚀性和刺激性，使用较为温和、安全的溴代方法的绿色制备方案成为较为理想的合成策略。

1. 装置如图 1.11 所示。往 100 mL 三口烧瓶中加入 1.35 g(10 mmol)乙酰苯胺、3.2 g(10 mmol)Bu$_4$NBr、6.7g(30 mmol)CuBr$_2$、40 mL 四氢呋喃，上述混合物在 65 ℃下加热搅拌反应 10 h。

2. 反应结束后(用薄层色谱检测)，旋转蒸发去除溶剂，得到固体混合物，往沉淀物中加入 25 mL 浓氨水和 25 mL 水，搅拌 5 min 后用二氯甲烷萃取三次，合并有机相。

3. 有机相用饱和 NaCl 洗涤，用无水 Na$_2$SO$_4$ 干燥，然后旋转蒸发去除有机溶剂得到粗产物。

4. 粗产物用石油醚和乙酸乙酯的体积比约为 3∶1 的洗脱剂过硅胶柱色谱，然后旋转蒸发得白色产物，产物经干燥后，称重并计算产率。

五、思考题

1. 乙酰苯胺的一溴代产物为什么以对位产物为主？

2. 反应中反应温度对产物或者产率有什么影响？

3. 后处理过程中，亚硫酸氢钠具有什么作用？

4. 产物中可能存在哪些杂质？采用什么方法除去？

六、参考文献

［1］兰州大学.有机化学实验[M].3 版. 北京:高等教育出版社,2010.

［2］北京大学化学学院有机化学研究所.有机化学实验[M].2 版. 北京:北京大学出版社，2002.

［3］ZHAO H Y,YANG X Y,LEI H,et al. Cu-mediated selective bromination of aniline derivatives and preliminary mechanism study [J]. Synthetic Communications,2019,49(11):1406－1415.

七、拓展应用

溴代芳烃化合物是重要的一类有机合成中间体,尤其在目前最重要的一类反应 Suzuki-Miyaura 偶联反应(铃木偶联反应)中是必不可少的原料。Suzuki-Miyaura 偶联反应主要就是利用芳香类硼酸或硼酸酯与溴代芳烃化合物等卤代芳烃或烯烃在钯盐催化剂作用下发生的反应。铃木偶联反应运用于天然产物合成、药物合成、先进材料有机合成等众多研究领域。铃木彰、根岸英一和理查德-海克三人因"有机合成中的钯催化的交叉偶联"研究而获得 2010 年度诺贝尔化学奖。

45. 四苯乙烯

(Tetraphenylethylene)

一、实验目的

1. 学习和熟练掌握傅-克酰基化反应、铜催化卡宾偶联反应的原理和方法。

2. 巩固回流、搅拌、热过滤、减压蒸馏、干燥等基本操作，遵守操作规范。

3. 了解四苯乙烯合成工艺研究进展及四苯乙烯在聚集诱导发光材料中的应用。

4. 培养学生瞄准科技前沿、理论联系实际的科学精神，树立学生勇于创新、开拓进取的工作作风。

二、实验原理

四苯乙烯(Tetraphenylethylene)类化合物是一类典型的聚集诱导发光(AIE)材料。四苯乙烯合成简单，可定向修饰，热稳定性高，并且聚集诱导发光性能较强。因此，近年来，四苯乙烯类化合物成为研究 AIE 性能和应用最具代表性的一类化合物之一，广泛应用于化学传感器、发光二极管、液晶显示、智能材料、爆炸物检测、食品质量检测、指纹检测、生物探针和成像等领域。

四苯乙烯可以通过二苯甲酮一步合成。本实验以苯为起始原料主要分为两步(所用药品均为常用且价格便宜的药品，适合工业化生产)：① 傅-克酰基化反应，通过原料苯、四氯化碳合成二苯二氯甲烷；② 铜催化卡宾偶联反应，二苯二氯甲烷在铜的催化作用下生成四苯乙烯。

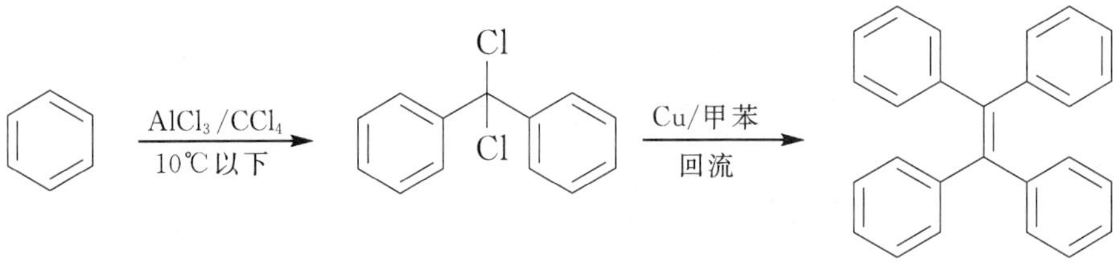

$$\text{苯} \xrightarrow[\text{10℃以下}]{\text{AlCl}_3/\text{CCl}_4} \text{二苯二氯甲烷} \xrightarrow[\text{回流}]{\text{Cu/甲苯}} \text{四苯乙烯}$$

三、仪器和试剂

(一) 主要仪器

100 mL 三口烧瓶、球形冷凝管、恒压滴液漏斗、磁力加热搅拌器或电动搅拌器、恒温水浴锅、温度计、烧杯、分液漏斗。

(二) 主要试剂

苯、四氯化碳、无水三氯化铝、铜粉、甲苯、乙醇。

四、实验步骤

1. 如图 1.14 所示搭建反应装置和气体吸收装置。

2. 往 100 mL 三口烧瓶中加入 6.7 g(50 mmol)无水三氯化铝和 10 mL 四氯化

碳,冰水浴中搅拌至反应体系温度降至 10 ℃以下,缓慢滴加 7.8 g(100 mmol)苯和 5 mL 四氯化碳的混合液,反应温度控制在 5 ℃~10 ℃,滴加完后温度维持在 10 ℃ 左右搅拌 1~2 h。

3. 反应完成后,将反应混合液倒入装有 50 g 冰和浓盐酸的烧杯中,搅拌 10 min, 分出有机相,水相用四氯化碳萃取三次,合并有机相并加无水硫酸镁干燥,减压蒸馏, 收集 170 ℃~173 ℃(1.95 kPa)的馏分。

4. 往 100 mL 三口烧瓶中加入 11.9 g(50 mmol)二苯二氯甲烷、50 mL 甲苯和 8.3 g(13.1 mmol)铜粉,加热回流 3 h,趁热过滤或抽滤,用少量热的甲苯溶液洗涤 数次。

5. 浓缩至约 30~40 mL 溶剂,加入 30~40 mL 乙醇,冷却结晶,抽滤,干燥后得 到白色晶体,称重并计算产率。

💡 **注意事项**

1. 所用仪器必须干燥,无水三氯化铝容易吸潮,称取和加入要快。

2. 装置的气密性要好。反应中有氯化氢气体产生,要接尾气吸收装置,防止 倒吸。

3. 二苯二氯甲烷在铜催化作用下发生卡宾偶联反应,生成了四苯乙烯。

4. 四苯乙烯具有聚集诱导发光现象,在水和 THF 混合溶剂体系中,随着水含量 的增加,体系的荧光不断增强。

五、思考题

1. 查找文献,四苯乙烯的合成方法有哪些?

2. 本实验中,傅克酰基化反应中需要注意哪些问题?

3. 在反应过程中,铜具有什么作用? 生成了什么中间体?

4. 在水和 THF 混合溶剂体系中,随着水含量的增大,四苯乙烯溶液体系中会出 现什么现象?

六、参考文献

[1] 侯士法,黄步耕,王江,等. 四苯乙烯的合成[J]. 化学试剂,2002,24(4): 240-241.

[2] TEZUKA Y, HASHIMOTO A, USHIZAKA K, et al. Generation and reactions of novel copper carbenoids through a stoichiometric reaction of copper metalwith gem-dichlorides in dimethyl sulfoxide[J]. J. Org. Chem, 1990,55(1): 329-333.

[3] MEI J, LEUNG N L C, KWOK R T K, et al. Aggregation-induced

emission:together we shine, united we soar[J]. J. Chem. Rev. 2015,115(21):11718—11940.

[4]唐本忠,赵祖金,秦安军.聚集诱导发光(AIE):我国原创并引领的研究前沿[J].化学学报,2016,74(11),857—858.

七、拓展应用

唐本忠院士于2001年在研究1-甲基-1,2,3,4,5-五苯基噻咯的发光行为时发现,随着水的加入,分子开始聚集,发光逐渐增强,随之提出了中国原创的概念"聚集诱导发光(Aggregation-Induced Emission, AIE)",并通过研究提出分子内运动受限(Restriction of Intramolecular Motion, RIM)发光工作机制。这丰富了高效率发光材料的研究领域。唐本忠院士团队也因此获得2017年度国家自然科学奖一等奖。四苯乙烯类化合物是聚集诱导发光材料中具有代表性的一类化合物。聚集诱导发光材料与纳米材料、有机化学、高分子化学、无机化学、细胞生物学等科学发生碰撞,衍生出许多新颖的研究领域和研究方向。

46. 6-硝基-1′,3′,3′-三甲基吲哚啉螺苯并吡喃

(1′,3′,3′-Trimethy-6-Nitrolspiro[2H-1-Benzopyran-2,2′-Indoline])

一、实验目的

1. 学习和熟练掌握硝基化反应和螺吡喃类化合物的制备原理和实验方法。
2. 巩固回流、搅拌、重结晶等基本操作,遵守操作规范。
3. 了解螺吡喃类光致发光材料的研究进展及螺吡喃类材料在有机功能材料中的作用。
4. 了解螺吡喃类光致变色化合物的变色原理。
5. 培养学生进行科研探索的兴趣及在动态变化中求不变的科研探索精神。

二、实验原理

6-硝基-1′,3′,3′-三甲基吲哚啉螺苯并吡喃是一种典型的螺吡喃类光致发光有机化合物。螺吡喃(Spiropyrane)是研究最早、最广泛的光致变色化合物体系之一。其变色原理是在一定波长的光的照射作用下发生结构上的变化。其结构变化如下:

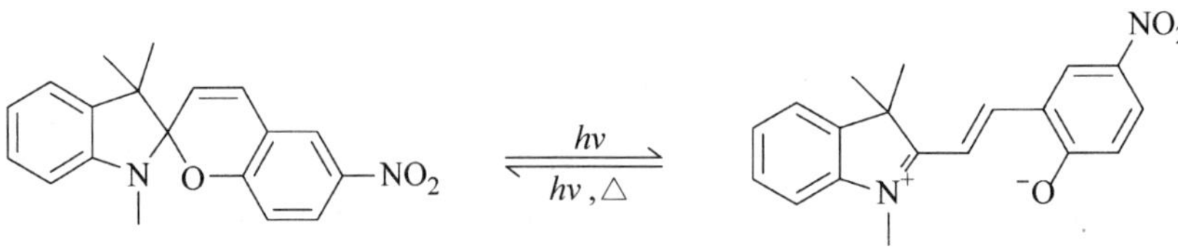

在光激发的作用下,无色的闭环态螺吡喃结构可以转变为有色的开环态的部花菁结构;而在光激发或者加热的条件下,部花菁类基团又会转变为螺吡喃结构。

本实验主要分为两步:① 硝化反应,利用水杨醛在发烟硝酸的作用下生成 5-硝基水杨醛;② 通过 5-硝基水杨醛与 2-亚甲基-1,3,3-三甲基吲哚啉反应生成 6-硝基-1′,3′,3′-三甲基吲哚啉螺苯并吡喃。

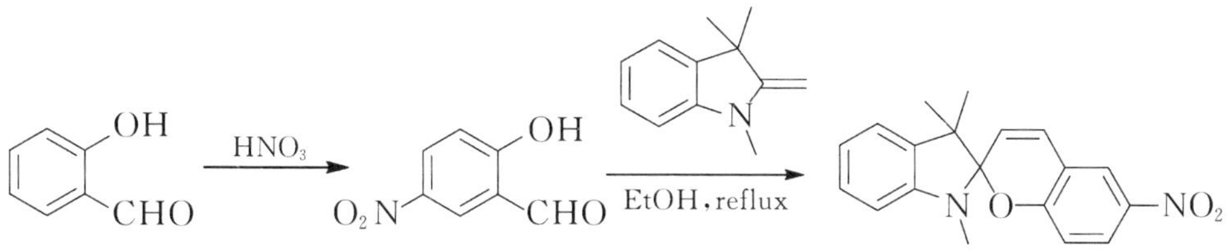

三、仪器和试剂

（一）主要仪器

100 mL 三口烧瓶、球形冷凝管、恒压滴液漏斗、分液漏斗、磁力加热搅拌器或电动搅拌器、水浴锅、温度计。

（二）主要试剂

水杨醛、冰醋酸、发烟硝酸、氢氧化钠、浓盐酸、2-亚甲基-1,3,3-三甲基吲哚啉、无水乙醇、活性炭。

四、实验步骤

1. 5-硝基水杨醛的制备。

（1）如图 1.14 所示搭建反应装置和尾气吸收装置。

（2）在 100 mL 三口烧瓶中加入 8 mL(0.076 mol)水杨醛、30 mL 冰醋酸,搅拌均匀,保持冰水浴温度在 0 ℃~5 ℃。

（3）缓慢滴加 11.2 mL 发烟硝酸,并保持冰水浴温度在 0 ℃~5 ℃,有浅黄色固体析出。滴加完后,水浴加热至 40 ℃,固体溶解变为暗红色溶液,趁热倒入 80 mL 冰水中,析出浅黄色固体。

（4）抽滤,用少量水洗涤数次。将固体搅拌溶解在 3 mol/L 的热 NaOH 溶液中,冷却至室温后抽滤,所得固体再溶解在水中,用 6 mol/L 盐酸调节 pH 为 3~4,析出淡黄色固体即为 5-硝基水杨醛,干燥,称重并计算产率。

2. 6-硝基-1′,3′,3′-三甲基吲哚啉螺苯并吡喃的制备。

（1）如图 1.11 所示搭建反应装置。

（2）在 100 mL 三口烧瓶中加入 2.7 g(0.076 mol)5-硝基水杨醛、2.8 g 2-亚甲基-1,3,3-三甲基吲哚啉和 50 mL 无水乙醇,加热搅拌回流 2 h,得到深褐紫色溶液。

（3）反应完毕后冷却至室温结晶。抽滤,得到黄色固体粗产物。固体用无水乙醇重结晶,冷却至室温,抽滤得黄色针状晶体,用少量乙醇洗涤,干燥称重并计算产率。

注意事项

1. 发烟硝酸具有极强的腐蚀性,应在通风橱中取用,并注意不要滴在皮肤上。

2. 硝化反应产物存在两种,即对位和邻位产物,注意在实验中的纯化方法。

3. 对粗产物进行重结晶时注意避光保护。

五、思考题

1. 硝化反应过程中存在哪几种产物? 如何分离提纯?

2. 为什么硝化后先用 NaOH 溶液溶解后再用盐酸调节 pH?

3. 取少量产物溶解在乙酸乙酯中,紫外灯照射或者在太阳光下照射数分钟,观察颜色前后发生什么变化?

4. 螺吡喃类化合物光致变色现象的原因是什么?

六、参考文献

[1] 武汉大学化学与分子科学学院实验中心.综合化学实验[M].武汉:武汉大学出版社,2003.

[2] 颜红侠.现代精细化工实验[M].西安:西北工业大学出版社,2015.

[3] 杨素华,庞美丽,孟继本.双功能螺吡喃螺噁嗪类光致变色化合物研究进展[J].有机化学,2011,31(11):1725-1735.

七、拓展应用

有机光致变色化合物主要有螺吡喃、螺噁嗪、芳香族偶氮化合物、二芳基乙烯和俘精酸酐等。由于其在光照前后发生了结构或电子组态的变化,因此产生了吸收光谱的显著改变,其光物理或光化学性能也发生明显的改变,如氧化还原电位、光学活性、折射率、磁性、导电和介电常数等。有机光致变色化合物广泛应用于光信息存储、显示器、防伪材料、刺激响应材料、装饰材料和生物活性的光调控等领域。

4.13 不对称合成

47. (+)-(S)-3-羟基丁酸乙酯
(3-Hydroxybutyric Acid Ethylester)

一、实验目的

1. 学习和熟悉生物催化剂催化羰基化合物的不对性合成。

2. 学习掌握由乙酰乙酸乙酯制备手性化合物(+)-(S)-3-羟基丁酸乙酯的方法。

3. 巩固回流、搅拌、重结晶、干燥等基本操作,遵守操作规范。

4. 了解生物催化不对称合成工艺研究进展及（＋）-(S)-3-羟基丁酸乙酯在香料工业、有机合成中的用途。

5. 培养学生理论联系实际、实事求是的科学精神，树立严谨细致的工作作风。

二、实验原理

（＋）-(S)-3-羟基丁酸乙酯具有甜润的果香、葡萄香等香味，可用作食用香料（增香剂）、食品添加剂和有机化工原料等。手性化合物可以通过手性对映体拆分和化学合成获得。化学合成中通常需要催化剂，其中生物催化剂由于其优异的性能而受到关注。生物催化是合成手性化合物的重要方法，采用面包酵母来进行 β-酮酯还原是较为常用的方法之一，具有工艺流程简单、催化剂可重复利用、成本低廉等优势。

本实验中，乙酰乙酸乙酯在面包酵母的催化作用下发生选择性还原，生成（＋）-(S)-3-羟基丁酸乙酯，反应如下：

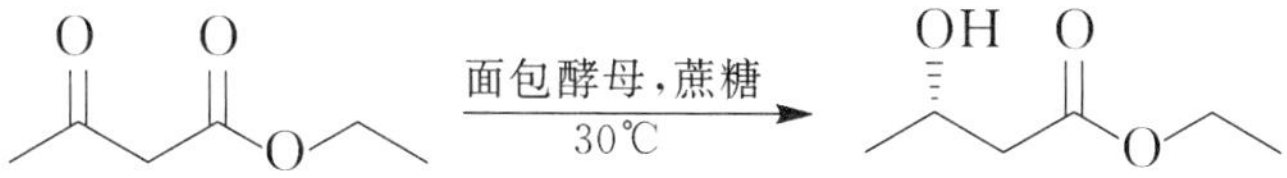

三、仪器和试剂

（一）主要仪器

250 mL 三口烧瓶、球形冷凝管、恒压滴液漏斗、分液漏斗、砂芯漏斗、磁力加热搅拌器或电动搅拌器、水浴锅、减压蒸馏装置、温度计等。

（二）主要试剂

蔗糖、乙酰乙酸乙酯、硅藻土、面包酵母、氯化钠、无水硫酸镁等。

四、实验步骤

1. 如图 1.11 所示搭建反应装置。

2. 在 250 mL 三口烧瓶中加入 10 g 面包酵母和蔗糖水（将 15 g 蔗糖预先溶解在 10 mL 水中），将上述混合物在 25 ℃～30 ℃下缓慢搅拌 1 h（注意搅拌速度），将 1 g 乙酰乙酸乙酯加到悬浮液中，在室温下搅拌 12 h。

3. 将溶解有 10 g 蔗糖的 10 mL 水加热至 40 ℃，加入烧瓶中，放置约 1 h，加入 1 g 乙酰乙酸乙酯，再在室温下缓慢搅拌 24 h。

4. 向反应混合物中加入 1 g 硅藻土，用砂芯漏斗过滤，水相用饱和 NaCl 溶液洗涤，然后用乙醚萃取 3 次，用无水 $MgSO_4$ 干燥。

5. 40 ℃下减压蒸馏后得到的无色液体即为产物，产物沸点为 73 ℃～74 ℃（1.87 kPa）。

💡 **注意事项**

1. 生物催化还原中，除了氧化还原酶之外还需要有辅酶的参与，因此，除了使用

面包酵母外,葡萄糖或者蔗糖等必不可少。

2. 注意控制搅拌速度,以每秒放出两个气泡为宜。

五、思考题

1. 查找文献,简述生物催化不对称合成的特点。

2. 面包酵母在该反应中起到什么作用?

3. 反应中蔗糖是不是可以不用添加?为什么?

4.（＋)-(S)-3-羟基丁酸乙酯具有哪些应用价值?

六、参考文献

[1] 尹文萱,王兴涌,祝木伟. 有机化学实验[M]. 徐州:中国矿业大学出版社,2009.

[2] 朱文洲,许建和,俞俊棠. 面包酵母催化乙酰乙酸乙酯的不对称还原反应[J]. 华东理工大学学报,2000,26(2):154－156.

[3] 曾嵘,杨忠华,姚善泾. 生物催化羰基不对称还原合成手性醇的研究及应用进展[J]. 化工进展,2004,23(11):1169－1173.

七、拓展应用

生物催化手性合成主要是利用生物酶或微生物等作为催化剂,将无手性或潜在手性的化合物催化转变为手性化合物的过程。生物催化剂主要包括游离的酶、固定化的酶、动植物活细胞等。生物催化剂具有条件温和、快速、立体专一、副产物少和本身无污染等特点。因此,生物催化属于绿色合成,成本低,能耗少,环境友好。生物催化羰基的不对称还原反应在不对称合成中具有重要作用,主要包括还原脂肪和芳香酮,还原羰基酯,还原含卤素、氮或硫等杂原子的酮,其中一部分已经应用于工业生产,在药物、香料等领域具有重要的应用。

48. (2S,2S)-3-羟基-2-甲基-3-苯基丙醛

((2S,3S)-3-Hydroxy-2-Methyl-3-Phenyl-Propionaldehyde)

一、实验目的

1. 学习和熟悉 L-脯氨酸催化不对称 Aldol 缩合反应的实验原理和操作方法。

2. 巩固柱色谱、薄层色谱、浓缩等基本操作,遵守操作规范。

3. 了解 L-脯氨酸在不对称有机合成中的研究进展及 L-脯氨酸在不对称有机合成中的重要应用。

4. 培养学生理论联系实际、实事求是的科学精神,树立严谨细致的工作作风。

二、实验原理

L-脯氨酸是不对称有机合成中重要的一种催化剂。L-脯氨酸是天然存在的一种

氨基酸,白色结晶或结晶性粉末,有甜味,吸湿,能溶于热水和乙醇,廉价无毒。2000年,List、Barbas 等报道 L-脯氨酸可以作为催化剂实现酮与醛直接发生分子间不对称 Aldol 缩合反应。之后,MacMillan 等报道了 L-脯氨酸作为催化剂催化不同醛之间也能发生分子间不对称 Aldol 缩合反应。

本实验中,L-脯氨酸作为不对称有机合成的催化剂,直接催化丙醛与苯甲醛之间发生 Aldol 缩合反应,可以得到较高的产率(81%)和对映选择性(99%)。

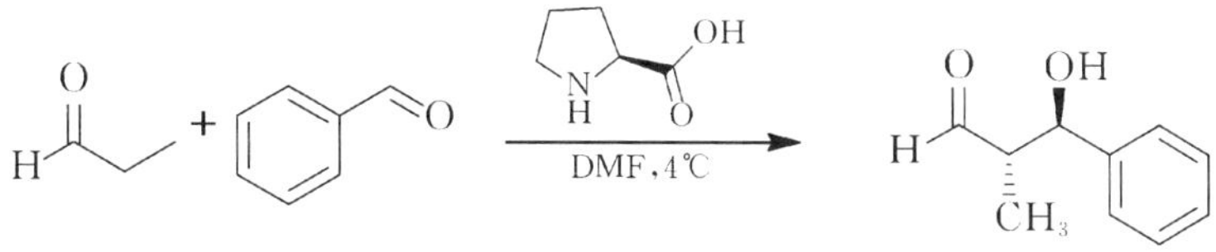

三、仪器和试剂

（一）主要仪器

100 mL 三口烧瓶、球形冷凝管、恒压滴液漏斗、分液漏斗、三角烧瓶、磁力加热搅拌器或电动搅拌器、水浴锅、旋转蒸发仪、真空水泵、层析柱、硅胶板。

（二）主要试剂

苯甲醛、丙醛、L-脯氨酸、N,N-二甲基甲酰胺（DMF）、二氯甲烷、正己烷、乙酸乙酯、无水硫酸钠、氯化钠、柱层析用硅胶。

四、实验步骤

1. 如图 1.11 所示搭建反应装置。

2. 往 100 mL 三口烧瓶中加入 1.8 mL（25 mmol）丙醛,15 mL DMF 先用冰水混合物冷却到 4 ℃。

3. 将 5.1 mL（50 mmol）苯甲醛和 0.29 g（2.5 mmol）L-脯氨酸溶解在 15 mL DMF 中,再缓慢滴加至上述溶液中。滴加完毕后,室温反应 12～24 h。

4. 反应完毕后,将反应混合液倒入 30 mL 乙酸乙酯中,分别用水和饱和食盐水洗涤 2～3 次。合并水相,用二氯甲烷萃取三次,合并有机相,用无水硫酸钠干燥,抽滤,滤液旋转蒸发至干。

5. 用洗脱液（$V_{正己烷}:V_{乙酸乙酯}=4:1$）对粗产品使用柱色谱法进行提纯,使用薄层色谱进行检测,将收集的样品进行旋转蒸发后得到无色油状物,称重并计算产率。

注意事项

1. 用冰水浴控制反应的低温反应条件。

2. 注意用水和饱和食盐水洗涤后需要的是水相,产物进入水相中。

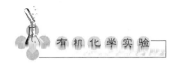

五、思考题

1. 查找文献，L-脯氨酸主要在哪些反应中起到催化作用？

2. 反应中反应温度对产物或者产率有什么影响？

3. 后处理过程中，DMF是如何除掉的？

4. L-脯氨酸在催化过程中的反应机理是什么？

六、参考文献

[1] 房芳. L-脯氨酸催化的不对称 Aldol 缩合反应实验设计[J]. 化学教育，2018,39(22):49—52.

[2] LIST B, LERNER R A, BARBAS Ⅲ C F. Proline-catalyzed direct asymmetric aldol reactions[J]. J. Am. Chem. Soc. 2000,122(10):2395—2396.

[3] NORTHRUP A B, MACMILLAN D W C. The first direct and enantioselective cross-aldol reaction of aldehydes[J]. J. Am. Chem. Soc. 2002,124(24):2395—2396.

[4] 徐伟伟. 响应型 L-脯氨酸基固体催化剂的制备及其水相催化不对称 Aldol 反应性能研究[D]. 太原:太原理工大学,2018.

七、拓展应用

L-脯氨酸作为有机小分子手性催化剂，因具有廉价易得、毒性较小、反应条件温和、反应机理易于分析等诸多优点而在不对称有机合成中得以广泛应用，如在催化 Aldol 羟醛缩合、Michael 加成、Diels-Alder 等不对称有机合成中具有重要的应用。L-脯氨酸类催化剂在种类上也得以拓展和衍生。L-脯氨酸手性催化剂催化活性中心是吡咯环中的仲氨。通过 L-脯氨酸的衍生可以增加其活性中心，如羟基、氨基、硫脲和酰胺等；此外，还可以将 L-脯氨酸类催化剂固载提高催化剂的活性和选择性，以及提高催化剂的循环利用率。作为固载载体的材料主要有离子液体、无机纳米粒子、无机-有机纳米粒子、聚合物高分子化合物等。

4.14 聚合物制备

49. 聚丙烯酸

[Poly（Acrylic Acid）]

一、实验目的

1. 学习和掌握低分子量聚丙烯酸制备的基本原理及其合成方法。

2. 掌握自由基聚合原理、基本的溶液聚合方法。

3. 了解低分子量聚丙烯酸合成工艺研究进展及聚丙烯酸的用途。

4. 培养学生理论联系实际、实事求是的科学精神,树立严谨细致的工作作风。

二、实验原理

聚丙烯酸[Poly (Acrylic Acid),PAA]是水质稳定剂的主要原料之一。丙烯酸单体化学性质活泼,极易发生聚合。一般通过本体、溶液、乳液、悬浮等聚合方法均可得到聚丙烯酸,符合一般的自由基聚合规律。但一般得到的聚丙烯酸分子量都较大,通常利用控制引发剂(过硫酸铵)用量和应用调聚剂(异丙醇)来降低聚丙烯酸的分子量。本实验中采用的是水溶液聚合方法。常用的水性引发剂如过硫酸钾、过硫酸铵、双氧水等。

$$n\mathrm{CH_2}\!=\!\mathrm{CH}\!-\!\mathrm{COOH} \xrightarrow{\text{引发剂}} \left[\mathrm{CH_2}\!-\!\underset{\underset{\mathrm{COOH}}{|}}{\mathrm{CH}}\right]_n$$

三、仪器和试剂

(一)主要仪器

250 mL 四口烧瓶、回流冷凝管、电动搅拌器、恒温水浴、温度计、滴液漏斗、pH 计。

(二)主要试剂

丙烯酸、过硫酸铵、异丙醇等。

四、实验步骤

1. 如图 1.11 所示搭建反应装置。

2. 往 250 mL 三口烧瓶中加入 1 g 过硫酸铵和 100 mL 蒸馏水,搅拌,待过硫酸铵溶解后,加入 5 g 丙烯酸单体和 8 g 异丙醇。加热搅拌使反应温度保持在 65 ℃~70 ℃。

3. 将 40 g 丙烯酸单体和 2 g 过硫酸铵在 40 mL 水中溶解后,由滴液漏斗逐渐滴加至反应瓶内。由于聚合过程中放热,瓶内温度有所升高,反应逐渐回流。滴加完约需 0.5 h。

4. 在 94 ℃下继续回流 1~2 h,反应即可完成。聚丙烯酸的分子量约在 500~4 000 之间。

💡 **注意事项**

1. 引发剂过硫酸铵不能直接加入,必须以水溶液形式加入,防止爆聚现象的发生。

2. 聚丙烯酸分子量的测定方法:首先将聚丙烯酸溶解在 0.01~1 mol/L 中性盐类溶液中,然后利用氢氧化钠标准溶液滴定。

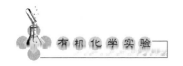

五、思考题

1. 低分子量聚丙烯酸的合成策略是什么？

2. 为什么要将过硫酸铵溶解在水中再加入反应体系中？

3. 聚合反应中异丙醇具有什么作用？

4. 如何测定合成聚丙烯酸的分子量？

六、参考文献

[1] 复旦大学高分子科学系,高分子科学研究所.高分子实验技术(修订版)[M].上海:复旦大学出版社,1996.

[2] 李英.低分子量聚丙烯酸的合成[J].化工管理,2013(8):210—211.

七、拓展应用

聚丙烯酸根据分子量的不同其主要功能也存在差异。低分子量(约 1 000～5 000)聚丙烯酸主要起到分散作用；中等分子量(约 1 万～100 万)聚丙烯酸主要起到增稠作用,常作为增稠剂应用于日化领域(如用于生产沐浴露、护肤或护发类乳液、护肤膏或霜、牙膏等)和医药领域(如用于生产药物的缓释固体制剂、凝胶软膏、口服混悬药剂等)；高分子量(约 100 万～1 000 万)聚丙烯酸主要起到絮凝作用,作为环境污水污泥处理中的絮凝剂；超高分子量(1 000 万以上)聚丙烯酸不溶于水,在水中溶胀,生成水溶胶,主要起到吸水作用,常用作吸水树脂,也可作为保水剂使用,应用于沙漠改造、土壤改造等生态保护领域。

50. 聚苯乙烯

(Polystyrene)

一、实验目的

1. 学习和掌握悬浮法制备聚苯乙烯的基本原理和实验操作方法。

2. 了解悬浮聚合的配方及各组分的作用。

3. 了解粒子的成珠条件、悬浮剂的分散机理,以及搅拌速度对悬浮聚合物粒子大小的影响。

4. 培养学生理论联系实际的科学态度和严谨细致的工作作风。

二、实验原理

聚苯乙烯(Polystyrene,PS)是一种无色透明的热塑性塑料,是当今世界五大通用塑料之一。聚苯乙烯主要分为普通聚苯乙烯、发泡聚苯乙烯(EPS)、高抗冲聚苯乙烯(HIPS)及间规聚苯乙烯(SPS)等。聚苯乙烯的合成通常采取悬浮聚合的方法,用水作为反应介质,易于控制温度,产品的杂质含量低；后处理工艺简单,可制备均匀的珠状颗粒,用于加工成型。

悬浮聚合是将单体以微珠形式分散于介质中进行的自由基聚合,也是工业生产中较为常用的一种聚合方式。悬浮聚合体系一般由单体、分散剂、引发剂和介质等组成。其中,分散剂一般可分为两大类:一类为可溶于水的高分子化合物,如明胶、聚乙烯醇、聚甲基丙烯酸钠等。其作用机理是高分子化合物吸附在介质液滴表面,形成一层保护膜,同时介质黏度也会增加,使液滴接触后不会黏结。另一类是不溶于水的无机盐粉末,如钙镁金属的磷酸盐、硫酸盐和碳酸盐等。其作用机理是粉末吸附在介质液滴表面,起到机械隔离的作用。分散剂的种类和用量会影响颗粒大小、形状和透明性等。

苯乙烯在水中的溶解度较小,将其分散在水中搅拌,加入分散剂,单体分散形成液滴。聚合发生在每个小液滴内,反应机理与本体聚合相似,每个微珠相当于一个小的本体,因此可看成是小珠本体聚合。悬浮聚合可解决本体聚合散热难的问题。由于分散剂的加入,珠粒表面形成保护膜使珠与珠之间不易黏结成团。

苯乙烯通过悬浮聚合生成聚苯乙烯的反应式如下:

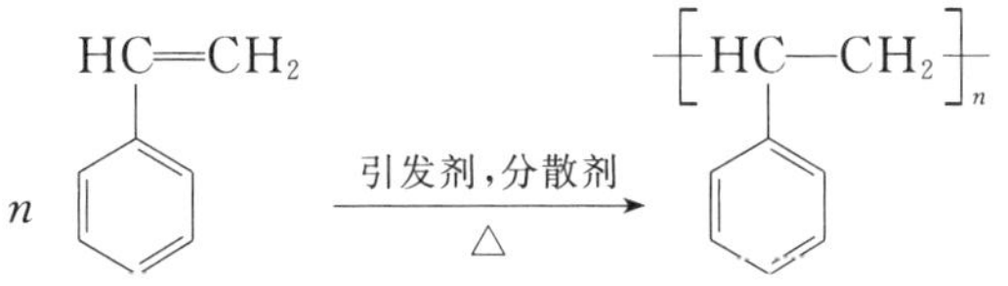

三、仪器和试剂

(一)主要仪器

250 mL 三口烧瓶、球形冷凝管、恒压滴液漏斗、磁力加热搅拌器或电动搅拌器、水浴锅、温度计、真空水泵、烧杯、量筒。

(二)主要试剂

苯乙烯、过氧化苯甲酰、聚乙烯醇、磷酸钙、去离子水。

四、实验步骤

1. 将水浴锅温度调至反应温度 85 ℃～90 ℃,如图 1.11 所示搭建悬浮聚合装置。

2. 将 0.3 g 聚乙烯醇倒入装有 100 mL 去离子水的烧杯中,搅拌使其完全溶解,加入 250 mL 三口烧瓶中,再加入 0.2 g 磷酸钙,搅拌加热。

3. 加入 0.3 g 完全溶解在 15 mL 苯乙烯中的过氧化苯甲酰(BPO)。调整搅拌速度,保持搅拌速度恒定,使苯乙烯单体在水中分散成均匀的珠粒。

4. 聚合反应进行约 4～5 h 珠粒开始沉降时,将温度升至 95 ℃,熟化 1 h,然后停止反应。

5. 冷却后抽滤,固体珠粒用水洗涤数次,烘干,称重,计算产率。

💡 **注意事项**

1. 控制搅拌速度是本实验中的重要因素,聚合过程中应保持恒定的搅拌速度,从而获得均匀的珠粒。

2. 聚乙烯醇必须完全溶解后再加入反应体系中。

3. 引发剂 BPO 需要完全溶解在苯乙烯溶液中后再加入反应体系中。

五、思考题

1. 悬浮聚合是否成功的关键影响因素是什么?

2. 聚苯乙烯的珠粒大小如何控制?

3. 该聚合反应中的分散剂是什么?具有什么作用?

4. 聚苯乙烯具有哪些重要的良好性能?

六、参考文献

[1] 张安强. 高分子化学实验[M]. 广州:华南理工大学出版社,2017.

[2] 刘长生,喻湘华,鄢国平. 高分子化学与高分子物理综合实验教程[M].北京:中国地质大学出版社,2008.

[3] 袁露. 资源环境科学与工程专业实验[M]. 长沙:湖南师范大学出版社,2016.

[4] 郭华超,黄国家,杨波,等.石墨烯/聚苯乙烯复合材料的研究进展及应用[J].塑料,2020,49(1):139-142.

七、拓展应用

聚苯乙烯是五大通用塑料之一,热塑性好,易于加工成型,绝缘性好,价格低廉,广泛应用于家用电器(如电视机、电冰箱、手机等)、泡沫制品(如快餐饭盒)、包装材料、建筑板材、保温绝热材料、仪器仪表、其余电子电器、日用品、办公用品、玩具、生物医药等领域。

第5章　有机化合物鉴定

　　有机化合物的鉴定包括有机定性分析、未知物的确认及鉴定,是现代有机化学的一个重要部分。化学科研或从业人员可以通过对未知物的观察,或利用化学反应对化合物进行提纯、分离、鉴定等方式对物质的化学性质有更深刻的认知。化学工作者往往采用经典的化学分析手段鉴定未知物。随着现代波谱技术的发展及检测水平的提高,新的分析方法已经在分离和鉴定有机化合物领域发挥巨大的作用。但经典的化学分析手段操作简单、方便易行,使得工作者更容易在化学实验室进行物质鉴别,因此传统的鉴定方法仍是从业人员必须掌握的一项操作技巧。目前往往结合化学分析和仪器分析两种方法对有机化合物进行鉴定和分析。学生在学习和实践过程中,也应该体会两种分析方法中相辅相成的内在联系,可更迅速简便地进行分析和鉴定。

　　有机化合物的鉴定要求从业者对有机化学知识有一定的积累,能够从简便的实验中发现问题、思考实验现象及内在的本质联系,切不可机械地完成设计的工作。在整个鉴定过程中,应利用所学的知识举一反三,对新接触的实验充满热情,以探索未知的实验过程;还要懂得设计绿色、环保的实验方案,避免操作过程中对自己和他人造成伤害。

5.1　鉴定未知物的一般步骤和初步观察

一、鉴定未知物的一般步骤

　　通常我们讨论的化合物的鉴定针对的是纯净的有机物,但是实际鉴定对象往往都是不纯的未知物。气相色谱是鉴定化合物纯度的重要手段,纯净的化合物在气相色谱中只出现一个单峰。对量大的液态化合物可以通过测定沸点的方法进行鉴定,有恒定的沸点和较窄的沸程(1 ℃～2 ℃)则可以证明化合物为纯品。少量固体化合物纯品的标志是相对固定的熔点和较窄的熔程(1 ℃～2 ℃)。但是共沸混合物或低共熔混合物也可能有上述纯品的标志。实验室常用的分离提纯有机化合物的方法有萃取、蒸馏(包括常压蒸馏、减压蒸馏和水蒸气蒸馏或分馏)、重结晶、色谱法(包括薄层色谱、柱色谱、气相色谱和高效液相色谱)等方法。

未知物的纯度确定后,还可以通过测定沸点、熔点、折射率、相对密度、比旋光度等相应的物理常数,缩小化合物的种类和范围;也可以根据元素分析设备确定化合物的元素组成,以及用质谱法测定相对分子质量以确定未知物的分子式。根据化合物的元素组成和分子式可以了解元素的组成和含量,也可通过未知物在水、酸、碱和有机溶剂中的溶解度简单地推测可能存在的官能团,再配合红外光谱即可准确地确定未知物的官能团。

化合物的鉴定分析一般包括以下步骤:

1. 物理和化学性质的初步鉴定。

2. 物理常数的初测定。

3. 元素分析。

4. 溶解度试验。

5. 波谱分析。

6. 官能团鉴定。

上面仅仅提供了鉴定未知物的一般步骤,工作者可以依据自己积累的化学知识、判断力和经验来选择合适的方法鉴定未知物。

二、未知物的观察

有机化合物的外观、色泽、物态、气味受结构和性质的影响而多种多样,普通的有色物质有硝基和亚硝基化合物(黄色)、醌和偶氮化合物(黄或红色)、高度共轭的烯和酮(黄、红或紫色),芳胺和苯酚类化合物由于含有微量的空气氧化产物而使其迅速变色。

液态有机物和少量的固态化合物还具有独特的气味。例如,胺类往往具有鱼腥味,大部分酯类有令人愉快的水果或花香味,酸或酸酐有辛辣的刺鼻味,硫醇和异腈类化合物有令人不愉快的气味。

灼烧试验也是鉴别未知物的重要手段,但是将有机化合物进行灼烧,实验的安全性和环保性并不符合当前绿色化学发展的需求,因此本教材并不推荐利用此法来鉴定有机化合物。

5.2 元素定性分析

一般有机化合物都含碳和氢元素,大部分的有机化合物含有氧元素,有些有机化合物还含有氮、硫、卤素(氟、氯、溴、碘),或者含有磷、砷、硅及某些金属元素等。元素定性分析的目的在于鉴定某一有机化合物的元素组成,在此基础上进行元素定量分析或官能团试验后可以定性分析元素组成方式。元素定量分析可以准确得知碳、氢和氮元素的含量,目前先进的元素分析仪也可以测定氧元素的含量。

一、钠熔法

有机化合物中各元素原子通常采用共价键形式结合,很难在水溶液中解离成相应的离子,因此需要通过特殊的方法使元素原子转变成离子,利用无机定性分析鉴定元素的种类。钠熔法是最常用的方法之一,即将有机化合物和金属钠混合后共熔,将氮、硫和卤素等元素转变为相应的可溶于水的钠盐。钠水解会释放大量的热,因此在实验过程中一定要注意安全。为了保证实验的安全性,采用钠-铅合金(9 份铅和 1 份钠)更容易操作,水解时也更安全。

$$有机物(C、H、O、N、S、X)$$
$$\xrightarrow[\quad 钠熔 \quad \downarrow \quad 成盐 \quad]{}$$
$$NaCN \quad Na_2S \quad NaCNS \quad NaOH \quad NaX$$

钠-铅合金法:取干燥的 10 cm×100 cm 的硬质试管一支,将其上端垂直固定在铁架上(图 5.1),向其中加入 0.5 g 钠-铅合金。用小火温热后集中加热至钠合金蒸气上升 1～2 cm,除去火焰后向热合金试管中小心滴入 1～2 滴液体或研细的 10 mg 固体样品,保持反应缓和进行,加热直至试管至红热状态 2 min 后冷却至室温,也可加入少量蔗糖。加入少量的乙醇分解过量的钠后再加 3 mL 蒸馏水水解反应混合物,微热使水解完全后过滤,滤渣用水洗后保留,用于以下鉴定试验以检测硫、氮和卤素。

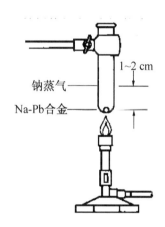

图 5.1　钠熔法装置

二、元素的鉴定

(一)氮的鉴定

1. 普鲁士蓝试验:在溶液中加入亚铁离子(Fe^{2+})和铁离子(Fe^{3+}),使氰离子(CN^-)与亚铁离子(Fe^{2+})配位生成$\left[Fe(CN)_6\right]^{4-}$,后者转变为深蓝色的普鲁士蓝沉淀。

取 2 mL 滤液,加入 4～5 滴 10％氢氧化钠溶液和一小粒硫酸亚铁晶体或者 5 滴新配制的硫酸亚铁饱和溶液,使溶液呈碱性。将溶液煮沸后将上层清液转移,弃去残渣。冷却后加入 10％的盐酸使硫化亚铁和氢氧化亚铁沉淀溶解。然后加入 1～2 滴 5％的三氯化铁溶液,如有蓝色普鲁士蓝沉淀析出,则表明有氮元素。反应式如下:

$$6CN^- + Fe^{2+} \longrightarrow \left[Fe(CN)_6\right]^{4-} \longrightarrow KFe\left[Fe(CN)_6\right]\downarrow$$
$$普鲁士蓝$$

2. 醋酸铜-联苯胺试验:取 1 mL 滤液,加入 3～5 滴 10％醋酸酸化,加入数滴醋

酸铜 联苯胺试剂(沿管壁缓慢加入,不能摇动),在无机/有机层处有蓝色环出现,表明有氮元素。样品需要排除硫元素的干扰,在滤液中加入1滴醋酸铅后进行离心分离得上层液进行试验。醋酸铜-联苯胺试验的反应机理是:氰根离子(CN^-)存在时,由于亚铜离子更容易结合 CN^- 形成配离子 $[Cu_2(CN)_4]^{2-}$,改变下列平衡,亚铜离子浓度减小,促使平衡向右移动,联苯胺蓝增多,因此出现联苯胺蓝的蓝色环。

$$铜离子+联苯胺 \rightleftharpoons 亚铜离子+联苯胺蓝$$

联苯胺: $H_2N-\!\!-\!\!-NH_2$

联苯胺蓝: $[H_2N-\!\!-\!\!-NH_2 HN=\!\!-\!\!=NH]HOAc$

醋酸铜-联苯胺试剂包括 A 液和 B 液的配制。A 液:取 286 mg 醋酸铜溶于 100 mL 水中。B 液:取 150 mg 联苯胺溶于 100 mL 水及 1 mL 醋酸中。A 液与 B 液分别贮存在棕色瓶中,使用前等体积混合。样品试剂需排除碘的干扰。

(二)硫的鉴定

1. 硫化铅试验:取 1 mL 滤液,加醋酸使溶液彻底酸化,再加 3 滴 2% 醋酸铅溶液,如有黑褐色沉淀生成,则表明有硫元素。反应式如下:

$$Na_2S+Pb(OAc)_2 \longrightarrow PbS\downarrow +2NaOAc$$

2. 亚硝酰铁氰化钠试验:取 1 mL 滤液,加入 1 小粒亚硝酰铁氰化钠或 2~3 滴新配制的 1% 亚硝酰铁氰化钠溶液,如呈紫红色或深红色,则表明有硫元素。反应式如下:

$$Na_2S+Na_2[Fe(CN)_6NO] \longrightarrow Na_4[Fe(CN)_5NOS]$$
$$(紫红色)$$

(三)卤素的鉴定

卤化银试验:如滤液中无硫、氮元素,取 2 mL 溶液直接加入稀硝酸酸化,滴入硝酸银,根据生成的卤化银沉淀颜色以鉴定卤素。若化合物中含有硫、氮,则应先用稀硝酸酸化(在通风橱中进行),然后再加数滴 5% 硝酸银溶液鉴定。AgCl 为白色沉淀,AgBr 为黄色沉淀,AgI 为深黄色沉淀。也可以采用元素定性分析或者采用 TLC 方法进行卤素的精确鉴定。

$$NaX+AgNO_3 \longrightarrow AgX\downarrow +NaNO_3$$

(四)氯、溴、碘的分别鉴定

1. 溴和碘的鉴定:取 3 mL 滤液,加入 3 mL 冰醋酸和 0.1 g 二氧化铅,在通风橱中加热,取荧光素试纸放在试管口,黄色试纸变为粉红色表示有溴,氯无干扰,碘使试纸变为棕色。

2. 氯的鉴定:在滤液中加入 2 mL 浓硫酸及 0.5 g 过硫酸钠煮沸数分钟,将溴和碘全部除去,然后取清液进行硝酸银的氯离子检验。

💡 **注意事项**

1. 钠-铅合金法中使用硬质试管时必须注意安全。

2. 钠-铅合金法中加入少许蔗糖有利于氮含量较低的样品形成氰根,否则氮不易检出。

3. 荧光素试纸的制作:将滤纸浸入 1%荧光素(又称荧光黄)-乙醇溶液中,取出阴干后裁成小条备用。

5.3　溶解度试验

所有未知物都应进行溶解度试验。对有机物在水、5%盐酸、5%氢氧化钠溶液、浓硫酸等无机试剂和有机溶剂中的溶解度进行测定后,才能揭示化合物是酸、碱还是呈中性的物质。酸性试验能说明未知物中是否含有碱性的或被质子化的氧、氮或硫的官能团。溶解度试验还可以排除或推断未知物中不同官能团的可能性。通过正规的溶解度试验来对未知物分类不是特别准确,没有特定的标准和确切的界限,但能对我们认识未知物的性质提供很大的帮助。

一、实验操作

在小试管中加入未知物(液体加入 1 滴,固体加入几粒晶体或用极少量固体),向试管中滴加 1 mL 左右的溶剂,充分振摇试管使两者混合,观察溶液中是否有明显混合线条或溶剂有无颜色变化。液体有明显的分散,固体消失或者有明显线条都意味着有溶解过程。确定未知物在某一溶剂中溶解后再加入几滴液体或几粒固体,测定化合物溶解度的大小。切不可将过多的未知物投入所选定的溶剂中,以免造成未知物和溶剂的浪费。对晶体较大的未知物,溶解需要更长的时间,可以将大的晶体研磨成粉状或小的晶体再进行测试。如果未知物在溶剂中有溶解的可能,也可进行适度加热(不宜剧烈加热,以避免化合物分解或反应)。

可以按照上述实验操作,依次测试化合物在以下溶液中的溶解性并测定溶解度:水、5% NaOH 溶液、5% NaHCO₃溶液、5% HCl 溶液、浓硫酸、有机溶剂等。用浓硫酸试验时,可能会观察到颜色的变化,可视为阳性实验,对部分有机物也可能会发生碳化现象而变黑。在实验过程中也可以根据科研人员的经验,依据"相似相溶"的原则,灵活地选择有机溶剂溶解化合物。

值得指出的是,有机化学知识与实验过程相辅相成,密不可分,工作者一定要根据个人知识的积累和储备进行总结,善于发现实验中的现象。例如,工业原油在极性大的溶剂(如乙醇、水、丙酮等溶剂)中是难溶解的,可以测试在极性小的溶剂(如正己烷或石油醚)中的溶解度。又如,未知物不溶或难溶于水,可以推断出化合物中没有极性较大的基团,还可以根据液体分层的情况得到未知物密度的信息。未知物能溶于水,就应该考虑用石蕊试纸或 pH 试纸测试该化合物水溶液的 pH。因此化学实验是探索的过程,在实验中一定要主动地发现实验现象并做好记录,还要"多思、多想、多记",只有这样才可能有新的发现以达到更高的科研水平。不谨慎的化学实验往往很容易变成枯燥和没有实际意义的机械劳动,而促增工作者对行业的烦恼。

二、溶解度试验分类

(一)水中的溶解度

含六个或少于六个碳原子的碳氢化合物由于极性很小都难溶于水,但是含四个或少于四个碳原子并含有氧、氮元素的化合物往往是水溶性的。含氧、氮元素的官能团的大多数低分子量化合物也有水溶性,含这些元素的五碳或六碳化合物往往处于水溶性的边缘。与直链化合物相比,含支链烷基的化合物可使分子间作用力降低,在水中溶解度较大,因此正丁醇的水溶性较叔丁醇更弱。当分子中氧、氮对碳原子的比例增大时,化合物在水中的溶解度也往往会增大;烷烃链增长时,化合物在水中的溶解度就开始下降。这是因为氧、氮均为极性原子或官能团,而且这类原子往往还有孤对电子可以在水中结合质子;而碳、氢为小极性原子,较难与水配位,因此会导致上述规律。

(二)5% NaOH 溶液和 5% $NaHCO_3$ 溶液中的溶解度

结合 Lewis 酸碱理论,可以通过测试未知物在碱溶液中的溶解性来衡量化合物是否是酸。通过在 5% NaOH(强碱)溶液和 5% $NaHCO_3$(呈弱碱性)溶液中溶解度的测定,还可区别弱酸和强酸。表 5.1 对强酸和弱酸进行了区分。

根据酸碱性顺序,同时能溶于 NaOH 溶液和 $NaHCO_3$ 溶液的化合物的 $pK_a \leqslant 5$;如果化合物只能溶于 NaOH 溶液,则表明该化合物的 pK_a 可能在 10 左右。化合物能溶于碱是由于生成钠盐。例如,苯酚可以溶于 NaOH 溶液但不能溶于 $NaHCO_3$ 溶液,因为苯酚(弱酸)和 NaOH(强碱)反应生成了苯酚负离子,而与 $NaHCO_3$(呈弱碱性)并不能发生反应。某些高分子量化合物的钠盐往往形成乳状液。例如,日常生活中的牙膏为乳状物,就是由硬脂酸钠盐制成的。强酸一般为典型的 R—O—H 结构,R 为吸电子结构,导致—OH 中的氢容易解离。

表 5.1 常见有机化合物溶解度

强 酸 (既能溶于 NaOH 溶液,又能溶于 $NaHCO_3$ 溶液)	弱 酸 (仅能溶于 NaOH 溶液,不能溶于 $NaHCO_3$ 溶液)
磺酸 RSO_3H	酚 ArOH
羧酸 RCOOH	硝基烷烃 RCH_2NO_2,R_2CHNO_2
多硝基苯酚 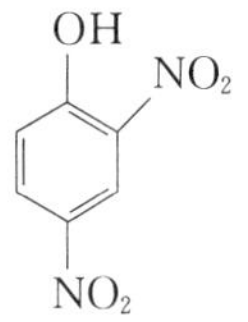 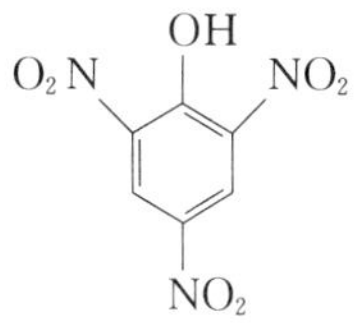 （结构式图）	β-二酮 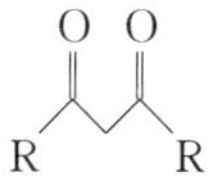 （结构式图） β-二酯 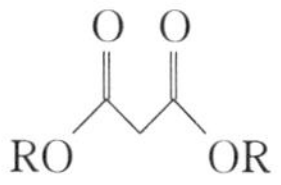 （结构式图） 酰亚胺 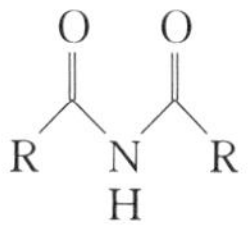 （结构式图） 磺酰胺 $ArSO_2NH_2$ $ArSO_2NHR$

（三）5% HCl 溶液中的溶解度

胺及相应的衍生物中由于氮原子的存在而显碱性,可以溶于 5% HCl 溶液(稀酸)生成盐酸盐溶于水中。当烷基被芳环取代后,苯环的共轭效应使胺的碱性下降,但仍可与稀酸反应生成盐;当烷基继续被芳基取代时,由于强共轭作用的影响,碱性继续降低,使得二芳基(Ar_2NH)和三芳基(Ar_3N)均不溶于稀酸。当芳环上有多个卤原子或硝基等强吸电子基团时,碱性太弱也不溶于稀酸。

$$RNH_2 + HCl \longrightarrow RN^+H_3Cl^-$$

（四）浓 H_2SO_4 中的溶解度

所有含氧、氮和硫原子的化合物几乎都可以在浓硫酸中被质子化而溶解,包括大部分的醇、醚、醛、酮等含氧化合物。很多烯、炔、酰胺和芳香硝基化合物也可能溶于浓硫酸。部分化合物如蔗糖等可以在浓硫酸中发生碳化而变黑。

5.4 有机化合物官能团的鉴定

有机化合物的性质是由结构(所含有的独特官能团)所决定的,因此确定一种化合物的结构,必须进行官能团的鉴定和分析,才能推测其对应的性质。准确的官能团分析可以通过红外光谱来指认。也可利用有机物官能团所具有的反应性质进行定性试验,与相应的试剂反应可推断出是否存在某类官能团。这样的操作往往具有简便、反应快且现象明显的特点。这类实验要求试剂对官能团有专一性并排除干扰因素。

一、烷、烯、炔的鉴定

烷烃是饱和的碳氢化合物,分子中含有饱和的 C—C 键和 C—H 键,一般情况下化学性质比较稳定,在特殊条件下(如光照、加热和催化剂存在下)才可能发生取代反应等。

烯烃与炔烃分子中含有不饱和的 C═C 和 C≡C 键,化学性质相对活泼,容易发生加成反应和氧化反应。烯烃和炔烃都可以与溴的四氯化碳溶液发生加成反应而使溴褪色。

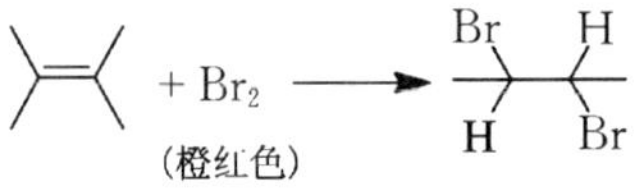

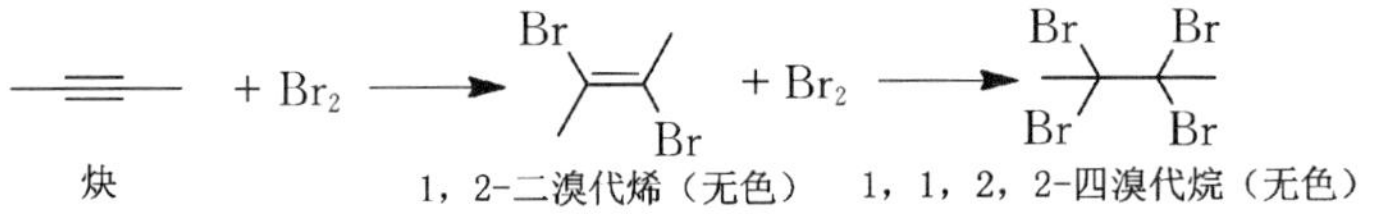

烯烃和炔烃都可以与高锰酸钾溶液反应,使紫色褪去,生成黑褐色的二氧化锰沉淀。

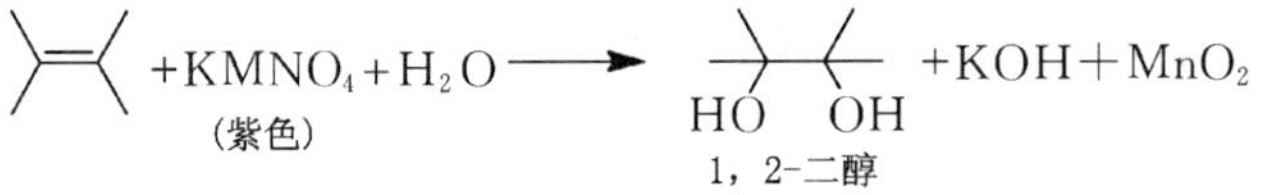

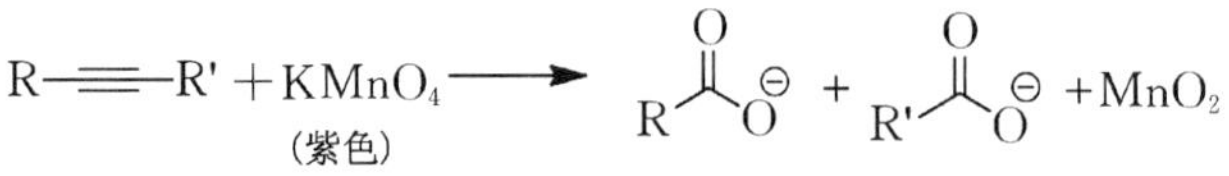

R—C≡C—H 型末端炔烃所含的活泼氢可和一价银离子(Ag^+)或亚铜离子(Cu^+)生成白色的炔化银或红色的炔化亚铜沉淀。用于区别于其他炔烃。

$$R \text{—} C \equiv C \text{—} H \xrightarrow{Ag^+(Cu^+)} R \text{—} C \equiv C \text{—} CAg \text{ 或 } R \text{—} C \equiv C \text{—} CCu$$

(一)溴的四氯化碳溶液试验

在小试管中加入 1 mL 5％溴的四氯化碳溶液,加入几滴或通入少量(气体 1～2 min)被测试样品,振荡试管,观察溴的橙红色变化情况。

(二)2％高锰酸钾溶液试验

在小试管中加入 1 mL 2％高锰酸钾溶液后加入 2 滴试样,摇荡试管使两者混合均匀,观察紫色高锰酸钾溶液的变化,是否有紫色褪去和有无褐色二氧化锰沉淀生成。

(三)炔类化合物的鉴别试验

1. 银氨溶液试验:在试管中加入 0.5 mL 5％硝酸银溶液,再加 1 滴 5％ NaOH 溶液生成沉淀,滴加 5％氨水直到生成的氢氧化银刚好溶解,在混合溶液中加入 2 滴试样,观察有无白色的炔化银沉淀生成。

$$AgNO_3 + NaOH \longrightarrow AgOH + NaNO_3$$

$$2AgOH \longrightarrow Ag_2O + H_2O$$

$$Ag_2O + 4NH_4OH \longrightarrow 2[Ag(NH_3)_2]OH + 3H_2O$$

2. 铜氨溶液试验:取 0.1 g 氯化亚铜固体溶于 1 mL 水中,逐滴加入浓氨水至沉淀完全溶解,在混合溶液中加入 2 滴试样或通入乙炔,观察有无红色沉淀生成。

二、卤代烃的鉴定

未知物可以通过硝酸银的醇溶液检验卤代烃在 S_N1 反应中的活性,推测卤代烃可能的结构。因为硝酸银可与足够活泼的卤代烃(如叔卤代烃、烯丙式卤代烃和苄卤代烃等)反应,产生白色或米黄色的卤化银沉淀。

$$RX + AgNO_3 \longrightarrow AgX\downarrow + RONO_2$$

活泼的卤代烃指能在溶液中形成稳定碳正离子和带有良好离去基团的卤代烃。苄卤代烃、烯丙式卤代烃和叔卤代烃均能立即与硝酸银反应;仲卤代烃和伯卤代烃在室温不易反应,温热可以促进反应的发生;芳香卤代烃和乙烯式卤代烃即使在升高温度时也难发生反应,这与碳正离子的稳定性顺序一致。同碳原子上有两个卤原子的卤代烃不与硝酸银反应。

和 $R-CH=CH-\overset{\oplus}{C}H_2 \approx R_3\overset{\oplus}{C} > R_2\overset{\oplus}{C}H > R\overset{\oplus}{C}H_2 > \overset{\oplus}{C}H_3$

烃基相同,卤原子不同的卤代烃的活性不同,碘化物最活泼,活性次序如下:

$$RI > RBr > RCl > RF$$

卤代烷还可与碘化钠的丙酮溶液进行 S_N2 反应,发生卤原子的取代。

$$RCl + NaI \longrightarrow RI + NaCl$$

$$RBr + NaI \longrightarrow RI + NaBr$$

(一)硝酸银试验

取 1 mL 5% 硝酸银的乙醇溶液加入试管中,滴加 2~3 滴试样后振荡混合均匀。静置 5 min 后观察有无沉淀生成,若无沉淀可煮沸片刻,生成白色或黄色沉淀,加入 1 滴 5% 硝酸溶液,沉淀不溶则视为正反应;若煮沸后只稍微出现浑浊,而无沉淀(加 5%硝酸又会发生溶解),则视为负反应。

(二)碘化钠-丙酮溶液试验

在试管中加入 2 mL 10% 碘化钠-丙酮溶液后再滴入 4~5 滴试样,振荡后观察并记录生成沉淀所需的时间。若 5 min 仍无沉淀生成,可将试管置于水中温热(注意勿

超过 50 ℃)6 min,试管冷至室温后观察是否发生反应。

活泼的卤代烷通常在 3 min 内生成沉淀,中等活性的卤代烷温热时才反应,乙烯型和芳基卤代烃即使加热也不产生沉淀。

三、醇的鉴定

(一)硝酸铈铵试验

碳原子数小于等于 10 个的醇与硝酸铈铵溶液作用生成红色的配合物,可用来鉴别化合物中是否含有羟基。

$$(NH_4)_2Ce(NO_3)_6 + ROH \longrightarrow (NH_4)_2Ce(OR)(NO_3)_5 + HNO_3$$
$$\text{(橘黄色)} \qquad\qquad\qquad \text{(红色)}$$

在试管中加入 0.5 mL 配制好的硫酸铈铵试剂,然后加入 2 滴样品的水溶液(或二氧六环溶液),观察颜色变化,溶液呈红色表示有醇存在,并做空白试验对比。

硝酸铈铵溶液的配制:将 100 g 硝酸铈铵加入 250 mL 2 mol/L 硝酸中,加热溶解后冷却。

(二)铬酸试验

铬酸可以氧化伯醇、仲醇和醛,也是鉴别醇与醛、酮的重要试剂。氧化反应在丙酮溶液中发生可以迅速获得直观的结果,溶液由橙色变为蓝绿色。该反应可以区分伯醇、仲醇和叔醇,也可以区分醛和酮。

$$H_2CrO_7 + RCH_2OH(\text{或 } R_2CHOH) = Cr_2(SO_4)_2 + RCO_2H + R_2CO$$

取 1 滴液体样品(或 5 mg 固体样品)溶于 1 mL 分析纯的丙酮溶液中,加入 1 滴新配制的铬酸试剂,摇荡均匀后连续观察 5 s。伯醇和仲醇呈阳性试验,溶液由橙色变为蓝绿色;叔醇不反应,溶液仍保持橙色。丙酮中若含有还原性物质会干扰实验,因此需要进行空白试验。

铬酸溶液的配制:取 5 g 铬酸酐(CrO_3)小心加入 8 mL 浓硫酸中,搅拌至形成均匀的浆状液,然后用 5 mL 蒸馏水小心稀释浆状液,搅拌直至形成清亮的橙色溶液。

(三)氯化锌-盐酸(Lucas 试剂)试验

不同类型的醇(溶于水)与 Lucas 试剂的反应速率不同,叔醇最快,仲醇次之,伯醇最慢,故可根据反应速率来区别一、二、三级醇。含 3～6 个碳原子的醇反应后生成不溶于 Lucas 试剂的卤代烷,会出现浑浊而分层。

$$ROH + ZnCl_2(HCl) \longrightarrow RCl + H_2O$$

取等体积的伯、仲、叔醇样品约 5～6 滴,分别加入 3 支试管中,加 Lucas 试剂 2 mL,摇荡充分混合。若溶液立即出现浑浊,静置后分层,则为叔醇;若室温下不见浑浊,水浴中温热数分钟,静置后慢慢出现浑浊,然后分层,则为仲醇;若温热也不反应,则为伯醇。

四、酚的鉴定

（一）三氯化铁试验

酚类化合物具有弱酸性,与强碱(如 NaOH)反应形成酚盐而溶于水。酚也可以看作是稳定的烯醇结构,大多数酚可与三氯化铁反应形成解离度很大的配合物,表现出红、蓝、紫或绿色等。但也有少部分的酚类,如硝基酚类、间位和对位羟基苯甲酸不发生颜色反应。α-萘酚及 β-萘酚等在水中溶解度很小,它们的乙醇溶液可与三氯化铁发生颜色反应。

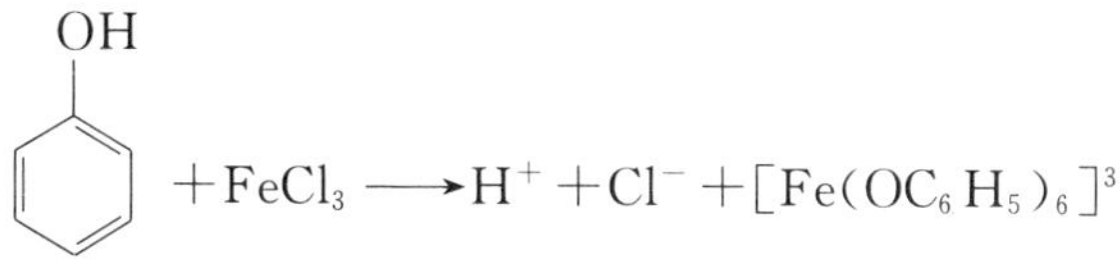

$$\text{OH-C}_6\text{H}_5+FeCl_3 \longrightarrow H^+ +Cl^- +\left[Fe(OC_6H_5)_6\right]^{3-}$$

在试管中加入 0.5 mL 样品水溶液或乙醇溶液,再加入 1‰三氯化铁水溶液 1～2滴,观察各种酚所表现的不同颜色。配制 1‰水杨酸、对羟基苯甲酸和邻硝基苯酚水/乙醇溶液进行三氯化铁试验。

（二）溴水试验

羟基的共轭效应的存在使苯环的电子云密度增大,活泼性增加,酚类在室温下可与溴水反应,形成溴代酚,并使溴水褪色。例如,苯酚与溴水作用生成白色固体三溴酚。溴水试验需要排除还原性试剂及芳胺等活性化合物的干扰。

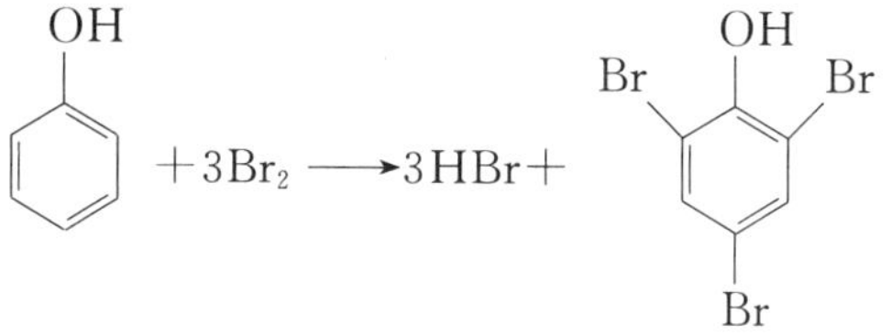

$$\text{OH-C}_6\text{H}_5+3Br_2 \longrightarrow 3HBr+ \text{(2,4,6-三溴苯酚)}$$

溴水溶液的配制:溶解 5 g 溴化钾于 30 mL 水中,加入 2 g 液溴后混合均匀。

在试管中加入 1 mL 样品水溶液,逐渐加入溴水溶液,观察颜色变化,并记录有无沉淀析出。

五、醛和酮的鉴别

（一）2,4-二硝基苯肼类衍生物试验

醛和酮类化合物的特征性官能团羰基可与很多试剂如苯肼、2,4-二硝基苯肼、羟氨、缩氨脲、亚硫酸氢钠等发生作用。最特殊的是醛和酮可与 2,4-二硝基苯肼作用,生成黄色、橙色或橙红色的 2,4-二硝基苯腙沉淀,该化合物具有固定的熔点,可作为醛酮的定性检验,也是制备醛酮衍生物的一种方法。高度共轭的醛酮颜色往往较深。缩醛可在酸性条件下水解生成醛,与 2,4-二硝基苯肼也可以作用生成沉淀;易被氧化的烯丙醇和苄醇转变成相应的醛酮后也可与 2,4-二硝基苯肼显正性试验。

$$\underset{\substack{R' \\ \text{(R—C=O)}}}{R} + \text{(NHNH}_2, \text{NO}_2, \text{NO}_2 \text{二硝基苯肼)} \longrightarrow \text{(NHN=C}\overset{R}{\underset{R'}{}}, \text{NO}_2, \text{NO}_2)$$

取配制好的 2,4-二硝基苯肼试剂 1 mL 于试管中,加入 3~4 滴试样,振荡静置后观察有无沉淀生成,有橙黄色或橙红色沉淀生成则表明样品是羰基化合物。

2,4-二硝基苯肼试剂的配制:取 2,4-二硝基苯肼 0.5 g 小心加入 3 mL 浓硫酸中,待溶解后倾倒入 40 mL 95% 乙醇中,用水稀释至 100 mL。

(二) Tollens 试验

醛比酮更易被氧化,可以使用弱的氧化剂加以区别。例如,银氨铬离子的溶液(Tollens 试剂)可以被醛还原成单质银附着在试管上,因此 Tollens 试验又称银镜反应。

$$RCHO + [Ag(NH_3)_2]^+ \longrightarrow Ag\downarrow + RCOO^- + NH_3$$

在洁净的试管中加入 1 mL 5% 的 $AgNO_3$ 溶液,逐渐加入浓氨水,直到沉淀恰好溶解呈澄清的溶液。然后向试管中加入 2 滴试样摇荡,可温热,如有银镜生成,表明是醛类化合物。

(三) Fehling 试剂和 Benedict 试剂试验

Fehling 试剂和 Benedict 试剂是含铜离子的配盐(分别为酒石酸和柠檬酸盐),它们作为氧化剂可以区别醛和酮。它们都可将水溶性的醛氧化成羧酸,Cu^{2+} 则被还原为 Cu^+ 生成砖红色的氧化亚铜(Cu_2O)沉淀。

(四) 铬酸试验

铬酸试验也可用来区别醛和酮。铬酸可以将还原性的醛氧化成羧酸,使铬酸溶液由橘黄色变为绿色,而酮在类似条件下不发生反应。当体系中有伯醇和仲醇时会发生干扰,因此需要通过 2,4-二硝基苯肼鉴别出羰基后,才能准确地利用铬酸试验进一步区别醛和酮。

在试管中将 1 滴液体试样(或 10 mg 固体试样)溶于丙酮,加入数滴铬酸试剂保持不断摇动,观察每加 1 滴时溶液的变化,产生绿色沉淀表明为正性试验。脂肪醛通常很快反应,芳香醛通常需要片刻或温热后才反应。

$$RCHO + H_2CrO_4 + H_2SO_4 \longrightarrow RCOOH + Cr_2(SO_4)_3 + H_2O$$

(五) 碘仿试验

对于含有甲基酮($CH_3CO—$)基团或其他易被次碘酸钠氧化成这种基团的化合物 $[CH_3CH(OH)—]$,可以通过次碘酸钠反应生成黄色的碘仿沉淀。

在试管中加入 1 mL 水和 3～4 滴试样,必要时可加入二氧六环溶解,再加入 1 mL 10%氢氧化钠溶液混合后滴入碘-碘化钾溶液,振荡后温水浴微热,析出黄色沉淀为正性试验。若不析出沉淀,可继续滴加 2～4 滴碘-碘化钾溶液,观察结果。

$$RCOCH_3 + NaIO \longrightarrow RCOCI_3 + NaOH \longrightarrow RCOONa + CHI_3 \downarrow (黄)$$

部分醛和酮的衍生物如表 5.2 和表 5.3 所示。

表 5.2　部分醛的衍生物

醛	b. p. / ℃	缩氨基脲 m. p. / ℃	2,4-二硝基苯腙 m. p. / ℃
丙醛	49	82	148
丙烯醛	52	171	165
丁醛	75	95	123
2-丁烯醛	102		106
呋喃甲醛	162	202	212
苯甲醛	179	222	237
苯乙醛	195	153	121
水杨醛	197	231	248
对甲基苯甲醛	204	234	234

表 5.3　部分酮的衍生物

酮	b. p. / ℃	m. p. / ℃	缩氨基脲 m. p. / ℃	2,4-二硝基苯腙 m. p. / ℃
丙酮	56		187	126
丁酮	80		145	117
3-戊酮	102		138	156
环戊酮	131		210	146
4-甲基-2-戊烯酮	130		164	205
2-庚酮	151		123	89
环己酮	166		166	162
苯乙酮	202	20	198	238
乙基苯基甲酮	218	21	182	191
二苯酮	305	48	167	238
对溴苯乙酮	225	51	208	230

六、胺的鉴定

（一）Hinsberg 试验

胺类化合物是 Lewis 碱,它最大的特征是可以利用其与酸反应形成铵盐。Hinsberg 试验可以鉴别伯胺和仲胺,利用它们与苯磺酰氯反应后的产物在碱溶液中的溶解度不同。伯胺与苯磺酰氯反应生成的 N-取代苯磺酰胺有酸性氢,能溶于氢氧化钠溶液中;而仲胺反应所生成的 N,N-二取代苯磺酰胺无酸性氢,因而不溶于氢氧化钠溶液。但是分子量高或带脂环基的伯胺与 Hinsberg 试剂反应也可能不完全溶解。

$$H_3C-\!\!\!\!\bigcirc\!\!\!\!-SO_2Cl + RNH_2 \longrightarrow H_3C-\!\!\!\!\bigcirc\!\!\!\!-SO_2NHR \underset{HCl}{\overset{KOH}{\rightleftharpoons}} H_3C-\!\!\!\!\bigcirc\!\!\!\!-SO_2NRK$$

对甲苯磺酰氯　　　伯胺　　　　　　不溶　　　　　　　　　　可溶性盐

$$H_3C-\!\!\!\!\bigcirc\!\!\!\!-SO_2Cl + R_2NH \longrightarrow H_3C-\!\!\!\!\bigcirc\!\!\!\!-SO_2NR_2 \overset{KOH}{\longrightarrow} 沉淀不溶解$$

叔胺在表观上没有发生变化,实际上它与苯磺酰氯反应生成季铵盐后在碱性条件下分解,因此总的来看似没有发生反应。由于叔胺的密度比苯磺酸盐的水溶液小,会以油状物的形式浮在介质上层。对于大多数脂肪叔胺,反应是按下列方式进行的。大多数芳香叔胺通常不溶于反应介质,因而没有发生反应;少部分溶于反应介质的芳香叔胺会发生复杂的次级反应。

$$H_3C-\!\!\!\!\bigcirc\!\!\!\!-SO_2Cl + R_3N \longrightarrow H_3C-\!\!\!\!\bigcirc\!\!\!\!-\overset{O}{\underset{O}{S}}\overset{\oplus}{NR_3}Cl^{\ominus} \overset{KOH}{\longrightarrow} H_3C-\!\!\!\!\bigcirc\!\!\!\!-\overset{O}{\underset{O}{S}}OH + R_3N$$

$$H_3C-\!\!\!\!\bigcirc\!\!\!\!-SO_2Cl + ArNR_2 \overset{OH^-}{\longrightarrow} H_3C-\!\!\!\!\bigcirc\!\!\!\!-\overset{O}{\underset{O}{S}}OH + ArNR_2$$

在试管中分别加入 0.5 mL 液体试样、2 mL 10% NaOH 溶液和 0.5 mL 苯磺酰氯,用力振摇 3～5 min。试管底部发热说明有中和反应发生,在水浴中温热 1 min 后冷却,检验试管内溶液的 pH,补回 NaOH 溶液观察沉淀是否溶解。

1. 如有沉淀析出,且沉淀在碱性环境下不溶解,表明为仲胺。

2. 如最初不析出沉淀或经稀释后沉淀溶解,小心加入 6 mol/L 的盐酸至溶液呈酸性,并伴随沉淀生成,表明为伯胺。

3. 试验时无反应发生,溶液中仍有油状物,表明为叔胺。

（二）亚硝酸试验

亚硝酸试验可用来区别伯胺和仲胺,也可用来区分脂肪族伯胺和芳香族伯胺。脂肪族伯胺与亚硝酸作用生成相应的醇,并在常温下伴随着氮气的放出;芳香族伯胺与亚硝酸在低温下生成稳定的重氮盐,可与 β-萘酚等偶联生成橙红色的染料,这是芳香族伯胺所独有的反应。仲胺与亚硝酸作用生成黄色油状液或呈固体的亚硝基化合物。这类亚硝基化合物通常有致癌作用。

$$RNH_2 \xrightarrow{HNO_2} R-\overset{\oplus}{N}\equiv N: \longrightarrow \overset{\oplus}{R}+N_2\uparrow$$
$$\xrightarrow[H_2O]{} ROH$$

$$ArNH_2 \xrightarrow{HNO_2} Ar-\overset{\oplus}{N}\equiv N: \xrightarrow{\beta\text{-萘酚}}$$

$$R_2NH \xrightarrow{HNO_2} R-\underset{R}{N}-N=O$$

$$RNH_3 + C_6H_5COCl \xrightarrow{吡啶} C_6H_5CONHR$$

$$R_2NH + C_6H_5COCl \xrightarrow{吡啶} C_6H_5CONR_3$$

$$R_3N + CH_3I \longrightarrow [R_3\overset{\oplus}{N}CH_3]\overset{\ominus}{I}$$

在一支大试管中加入 3 滴试样和 2 mL 30% 的硫酸溶液,保持在冰盐浴中冷却 10 min,使体系接近 0 ℃。另取 2 支试管,分别加入 2 mL 10% $NaNO_2$ 溶液和 2 mL 10% NaOH 溶液,并在 NaOH 溶液中加入 0.1 g β-萘酚,混匀后也置于冰盐浴中冷却。

在冰盐浴的 $NaNO_2$ 溶液中加入冷的胺溶液,在低于 5 ℃ 时大量冒出气泡的为脂肪族伯胺,产生黄色油状液或固体的通常为仲胺。无气泡或有极少气泡冒出,取出一半溶液,温热后观察有无气泡(氮气)冒出。向冰盐浴中的另一半溶液中滴加 β-萘酚溶液,取出振荡后如有红色偶氮染料沉淀析出,则表明未知物为芳香族伯胺。

部分伯胺和仲胺的衍生物见表 5.4。

表 5.4　部分伯胺和仲胺的衍生物

胺	b. p. / ℃	苯甲酰胺 m. p. / ℃
乙胺	17	80
正丙胺	49	84
二乙胺	55	42

续表

胺	b. p. / ℃	苯甲酰胺 m. p. / ℃
仲丁胺	63	76
异丁胺	69	87
哌啶	106	48
乙二胺	116	249
正己胺	128	40
吗啡	130	75
环己胺	134	149
苯胺	183	160
苄胺	184	105
α-苯乙胺	185	120
N-甲苯胺	192	102
β-苯乙胺	198	116
邻苯二胺	199	143
间苯二胺	203	125
N-乙基苯胺	205	60
邻氯苯胺	207	99

七、羧酸的鉴定

羧酸具有酸的通性,可与碱发生成盐反应,意味着可以用标准碱溶液进行滴定来确定中和当量,这是判断这类化合物最重要的依据。

(一)溶解度和酸性试验

水溶性酸可通过 pH 试纸测定 pH。非水溶性的羧酸可溶于少量乙醇或甲醇,然后加水配成混合均一的溶液,用 pH 试纸测定溶液的酸性。

羧酸的酸性较强,可与 5% 碳酸氢钠溶液反应生成二氧化碳气体。

(二)中和当量

准确称量约 0.10 g 酸置于 125 mL 三角烧瓶中,用 25 mL 水、乙醇或醇的水溶液溶解,必要时可加以温热,加入酚酞作指示剂,用标准氢氧化钠溶液(浓度约为 0.10 mol/L)滴定,计算酸的中和当量。

$$中和当量 = \frac{羧酸的质量(mg)}{NaOH\ 的浓度(mol/L) \times 所加\ NaOH\ 的体积(mL)}$$

由上述公式所知,一元羧酸的中和当量等于它的相对分子质量,多元羧酸的中和当量等于酸的相对分子质量除以分子中羧基的数目。大部分酚类化合物的 pK_a 较大,但是芳环上邻位和对位有强吸电子取代基的酚也有羧酸类似的酸性,这些酚可通过三氯化铁试验加以排除。

八、酯的鉴定

酯是酸和醇脱水后的产物,鉴别酯最普通的试验是羟肟酸铁试验,即酯首先与羟胺作用形成羟肟酸,后者与三氯化铁在弱酸性溶液中配位形成洋红色的羟肟酸铁。所有羧酸酯根据其结构特征,均可呈现出不同深度的洋红色。酰氧、酸酐和大多数酰胺可能会产生干扰。

$$
\underset{R \quad OR'}{\overset{O}{\|}} + NH_2OH \longrightarrow \underset{R \quad NHOH}{\overset{O}{\|}} + R'OH
$$

$$
\underset{R \quad NHOH}{\overset{O}{\|}} + FeCl_3 \longrightarrow \left[\underset{HN-O}{\overset{O-Fe}{R}} \right]
$$

羟肟酸铁试验在开始前必须先进行初步试验,如果待测样品中有与三氯化铁发生颜色反应的官能团,则不能鉴别。

将 1 滴试样或几粒固体未知物溶于 1 mL 乙醇溶液,加入 1 mL 1 mol/L 的盐酸及 1 滴 5% 三氯化铁溶液,溶液应呈现 $FeCl_3$ 的黄色,如有橙、红、蓝、紫等颜色出现,则不能进行羟肟酸铁试验。如待测液为黄色,则在试管中加入 1 mL 0.5 mol/L 盐酸羟胺的乙醇溶液、0.2 mL 6 mol/L 氢氧化钠溶液和 2 滴液体试样。溶液煮沸冷却后加入 2 mL 1 mol/L 的酸,加入乙醇调到溶液变澄清。然后加入 1 滴 5% 三氯化铁溶液,出现深的洋红色表示正性试验。

5.5　糖的鉴定

糖类化合物含有多羟基醛或多羟基酮,通常分为单糖(如葡萄糖、果糖)、双糖(如蔗糖、麦芽糖)和多糖(如淀粉、纤维素)。糖类化合物普遍可以发生 Molish 反应,即在浓硫酸存在下,糖被浓硫酸脱水成糠醛或糠醛衍生物后与 α-萘酚反应生成紫色环。

单糖为还原性糖,能与 Fehling 试剂、Benedict 试剂和 Tollens 试剂反应,而且单糖还可以与过量的苯肼生成糖脎。糖脎有良好的结晶性和稳定的熔点,是鉴别糖的重要参考。虽然果糖和葡萄糖结构不同,但是可以形成相同的脎,但是反应速率和析出糖脎的时间不同,可以用来鉴别糖的结构。

$$
\begin{array}{ccc}
\text{H}\!-\!\!-\!\text{O} & \text{CH}_2\text{OH} & \text{H}\!-\!\text{N NHC}_6\text{H}_5 \\
\text{H}\!-\!\!-\!\text{OH} & |\!-\!\text{O} & \text{N-NHC}_6\text{H}_5 \\
\text{HO}\!-\!\!-\!\text{H} & \text{HO}\!-\!\!-\!\text{H} & \text{HO}\!-\!\!-\!\text{H} \\
\text{H}\!-\!\!-\!\text{OH} & \text{H}\!-\!\!-\!\text{OH} & \text{H}\!-\!\!-\!\text{OH} \\
\text{H}\!-\!\!-\!\text{OH} & \text{H}\!-\!\!-\!\text{OH} & \text{H}\!-\!\!-\!\text{OH} \\
\text{CH}_2\text{OH} & \text{CH}_2\text{OH} & \text{CH}_2\text{OH}
\end{array}
$$

葡萄糖 或 果糖 $\xrightarrow{\text{过量苯肼}}$ 葡萄糖脎（或果糖脎）

双糖由两个单糖通过糖苷键连接而成，由于两个单糖结合方式的不同，有的有还原性可以成脎，非还原糖则不能成脎。例如，麦芽糖、乳糖、纤维二糖等分子里有一个半缩醛基，属于还原糖；蔗糖分子没有半缩醛结构，不能成脎。

淀粉和纤维素都是由很多葡萄糖缩合而成的。葡萄糖以 α-苷链连接形成淀粉，以 β-苷键结合则形成纤维素。淀粉与碘反应生成蓝色物质，在酸或淀粉酶作用下水解生成葡萄糖。

一、Molish 试验

在试管中加入 0.5 mL 5％糖水溶液，滴入 2 滴 10％ α-萘酚的酒精溶液，混合均匀后沿管壁慢慢加入 1 mL 浓硫酸。若在两液分界处出现紫色环，表明溶液中含有糖类化合物。

二、Fehling 试验

分别取 0.5 mL Fehling Ⅰ 试剂和 Fehling Ⅱ 试剂混合均匀，于水浴中微热后，加入 5 滴样品，微热，注意颜色变化及是否有沉淀析出。

Fehling Ⅰ 试剂：将 2 g 五水合硫酸铜溶于 50 mL 水中，即得淡蓝色的 Fehling Ⅰ 试剂。

Fehling Ⅱ 试剂：将 8 g 五水合酒石酸钾溶于 10 mL 热水中，然后加入 10 mL 含 2.5 g 氢氧化钠的水溶液，稀释至 50 mL，即得无色清亮的 Fehling Ⅱ 试剂。

三、Benedict 试验

取 0.5 mL Benedict 试剂，加入 5 滴样品，微热后观察颜色变化及是否有沉淀析出。

Bencdict 试剂：将 17.3 g 柠檬酸钠和 10 g $NaCO_3$ 溶于 80 mL 水中，另配制 17.3 g 结晶 $CuSO_4$ 的 10 mL 水溶液，慢慢加入上述溶液中，最后用水稀释至 100 mL，如溶液不澄清，可过滤。

四、Tollens 试验

在洁净的试管中加入 1 mL 新制备的 Tollens 试剂，再加入 0.5 mL 5％糖溶液，热水浴中温热，观察有无银镜生成。

五、成脲反应

在试管中加入 1 mL 5％的样品，加入 0.5 mL 10％苯肼盐酸盐溶液和 0.5 mL 15％醋酸钠溶液，沸水中加热并不断振摇，比较产生脲结晶的速度，记录成脲的时间，并在低倍显微镜下观察脲的结晶形状。

醋酸钠与苯肼盐酸盐作用可以生成苯肼醋酸盐，在弱酸弱碱中水解生成苯肼。

六、淀粉水解

在试管中加入 1 mL 淀粉溶液，再加 0.5 mL 稀硫酸，于沸水浴中加热 5 min，冷却后用 10％ NaOH 溶液中和至中性，加入 2 滴与 Fehling 试剂作用，观察并记录现象。

5.6　氨基酸及蛋白质的鉴定

最常见的氨基酸是 α-氨基酸。除甘氨酸外，大部分氨基酸都具有旋光性。由于氨基酸同时含有氨基和羧基，根据结构决定性质的原则，氨基酸是两性化合物，而且不同的氨基酸和蛋白质有不同的等电点。羧基的存在使得大部分氨基酸易溶于水而难溶于有机溶剂。氨基酸的溶解性也取决于结构，可以利用纸层析来分离氨基酸。蛋白质的基本单位是氨基酸，是由氨基酸以酰胺键的形式组成的复杂的高分子化合物，在有机体中承担着重要的生理功能。

受酰胺键的性质影响，蛋白质在酸、碱尤其是酶的作用下会发生水解最后形成氨基酸。通过各种扭曲、折叠等形式可以形成蛋白质的稳定构象，并且可以体现出特殊的生理活性。一旦构象遭到破坏，就可能导致蛋白质失活，产生沉淀和凝固现象，叫作蛋白质的变性。α-氨基酸或含有游离氨基的蛋白质与茚三酮水溶液一起加热，可生成特征性的蓝紫色化合物，该反应可用于 α-氨基酸的定性或定量测定。

（蓝紫色化合物）

多肽和蛋白质分子中有类似于缩二脲的结构单元（—CO—NH—C—CO—NH—C—），可与硫酸铜作用形成蓝、紫或红色的铜盐配合物。除组氨酸外，其他氨基酸都不会发生干扰反应。

蛋白质的氨基酸中含苯环时，与浓硝酸作用产生黄色，这是由于苯环发生硝化反应生成硝化产物，该化合物在碱性溶液中转变为橙红色。

重金属盐、苦味酸、无机酸、超声波、紫外线照射或加强热都可能使蛋白质发生变性,生成难溶于水的沉淀。当生命体发生重金属中毒时,可以利用不可逆沉淀原理将蛋白质作为解毒剂。

一、茚三酮反应

取 3 支试管分别加入 4 滴 0.5％甘氨酸溶液、0.5％酪蛋白溶液和蛋白质溶液,分别加 2 滴 0.1％茚三酮-乙醇溶液,振荡后置于沸水浴中加热 1～2 min,观察记录 3 支试管显色的先后次序。

蛋白质溶液的配制:取 10 mL 鸡蛋清于小烧杯中,加入约 50 mL 蒸馏水,搅拌均匀后用纱布过滤。

茚三酮-乙醇溶液的配制:将 0.2 g 茚三酮溶于 50 mL 95％乙醇中,加入 1 mL 吡啶摇匀。

二、双缩脲反应

在一支干净的试管中加 10 滴蛋白质溶液和 15～20 滴 10％氢氧化钠溶液,混合均匀后,再加入 3～5 滴 5％硫酸铜溶液,充分振荡后观察现象。

三、黄色反应

1. 在一支试管中加 4 滴蛋白质溶液及 2 滴浓硝酸,然后水浴加热,沉淀变成黄色,冷却后,再滴加 10％ NaOH 溶液,呈碱性时体系由黄色变成橙黄色。

2. 在一支试管中加 4 滴 0.1％苯酚溶液代替蛋白质溶液,重复上述操作,观察颜色的变化。

3. 在一支试管中加一些指甲屑,再加 10～20 滴浓硝酸,温水浴加热 10 min 后,观察指甲颜色的变化。

四、醋酸铅反应

在一支试管中加入 1 mL 0.5％醋酸铅溶液,再逐滴缓慢加入 1％ NaOH 溶液,至生成的沉淀刚好溶解为止。然后加入 5～10 滴蛋白质溶液混合均匀,在水浴上小心加热。待溶液变成棕色时,冷却至室温,小心地加入 2 mL 浓硫酸,观察现象并嗅其气味。

5.7　光谱分析法

近年来,现代分析仪器已被引入有机化学实验课堂用来鉴定有机化合物结构和测定有机化合物的含量。常用的波谱分析仪器有:红外光谱(Infrared Spectroscopy,IR)仪、核磁共振(Nuclear Magnetic Resonance,NMR)波谱仪、紫外可见吸收光谱(UV-Vis Absorption Spectrum,UV-Vis)仪、质谱(Mass Spectrum,MS)仪和 X 射线

(X-ray)衍射仪等。除以上分析手段和方法外,色谱法(Chromatography)也是分离、提纯和测定有机化合物含量的重要途径,按照结构和用途又可分为柱色谱、薄层色谱、纸色谱、气相色谱及高效液相色谱等类型。本节简单介绍红外光谱、核磁共振谱的工作原理及在鉴别有机化合物中的使用方法。

一、红外光谱

分子选择性吸收某些波长的红外线,而引起分子中振动能级和转动能级的跃迁,产生了红外吸收光谱(又称分子振动光谱或振转光谱,简称红外光谱)。通过谱图解析,结合分子的振动和转动形态获取分子结构的信息,是解析有机化合物结构的重要手段之一。一切新报道的未知物都要补充分子的红外光谱数据。

(一) 基本原理

分子中的振动主要有伸缩振动(Stretching)和弯曲振动(Bending)。分子振动能级是量子化的,每一种振动都有一定的频率。当用一定频率的红外光照射有机物样品时,若与振动频率相同,样品就可吸收这种红外光,由基态跃迁到激发态。因此,当红外光(波长为 $2.5 \sim 25\ \mu m$,波数为 $4\,000 \sim 400\ cm^{-1}$)通过有机物样品时,就会出现强弱不同的吸收现象。以透射百分数(T)为纵坐标,波长(λ)或波数(σ)为横坐标作图,就得到该样品的红外光谱,如图 5.2 所示。

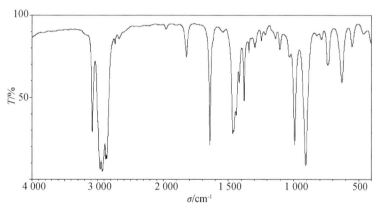

图 5.2　1-己烯的红外吸收光谱

波数(σ)与波长(λ)及频率(ν)的关系(c 为光速):

$$\sigma = \frac{1}{\lambda} = \frac{\nu}{c}$$

透射百分数(T)与透射光强度(I)及入射光强度(I_0)的关系:

$$T = \frac{I}{I_0} \times 100\%$$

从上式也可以看出,透射百分数越小,透射光强度越弱,吸收越强,峰越明显。峰

强度也可以用吸光度（A）表示：

$$A = \lg\left(\frac{1}{T}\right)$$

红外光谱的峰强度并不定量表示，可定性地用很强（Very Strong，VS）、强（Strong，S）、中（Medium，M）、弱（Weak，W）、可变（Variable，V）等符号来表示。

可以把化学键看作用弹簧连接起来的两个小球，将伸缩振动看成是简谐振动，利用 Hooke 定律来理解化学键的振动。振动频率用波数表示为

$$\sigma = \frac{1}{2\pi c}\sqrt{k \Big/ \frac{m_1 m_2}{m_1 + m_2}} = \frac{1}{2\pi c}\sqrt{\frac{k(m_1 + m_2)}{m_1 m_2}}$$

式中，c 为光速，m_1 和 m_2 为两个原子的相对原子质量，k 为化学键的力常数。由上式可知，原子质量越小，振动越快，频率越高。因此，O—H、N—H、C—H 键都有相对原子质量最小的氢原子，这些键的伸缩振动在高频区（3 700～2 850 cm^{-1}）。

（二）红外光谱仪

基础实验教学中使用较多的是经典双光束色散型红外分光光度计，如图5.3所示。

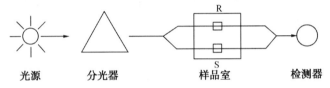

图5.3　双光束色散型红外分光光度计的构造原理

目前，大多数实验室已经普及傅里叶变换红外光谱（Fourier Transform Infrared Spectroscopy，FT-IR）仪。它具有扫描速度快、光通量大、分辨率和信噪比高等特点。它可以将以时间为变量的干涉图转变为以频率为变量的光谱图，其构造原理如图5.4所示。傅里叶变换光谱方法利用干涉图和光谱图之间的对应关系，通过测量干涉图和对干涉图进行傅里叶积分变换的方法来测定和研究光谱图。它能同时测量、记录所有谱元的信号，并以更高的效率采集来自光源的辐射能量，具有比传统光谱仪高得多的信噪比和分辨率，同时它的数字化光谱数据也便于计算机处理。

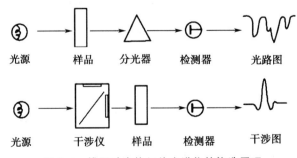

图5.4　傅里叶变换红外光谱仪的构造原理

（三）红外光谱试样的制备

1. 气体样品。

气体样品的红外测试可采用气体池进行。在样品导入前先抽真空,样品池的窗口多用抛光的 NaCl 或 KBr 晶片。常用的样品池长 5 cm 或 10 cm,容积为 50～150 mL。吸收峰强度可通过调整气体池内样品的压力来达到。对于红外吸收强的气体,只需要注入 666.6 Pa 的气体样品;对于弱吸收气体,需注入 66.66 kPa 的样品。因为水蒸气在中红外区有吸收峰,所以气体池一定要干燥。样品测试完成后,用干燥的氮气流冲洗。

2. 液体样品。

低沸点样品可采用固定池(封闭式液体池)。封闭式液体池的清洗方法是向池内灌注一些能溶解样品的溶剂来浸泡,然后用干燥空气或氮气吹干溶剂。

一般常用的是可拆卸液体池如图 5.5 所示。将样品滴在窗片(用 KBr、NaCl 等盐制成,又称盐片)上,再垫上橡皮垫片,将池壁对角用螺丝拧紧,夹紧窗片即可。注意:窗片内不能有气泡。纯液体样品可直接放入池中;对某些吸收很强的液体,可配成溶液后再注入样品池。选用的溶剂应合适,一般要求溶剂对溶质的溶解度大,红外透光性好,不腐蚀窗片,分子结构简单,极性小。例如,CS_2、CCl_4 及 $CHCl_3$ 等,它们本身的吸收峰可以通过溶剂参比进行校正。

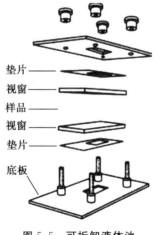
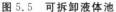

垫片

视窗

样品

视窗

垫片

底板

图 5.5　可拆卸液体池　　　　　　　图 5.6　红外压片机

3. 固体样品。

固体样品的制备,除了采用合适的溶剂配成溶液后,按液体样品处理之外,还可采用以下几种常用方法。

（1）压片法:将 1～3 mg 固体样品与分析纯的 KBr 混合研磨(样品占混合物的

1%～5%)成粒度小于 2 μm 的细粉,用不锈钢铲勺取 70～90 mg 磨细的混合物装在模具中,放于压片机上(图 5.6),加压至 15 MPa,5 min 后取出。将透明的薄片样品装在固体样品架上进行测定。

压片法制得的样品薄片厚度容易控制,样品易于保存,图谱清晰,无干涉条纹,再现性良好,凡可粉碎的固体都适用,是红外光谱分析中固体样品制备的常用方法。

(2) 糊状法:大多数的固体试样在研磨中若不发生分解,则可把 1～3 mg 研细的样品粉末悬浮分散在几滴石蜡油、全氟二烯等糊剂中,继续研磨成均匀的糊状,再将糊状物刮出夹在两窗片之间,然后固定好两块窗片即可测试。本法要求糊剂自身红外吸收光谱简单,折射率和样品相近,且不与样品发生化学反应。糊状物在窗片上应分布均匀。测完后,窗片应用无水乙醇冲洗,用软纸擦净并抛光。

此法适用于大多数固体,操作迅速、方便;缺点是石蜡油本身在 2 900 cm^{-1}、1 465 cm^{-1}、1 380 cm^{-1} 处有吸收峰,解析图谱时须将这几个峰去除。

(3) 薄膜法:将固体样品制成透明薄膜进行测定。制备方法有如下两种。

① 直接压膜:将样品直接加热到熔融,然后再涂制或压制成膜。此法适用于熔点较低,熔融时不分解、不升华和不发生其他化学变化的物质。

② 间接制膜:将样品溶于挥发性溶剂中,然后将溶液滴在平滑的玻璃或金属板上,使溶剂慢慢挥发,成膜后再用红外灯或干燥箱烘干。也可将溶液直接滴在窗片上成膜。

薄膜法在高分子化合物的红外光谱分析中应用广泛。

一般要求在制备试样时应做到:① 选择适当的试样浓度和厚度,使最高谱峰的透射百分数在 1%～5%、基线在 90%～95%、大多数的吸收峰透射百分数在 20%～60%范围;② 试样中不含游离水;③ 多组分试样的红外光谱测绘前应预先分离。

近年来,也有一次性的红外样品测试卡用于红外光谱的样品分析。这种方便的红外样品测试卡的载样区为直径 19 mm、含聚乙烯(PE)或聚四氟乙烯(PTFE)的微孔膜圆片。它们都具有化学稳定性,可用于 4 000～400 cm^{-1} 的红外分析,但对样品 3 200～2 800 cm^{-1} 之间的脂肪族 C—H 伸缩振动有影响。所用的试样一般为含有 0.5 mg 固体样品或 5 μL 液体样品的有机溶液。用滴管将溶解的样品滴在薄膜上,几分钟后待溶剂在室温下挥发后即可测定。非挥发性的液体也可用该方法进行测定。

实验测试完毕后,应将玛瑙研钵、不锈钢勺和模具接触样品部件用丙酮擦洗,红外灯烘干,冷却后放入干燥器中。红外光谱仪应在切断电源,光源冷却至室温后,关好光源窗。样品池或样品仓应卸除,以防止样品污染或腐蚀仪器。最后将仪器盖上罩,登记、记录操作时间和仪器状况,经指导教师允许方可离去。

（四）红外图谱的解析

有机分子结构不同,红外光谱表现出的吸收峰也不同。红外光谱比较复杂,一种化合物的红外光谱有时有几十个吸收峰,通常把红外光谱的吸收峰分为两大区域:

1. $4\,000\sim1\,300\ cm^{-1}$ 区域:这一区域官能团的吸收峰较多,这些峰受分子中其他结构影响较小,很少重叠,易辨别,故把此区称官能团区,又叫特征谱带区,它们是红外光谱解析的基础。

2. $1\,300\sim650\ cm^{-1}$ 区域:这一区域主要是一些单键的弯曲振动和伸缩振动引起的吸收峰。在此区域出现的吸收峰受分子结构的影响较大,分子结构有微小变化就会引起吸收峰的位置和强度明显不同,就像人的指纹因人而异,所以把此区域称为指纹区。不同的化合物指纹区的吸收峰不同。指纹区对鉴定两种化合物是否相同起着关键的作用。常见官能团和化学键的红外吸收见表5.5。

表 5.5 常见官能团和化学键的红外吸收(参考值)

键的振动类型	波数/cm^{-1}	波长/μm	强度
C—H 烷基(伸缩)	$3\,000\sim2\,850$	$3.33\sim3.51$	强
—CH_3(弯曲)	$1\,450,1\,375$	$6.90,7.27$	中
—CH_2—(弯曲)	$1\,465$	6.83	中
烯烃(伸缩)	$3\,100\sim3\,300$	$3.23\sim3.33$	中
烯烃(弯曲)	$1\,700\sim1\,100$	$5.88\sim10.1$	强
芳烃(伸缩)	$31\,50\sim3\,050$	$3.17\sim3.28$	强
芳烃(面外弯曲)	$1\,000\sim700$	$10.0\sim14.3$	强
炔烃(伸缩)	$3\,300$	3.03	强
醛基	$2\,900\sim2\,800$	$3.45\sim3.57$	弱
	$2\,800\sim2\,700$	$3.57\sim3.70$	弱
C=C 烯烃	$1\,680\sim1\,600$	$5.95\sim6.25$	中~弱
芳烃	$1\,600\sim1400$	$6.25\sim7.14$	中~弱
C≡C 炔烃	$2\,250\sim2\,100$	$4.44\sim7.76$	中~弱
C=O 双键	$1\,740\sim1\,720$	$3.75\sim5.81$	强
酮	$1\,725\sim1\,705$	$5.80\sim5.87$	强
羧酸	$1\,725\sim1\,700$	$5.80\sim5.88$	强
酯	$1\,750\sim1\,730$	$5.71\sim5.78$	强
酰胺	$1\,700\sim1\,640$	$5.88\sim6.10$	强
酸酐	$1\,810,1\,760$	$5.52,5.68$	强
C—O 醇、醚、酯、羧酸	$1\,300\sim1\,000$	$7.69\sim10.0$	强

续表

键的振动类型	波数/cm^{-1}	波长/μm	强度
O—H 醇、酚	3 650～3 600	2.74～2.78	中
氢键	3 400～3 200	2.94～3.12	中
羧酸	3 300～2 500	3.03～4.00	中
N—H 伯胺和仲胺	3 500	2.86	中
C≡N 氰基	2 260～2 240	4.42～4.46	强
N=O 硝基	1 600～1 500	6.25～6.67	强
	1 400～1 300	7.14～7.69	强
C—F	1 400～1 000	7.14～10.0	强
C—Cl	800～600	12.5～16.7	强
C—Br/I	＜600	＞16.7	强

在解析红外谱图时,可先观察官能团区,找出该化合物存在的官能团,然后再查看指纹区,如果是芳香族化合物,应找出苯环取代位置。由指纹区的吸收峰与已知化合物红外谱图或标准红外谱图对比,可判断未知物与已知物结构是否相同。官能团区和指纹区的作用正好相互补充。

💡 **注意事项**

最常见的红外标准谱图为萨特勒(Sadtler)红外谱图集,它有几个突出的优点:① 谱图收集丰富。该谱图中已收集有 7 万多张红外谱图。② 备有多种索引,检索方便。包括化合物名称字母顺序索引(Alphabetical Index)、化合物分类索引(Chemical Classes Index)、官能团字母顺序索引(Functional Group Alphabetical Index)、分子式索引(Molecular Formula Index)、分子量索引(Molecular Weight Index)、波长索引(Wave Length Index)。③ 萨特勒同时出版了红外、紫外、核磁氢谱、核磁碳谱等标准谱图,还有这几种谱的总索引,从总索引可以很快查到某一种化合物的几种谱图(质谱除外),这为未知物结构鉴定提供了极为方便的条件。④ 萨特勒谱图包括市售商品的标准红外谱图,如溶剂、单体和聚合物、增塑剂、热解物、纤维、医药、表面活性剂、纺织助剂、石油产品、颜料和染料等,每类商品又按其特性细分,这对于针对各类商品进行的研究十分方便,是其他标准谱图所不及的。

二、核磁共振谱

核磁共振谱(Nuclear Magnetic Resonance Spectroscopy,NMR)是现代化学家分析有机化合物最有效的波谱分析方法之一。它利用不同原子核在强磁场下对弱振荡磁场的扰动产生相应的特征电磁信号来分析化合物的结构。所有具有磁矩的原子核

(自旋量子数 $I \neq 0$)都能产生核磁共振,一般有 ^1H、^{13}C、^{19}F、^{15}N 和 ^{31}P,而 ^{12}C、^{16}O 和 ^{32}S没有核自旋,不能用 NMR 谱来研究。在有机化学中最有用的是氢核和碳核。氢同位素中,^1H 质子的天然丰度比较大,磁性也比较强,比较容易测定。组成有机化合物的元素中,氢是不可缺少的。

核磁共振氢谱(^1H NMR)能够提供以下几种结构信息:化学位移 δ、耦合常数 J、各种核的信号强度比和弛豫时间。通过分析这些信息可以了解特定氢原子的化学环境、原子个数、邻接基团的种类及分子的空间构型。所以核磁共振氢谱在化学、生物学、医学和材料科学领域的应用日趋广泛,成为有机化合物的结构研究中一种重要的剖析工具。

（一）基本原理

核磁共振氢谱的基本原理是具有磁矩的氢核在外加磁场中磁矩有两种取向:一种与外加磁场同向,能量较低;另一种与外加磁场反向,能量较高。两者的能量差 ΔE 与外磁场强度 B_0 成正比:

$$\Delta E = \frac{h \gamma B_0}{2\pi}$$

式中,γ 为核的磁旋比,h 为普朗克常量。

如果在与磁场 B_0 垂直的方向,用一定频率的电磁波作用到氢核上,当电磁波的能量 $h\nu$ 正好等于能级差 ΔE 时,氢核就会吸收能量从低能态跃迁到激发态,发生"共振"现象,如图 5.7 所示。所以核磁共振必须满足条件:

$$h\nu = \Delta E = \frac{h \gamma B_0}{2\pi}$$

即

$$\nu = \frac{\gamma B_0}{2\pi}$$

式中,ν 为电磁波的频率。

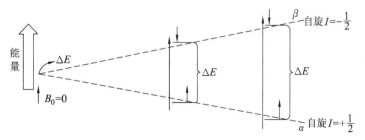

图 5.7　自旋态能量差与磁场强度的相互关系

在实际的分子环境中,氢核外面是被电子云所包围的,电子云对氢核有屏蔽作用,从而使得氢核所感受到的磁场强度不是 R_0 而是 R'。在有机化合物分子中,不同类型的氢核周围的电子云屏蔽作用是不同的。也就是说,不同类型的质子在静电磁场作用下,其共振频率并不相同,从而导致图谱上信号的位移。由于这种位移是由质子周围的化学环境不同而引起的,故称为化学位移。化学位移用 δ 表示,一般选用适当的化合物如四甲基硅烷(Tetramethylsilane,TMS)作为标准物质(其化学位移计为0),测定相对频率,计算方法为

$$\delta = \frac{\nu_{样} - \nu_{标}}{\nu_{仪}} \times 10^6$$

式中,$\nu_{样}$ 为样品质的共振频率,$\nu_{标}$ 为标准物质的共振频率,$\nu_{仪}$ 为所用波谱仪器的频率。表5.6列出了与不同基团相连的氢质子的化学位移。核磁共振氢谱中横轴用符号 δ 表示。

表 5.6 与不同基团相连的氢质子的化学位移(参考值)

官能团	δ	官能团	δ
TMS,$(CH_3)_4Si$	0	醇,$HO—C(R_2)—H$	3.4~4
环丙烷	0~1.0	$R—O—H$	4.5~9
烷烃		醚,$RO—C(R_2)—H$	3.3~4
RCH_3	0.9	缩醛,$R'O_2C(R)—H$	5.3
R_2CH_2	1.3	酯	
R_3CH	1.5	$RCOOC(R_2)—H$	3.7~4.1
烯烃		$ROCOC(R_2)—H$	2~2.6
![alkene H]	4.6~5.9	羧酸	
		$HOOCC(R_2)—H$	2~2.6
![alkene CH3]	1.7	$RCOOH$	10.5~12
		酮,$RCOC(R_2)—H$	2~2.7
炔烃		醛,$RCHO$	9~10
$—C≡C—H$	2~3	酰胺,$RCON(R)—H$	5~8
$—C≡C—CH_3$	1.8	酚,$Ar—O—H$	4~12
氟化物,$F—C(R_2)—H$	4~4.45	胺,$R—NH_2$	1~5
氯化物		芳烃	
$Cl—C(R_2)—H$	3~4	$Ar—H$	68.5
$R—CCl_2—H$	5.8	$Ar—C(R_2)—H$	2.2~3
溴化物,$Br—C(R_2)—H$	2.5~4	硝基化合物,$O_2N—C(R_2)—H$	4.2~4.6
碘化物,$I—C(R_2)—H$	2~4		

（二）核磁共振波谱仪简介

核磁共振波谱仪有多种分类方式，按磁场强度不同，可分为 60 MHz、90 MHz、100 MHz、200 MHz、500 MHz 等多种型号，一般兆数越高，仪器分辨率越好。频率为 60 MHz，磁场强度 B_0 为 1.41 mT；频率为 200 MHz，磁场强度 B_0 为 4.70 mT；频率为 500 MHz 的超导核磁共振波谱仪，B_0 为 11.75 mT。目前 900 MHz 的超导核磁共振波谱仪已经被国内部分高校和科研院所使用。

（三）核磁共振样品的制备

无黏性液体样品可用 TMS 作参照以纯样进行。黏性液体和固体必须溶解在适当的溶剂中。这类溶剂必须进行氘代，以保证溶剂中的氢不产生干扰信号。通常需要根据样品的溶解度和氘代试剂的价格来选择合适的氘代溶剂。氘代氯仿（$CDCl_3$）是最常用的溶剂，价格便宜，易获得，而且极性偏小。极性大的化合物可采用氘代丙酮（CD_3COCD_3）和重水（D_2O）等作为氘代试剂。在使用重水时要小心，活泼氢与重水交换可以形成氘标记的化合物。

针对一些特定的样品，可采用相应的氘代试剂：如氘代苯（C_6D_6，用于芳香化合物）、氘代二甲基亚砜（DMSO-d_6，用于某些在一般溶剂中难溶的物质）、氘代吡啶（C_5D_5N，用于难溶的酸性或芳香物质及皂苷等天然化合物）等。通常氘代的质子越高，氘代溶剂价格越高。市售的氘代氯仿及氘代二甲基亚砜等溶剂中一般都含有 1% 的 TMS 内标。如果溶剂是重水，常用 2,2-二甲基-2-硅戊烷-5-磺酸钠（DDS）作内标，因为 TMS 不溶于重水。制备核磁共振样品的具体步骤如下：

取干净的核磁管，取 5～10 mg 固体样品溶于 0.50～0.75 mL 氘代溶剂中（如是液体样品，则加入 0.1 mL 后加入 0.50～0.75 mL 溶剂）。若溶液黏度过大，应减少样品的用量，否则会降低谱峰的分辨率。将待测样品管的塑料帽盖好，以避免样品的挥发。

（四）^{1}H NMR 谱的解析

核磁共振氢谱可以提供有关分子结构的丰富资料。根据每一组峰的化学位移值可以推测此氢核所处的化学环境；自旋裂分的形状提供了邻近的氢的数目；根据峰的面积可算出分子中存在的每种质子的相对数目。对于未知化合物的核磁共振谱，一般采取以下步骤来解析：

1. 首先区别有几组峰，从而确定未知物中有几种不等性质子，即谱图上化学位移不同的质子。

2. 计算峰的面积比，以确定各种不等性质子的相对数目。

3. 确定各组峰的化学位移值，再查阅有关数值表，以确定分子中可能存在的官能团。

4. 识别各组峰的自旋裂分情况和耦合常数以确定各种质子的周围情况。

5. 根据以上分析，提出可能的结构式，再结合其他信息，最终确定结构。

系统性的有机定性分析主要可用来鉴定已知化合物，以推断结构或者官能团，适用于多步合成及目标导向性的制备过程。但是化学工作者可能经常面临新化合物的鉴定工作，所以单纯的定性分析并不能完全简便快捷地推测化合物的结构，还要借助于波谱方法的联合应用，以迅速地鉴定已知物和未知化合物。

目前鉴定未知物的典型方法是波谱技术与经典方法的结合，学生需要掌握仪器的操作，学习波谱技术在有机化学中的应用，还应该解析典型的化合物的波谱数据，从中提炼出规律，然后对未知物的光谱寻找突破点。本书的实验部分也提供了实验中的原料及产物的 IR 和 ^{1}H NMR 光谱图。如 IR 光谱中的 1 760～1 690 cm^{-1} 有强吸收表明化合物可能存在羰基，而通过 2,4-二硝基苯肼试验会更简便和明显地得出存在羰基。^{1}H NMR 谱在 2.5 左右出现单峰，很可能是末端炔键上的氢，可借助银氨溶液进一步确定。

IR 光谱最重要的用途是分析官能团的存在及可能的方式。例如，IR 谱图中 1 760～1 650 cm^{-1} 区域内出现强吸收峰意味着化合物可能含有羰基，说明化合物可能有醛羰基、酮羰基、酯羰基或为羧酸衍生物；在 3 650～3 500 cm^{-1} 区域内的强吸收则意味着该化合物可能存在着醇、酚、羧酸、伯胺、仲胺或酰胺结构。

只有偶极矩变化的振动才能引起红外吸收，因为对于对称性的化合物如炔烃的三键伸缩振动或者相似取代基的二取代的吸收很弱，因此 IR 光谱不能作为鉴定官能团的唯一方法，还应该借助于其他的波谱手段或定性试验。

^{1}H NMR 谱鉴定化合物的三个主要特征是化学位移、裂分和峰面积，通常不能直接用来鉴定官能团，而是由三个特征推断化合物的质子情况，提供某些官能团存在与否的间接证据。^{13}C NMR 谱碳原子的化学位移也可对鉴定未知物官能团提供有价值的线索。

未知物鉴定示例：

未知物 X，分子式为 C$_9$H$_{10}$O，其 IR 和 ^{1}H NMR 谱见图 5.8。根据分子式计算，不饱和度为 5，表明分子中存在环或不饱和键。化合物 X 的 IR 谱在官能团区存在两个强的吸收峰，1 700 cm^{-1} 处的吸收表明存在羰基，而 3 400～2 300 cm^{-1} 宽的吸收则是羧酸中的羟基，1 320 cm^{-1} 伸缩振动产生的吸收进一步证明化合物中含有羧基。在 1 500 cm^{-1} 处中等尖的吸收峰为苯环存在的证据，说明该化合物有不饱和键。

对应于 IR 和 ^{1}H NMR 谱说明化合物存在苯环结构，仅有 4 个此区域的共振，说明化合物含单取代或者对位取代的苯环。结合 X 的 ^{1}H NMR 显示的 4 种等价质子，与分子式的氢原子数目一致，在 ^{1}H NMR 谱 11 位置处出现明显的吸收峰，说明该化合物一定是羧酸结构。因此该化合物是苯丙酸。

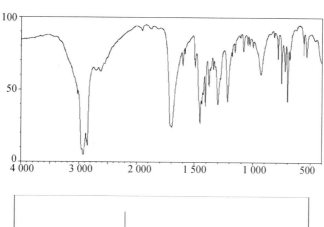

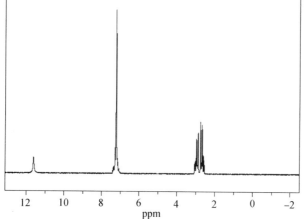

图 5.8　未知物谱图

附 录

附录1　元素周期表

族→ 周期↓	1	2	3	4	5	6	7	8	9	10	11	12	13	14	15	16	17	18	
1	1 氢 H 1.00794																	2 氦 He 4.00260	
2	3 锂 Li 6.941	4 铍 Be 9.01218											5 硼 B 10.811	6 碳 C 12.011	7 氮 N 14.007	8 氧 O 15.999	9 氟 F 18.998	10 氖 Ne 20.17	
3	11 钠 Na 22.9898	12 镁 Mg 24.305											13 铝 Al 26.982	14 硅 Si 28.085	15 磷 P 30.974	16 硫 S 32.06	17 氯 Cl 35.453	18 氩 Ar 39.94	
4	19 钾 K 39.098	20 钙 Ca 40.08	21 钪 Sc 44.956	22 钛 Ti 47.9	23 钒 V 50.94	24 铬 Cr 51.996	25 锰 Mn 54.938	26 铁 Fe 55.845	27 钴 Co 58.9332	28 镍 Ni 58.69	29 铜 Cu 63.54	30 锌 Zn 65.38	31 镓 Ga 69.72	32 锗 Ge 72.5	33 砷 As 74.922	34 硒 Se 78.9	35 溴 Br 79.904	36 氪 Kr 83.8	
5	37 铷 Rb 85.467	38 锶 Sr 87.62	39 钇 Y 88.906	40 锆 Zr 91.22	41 铌 Nb 92.9064	42 钼 Mo 95.94	43 锝 Tc 97.907	44 钌 Ru 161	45 铑 Rh 102.906	46 钯 Pd 106.42	47 银 Ag 107.868	48 镉 Cd 112.41	49 铟 In 114.82	50 锡 Sn 118.6	51 锑 Sb 121.7	52 碲 Te 127.6	53 碘 I 126.905	54 氙 Xe 131.3	
6	55 铯 Cs 132.905	56 钡 Ba 137.33	57-71 镧系 La-Lu	72 铪 Hf 178.4	73 钽 Ta 180.947	74 钨 W 183.8	75 铼 Re 186.207	76 锇 Os 190.2	77 铱 Ir 192.2	78 铂 Pt 195.08	79 金 Au 196.967	80 汞 Hg 200.5	81 铊 Tl 204.3	82 铅 Pb 207.2	83 铋 Bi 208.98	84 钋 Po (201)	85 砹 At (209)	86 氡 Rn (222)	
7	87 钫 Fr (223)	88 镭 Ra 226.03	89-103 锕系 Ac-Lr	104 鑪 Rf 261.11	105 𨧀 Db 262.11	106 𨭎 Sg 263.12	107 𨨏 Bh 264.12	108 𨭆 Hs 273	109 鿏 Mt 268	110 鐽 Ds (269)	111 錀 Rg (272)	112 鎶 Cn (277)	113 鿭 Nh * (278)	114 鈇 Fl (289)	115 镆 Mc * (288)	116 鉝 Lv (289)	117 鿬 Ts * (291)	118 鿫 Og * (294)	119 * Uue (299)

附录2　常用有机溶剂的沸点、密度、与水形成的二元共沸物的共沸点

名称	沸点/℃	密度/(g/mL)	共沸点/℃	名称	沸点/℃	密度/(g/mL)	共沸点/℃
苯	80.4	0.878 6	69.3	乙醇	78.5	0.789 3	78.2
甲苯	110.6	0.866	84.1	正丙醇	97.2	0.805 3	88.1
二甲苯	137～140.5	～0.86	92.0	异丙醇	82.4	0.785 1	80.4
氯仿	61.7	1.483 2	56.1	正丁醇	117.7	0.808 9	92.4
四氯化碳	76.5	1.594 0	—	异丁醇	108	0.806	90.0
二硫化碳	46.2	1.263 2	—	仲丁醇	99.5	0.802 6	88.5
二氯乙烷	83.7	1.256 9	72.0	叔丁醇	82.8	0.788 7	79.9
甲醇	64.9	0.791 4	—	正戊醇	138.3	0.824 4	95.4

名称	沸点/℃	密度/(g/mL)	共沸点/℃	名称	沸点/℃	密度/(g/mL)	共沸点/℃
异戊醇	131.0	0.809	95.2	乙酸乙酯	77.0	0.900 3	—
氯乙醇	129.0	1.200 7	97.8	乙腈	82.0	0.782 2	76.5
乙醚	34.5	0.713 7	—	丙烯腈	78.0	0.81	70.0
丙酮	34.5	0.789 9	—	吡啶	115.1	0.981 9	—
乙酸	117.9	1.049 2	—	二氧六环	101.7	1.033 7	—
乙酸酐	139.5	1.082 0	—	硝基苯	210.8	1.203 7	—

附录 3　常用有机溶剂的纯化

一、无水乙醇(Absolute Ethyl Alcohol)

b. p.(沸点)$= 78.5℃$,$n_D^{20} = 1.361\ 1$,$d_4^{20} = 0.789\ 3$。

市售无水乙醇一般只能达到99.5%的纯度,而在许多反应中则需用纯度更高的乙醇,因此在工作中经常需自己制备。通常工业用的95.5%的乙醇不能直接用蒸馏法制取无水乙醇,因95.5%的乙醇和4.5%的水可形成恒沸混合物。要把水除去,第一步是加入氧化钙(生石灰)煮沸回流,使乙醇中的水与生石灰作用生成氢氧化钙,然后再将无水乙醇蒸出。这样得到的无水乙醇纯度最高约为99.5%。如需纯度更高的无水乙醇,可用金属镁或金属钠进行处理。

1. 用95.5%的乙醇初步脱水制取99.5%的无水乙醇:在250 mL圆底烧瓶中放入45 g生石灰、100 mL 95.5%的乙醇,装上带有无水氯化钙干燥管的回流冷凝管,在水浴上回流2~3 h,然后改装成蒸馏装置进行蒸馏,收集产品70~80 mL。

2. 用99.5%的无水乙醇制取99.99%的绝对无水乙醇。

方法一:用金属镁制取。

反应式如下:

$$2C_2H_5OH + Mg \longrightarrow (C_2H_5O)_2Mg + H_2 \uparrow$$

乙醇中的水即与乙醇镁作用形成氧化镁和乙醇:

$$(C_2H_5O)_2Mg + H_2O \longrightarrow 2C_2H_5OH + MgO$$

【实验步骤】

在250 mL圆底烧瓶中放置0.80 g干燥纯净的镁条、7~8 mL 99.5%的无水乙醇,装上回流冷凝管,并在冷凝管上端安装一支无水氯化钙干燥管(以上所用仪器都必须是干燥的),在沸水浴上或使用电热套温和加热达微沸。移去热源,立即加入几粒碘(此时注意不要振荡),顷刻即在碘粒附近发生反应,最后可以达到相当剧烈的程

度(有时反应太慢则需加热)。如果在加碘之后反应仍不开始,可再加入数粒碘(一般乙醇与镁的反应缓慢,所用乙醇含水量超过 0.5% 时,反应尤其困难)。待全部镁反应完毕,加入 100 mL 99.5% 的无水乙醇和几粒沸石,回流 1 h,蒸馏,收集产品并保存于玻璃瓶中,用一橡皮塞塞住。这样制备的乙醇纯度超过 99.99%。

💡 **注意事项**

1. 由于无水乙醇具有很强的吸水性,在操作过程中必须防止一切水汽侵入仪器,所用的仪器必须事先干燥。而在使用时操作也必须迅速,以免吸收空气中的水分。

2. 以上方法中的困难在于促使镁与乙醇开始反应的一步。如果所制的乙醇中含有少量甲醇对实验并无影响,则开始所用的 7~8 mL 乙醇可以用甲醇代替,因为甲醇与镁的反应较易进行。

方法二:用金属钠制取。

金属钠与金属镁的作用是相似的,当金属钠溶于乙醇时生成乙醇钠:

$$2C_2H_5OH + 2Na \longrightarrow 2C_2H_5ONa + H_2 \uparrow$$

由于以下反应趋向于右方,乙醇中大部分水形成氢氧化钠:

$$C_2H_5ONa + H_2O \Longleftrightarrow C_2H_5OH + NaOH$$

再通过蒸馏即可得到所需的无水乙醇。由于以上反应可逆,这样制备的乙醇中还含有极少量的水,但已经符合一般实验要求。如果在加入金属钠后再加入当量的某种高沸点有机酸的乙酯(常用的是邻苯二甲酸二乙酯或琥珀酸乙酯),由于发生以下反应,消除了上述的可逆反应,因而这样制备的乙醇可以达到极高的纯度。

$$o\text{-}C_6H_4(COOC_2H_5)_2 + 2NaOH \longrightarrow o\text{-}C_6H_4(COONa)_2 + 2C_2H_5OH$$

【实验步骤】

在 250 mL 圆底烧瓶中将 2.0 g 金属钠溶于 100 mL 纯度至少为 99% 的乙醇中,加入几粒沸石,装一球形冷凝管,回流 30 min 后进行蒸馏。产品贮于玻璃瓶中,用一橡皮塞塞住。

二、无水乙醚(Absolute Diethyl Ether)

b. p. $= 34.51\ ^{\circ}\text{C}$,$n_D^{20} = 1.352\ 6$,$d_4^{20} = 0.713\ 8$。

市售乙醚中常含有一定量的水、乙醇和少量其他杂质,如贮藏不当还容易产生少量的过氧化物。对于一些要求以无水乙醚作为介质的反应,实验室中常常需要把普通乙醚提纯为无水乙醚。

【实验步骤】

1. 过氧化物的检验与除去:取 0.5 mL 乙醚,加入 0.5 mL 2% 碘化钾溶液和几滴稀盐酸(2 mol/L)一起振荡,再加几滴淀粉溶液。若溶液显蓝色或紫色,即证明乙醚中有过氧化物存在。除去的方法是在分液漏斗中加入普通乙醚和相当于乙醚体积20％的新配制的硫酸亚铁溶液,剧烈振荡后分去水层。

2. 无水乙醚的制备:在 250 mL 圆底烧瓶中放置 100 mL 除去过氧化物的普通乙醚和几粒沸石,装上冷凝管。冷凝管上端通过一带有侧槽的橡皮塞,插入盛有 10 mL 浓硫酸的滴液漏斗,通入冷凝水,将浓硫酸慢慢滴入乙醚中。脱水作用所产生的热使乙醚自行沸腾,加完后振荡反应物。待乙醚停止沸腾后,拆下冷凝管,改成蒸馏装置。在接收乙醚的接引管支管上连一氯化钙干燥管,并用橡皮管将乙醚蒸气引入水槽。向蒸馏瓶中加入沸石后,用水浴加热(禁止明火)蒸馏。蒸馏速率不宜太快,以免冷凝管不能冷凝全部的乙醚蒸气。当蒸馏速率显著下降时(收集到 70～80 mL 左右),即可停止蒸馏。将瓶内所剩残液倒入指定的回收瓶中(切记,不能向残液中加水)。将蒸馏收集到的乙醚倒入干燥的三角烧瓶中,加入少量钠丝或钠片,然后使用一个带有干燥管的软木塞塞住,放置 48 h,使乙醚中残余的少量水和乙醇转变成氢氧化钠和乙醇钠。如果在放置之后全部的金属钠已经反应完,或钠的表面全部被氢氧化钠所覆盖,就需要再加入少量的钠丝或钠片。观察有无气泡发生,放置至无气泡产生为止,再倒入或滤入一干燥的玻璃瓶中,加入少许钠片,然后将其用一个有锡纸的软木塞塞住。尽量不要把无水乙醚由一个瓶移入另一个瓶(乙醚的挥发度高,在蒸发时温度下降,于是空气中的水汽凝聚下来而使乙醚受潮,这种现象在夏天潮湿的季节特别明显)。这样制备的乙醚符合一般要求。如果需要纯度更高的乙醚(用于敏感化合物),需在氮气保护下,将上述处理的乙醚再加入钠丝,回流,直至加入二苯酮使溶液变深蓝色,蒸馏后使用。

💡 **注意事项**

1. 硫酸亚铁溶液的配制:在 110 mL 水中加入 6 mL 浓硫酸和 60 g 硫酸亚铁溶解即可。硫酸亚铁溶液久置后容易氧化变质,需在使用前临时配制。

2. 除去乙醚中的少量过氧化物:加入质量分数为 2％ 的氯化亚锡溶液,回流半小时。

三、丙酮(Acetone)

b. p. $=56.2$ ℃,$n_D^{20}=1.358\,8$,$d_4^{20}=0.789\,9$。

市售丙酮往往含有甲醇、乙醛、水等杂质,利用简单的蒸馏方法,不能把丙酮和这些杂质分离开。含有上述杂质的丙酮不能作为某些反应(如 Grignard 反应)的合适原料,需经过处理后才能使用。

三种处理方法如下:

1. 在 100 mL 丙酮中加入 0.50 g 高锰酸钾进行回流。若高锰酸钾的紫色很快褪

去,需再加入少量高锰酸钾继续回流,直至紫色不再褪去时停止回流,将丙酮蒸出。在所蒸出的丙酮中加入无水碳酸钾进行干燥,1 h后将丙酮滤入蒸馏瓶中蒸馏,收集55 ℃～56.5 ℃的馏出液。

2. 在100 mL丙酮中加入4 mL 10%的硝酸银溶液及3.5 mL 0.1 mol/L的氢氧化钠溶液,振荡10 min;然后再向其中加入无水硫酸钙进行干燥,1 h后蒸馏,收集55 ℃～56.5 ℃的馏出液。

3. 在100 mL丙酮中加入3 mL饱和高锰酸钾溶液,放置3～4天后(若颜色消褪,需要再加一些高锰酸钾溶液)蒸出丙酮,并在所蒸出的丙酮中放入无水硫酸钙进行干燥,1 h后将丙酮滤入蒸馏瓶中蒸馏,收集55 ℃～56.5 ℃的馏出液。

四、无水甲醇(Absolute Methyl Alcohol)

b.p.$= 64.96$ ℃,$n_D^{20} = 1.328\ 8$,$d_4^{20} = 0.791\ 4$。

市售甲醇大多数是通过合成法制备的,一般纯度能达到99.85%,其中可能含有极少量的杂质,如水和丙酮。由于甲醇和水不能形成恒沸混合物,故无水甲醇可以通过高效精馏柱分馏得到纯品。甲醇有毒,处理时应避免吸入其蒸气。制无水甲醇也可使用以镁制无水乙醇的方法。

五、正丁醇(n-Butyl Alcohol)

b.p.$= 117.7$ ℃,$n_D^{20} = 1.399\ 3$,$d_4^{20} = 0.809\ 8$。

用无水碳酸钾或无水硫酸钙进行干燥,过滤后,将滤液进行分馏,收集纯品。

六、苯(Benzene)

b.p.$= 80.1$ ℃,$n_D^{20} = 1.501\ 1$,$d_4^{20} = 0.878\ 7$。

普通苯可能含有少量噻吩。

1. 噻吩的检验:取5滴苯于小试管中,加入5滴浓硫酸及1～2滴1%吲哚醌的浓硫酸溶液,振摇后呈墨绿色或蓝色,说明含有噻吩。

2. 除去噻吩:可用相当于苯体积15%的浓硫酸洗涤数次,直至酸层呈无色或浅黄色;然后再分别用水、10%碳酸钠溶液和水洗涤,用无水氯化钙干燥过夜;过滤后进行蒸馏,收集纯品。若要进一步除水,可在上述苯中加入钠丝,再进行蒸馏。

七、甲苯(Toluene)

b.p.$= 110.6$ ℃,$n_D^{20} = 1.496\ 1$,$d_4^{20} = 0.866\ 9$。

用无水氯化钙将甲苯进行干燥,过滤后加入少量金属钠片,再进行蒸馏,即得无水甲苯。普通甲苯中可能含有少量甲基噻吩。除去甲基噻吩的方法:在1 000 mL甲苯中加入100 mL浓硫酸,摇荡约30 min(温度不要超过30 ℃),除去酸层;然后再分别用水、10%碳酸钠溶液和水洗涤,以无水氯化钙干燥过夜;过滤后进行蒸馏,收集纯品。

八、氯仿(Chloroform)

b. p. $=61.7\ ℃$, $n_D^{20}=1.445\ 9$, $d_4^{20}=1.483\ 2$。

普通氯仿含有 1% 乙醇(它是作为稳定剂加入的,以防止氯仿分解为有害的光气)。除去乙醇的方法:用其体积一半的水洗涤氯仿 5~6 次,然后用无水氯化钙干燥 24 h,进行蒸馏,收集的纯品要放置于暗处,以免受光分解而形成光气。氯仿不能用金属钠干燥,否则会发生爆炸。

九、乙酸乙酯(Ethyl Acetate)

b. p. $=77.06\ ℃$, $n_D^{20}=1.372\ 3$, $d_4^{20}=0.900\ 3$。

市售乙酸乙酯中含有少量水、乙醇和醋酸,可用下列方法提纯:

1. 先用等体积的 5% 碳酸钠溶液洗涤,再用饱和氯化钙溶液洗涤数次,用无水碳酸钾或无水硫酸镁进行干燥,过滤后蒸馏,即得纯品。

2. 在 100 mL 乙酸乙酯中加入 10 mL 醋酸酐、1 滴浓硫酸,加热回流 4 h,除去乙醇和水等杂质,然后进行分馏。馏出液用 2~3 g 无水碳酸钾振荡,干燥后再蒸馏,纯度可达 99.7%。

十、石油醚(Petroleum Ether)

石油醚为轻质石油产品,是低相对分子质量烃类(主要是戊烷和己烷)的混合物。其沸程为 30 ℃~150 ℃,收集的温度区间一般为 30 ℃左右,如有 30 ℃~60 ℃ ($d_4^{15}=0.59$~0.62)、60 ℃~90 ℃ ($d_4^{15}=0.64$~0.66)、90 ℃~120 ℃ ($d_4^{15}=0.67$~0.72)、120 ℃~150 ℃ ($d_4^{15}=0.72$~0.75)等沸程规格的石油醚。石油醚中含有少量不饱和烃,沸点与烷烃相近,不能用蒸馏法分离,必要时可用浓硫酸和高锰酸钾把它除去。通常将石油醚用其体积 1/10 的浓硫酸洗涤两三次,再用 10% 的浓硫酸加入高锰酸钾配成的饱和溶液洗涤,直至水层中的紫色不再消失为止;然后再用水洗,经无水氯化钙干燥后蒸馏。如需要绝对干燥的石油醚,则需加入钠丝(见无水乙醚处理方法)。使用石油醚作溶剂时,由于轻组分挥发快,溶解能力降低,通常在其中加入苯、氯仿、乙醚等以增加其溶解能力。

十一、吡啶(Pyridine)

b. p. $=115.2℃$, $n_D^{20}=1.509\ 5$, $d_4^{20}=0.981\ 9$。

用粒状氢氧化钠或氢氧化钾干燥过夜,然后进行蒸馏,即得无水吡啶。吡啶容易吸水,蒸馏时要注意防潮。

十二、四氢呋喃(Tetrahydrofuran)

b. p. $=67\ ℃$, $n_D^{20}=1.405\ 0$, $d_4^{20}=0.889\ 2$。

四氢呋喃是具有乙醚气味的无色透明液体。市售四氢呋喃含有少量水和过氧化物(过氧化物的检验和除去方法同乙醚)。可将市售四氢呋喃用粒状氢氧化钾干燥,放置1~2天,若干燥剂变形,产生棕色糊状物,说明含有较多水和过氧化物。经上述方法处理后,可用氢化锂铝(LiAlH₄)在隔绝潮气下回流(通常1 000 mL四氢呋喃约需2~4 g氢化锂铝),以除去其中的水和过氧化物,直至在处理过的四氢呋喃中加入钠丝和二苯酮后出现深蓝色的化合物,且加热回流蓝色不褪为止。然后在氮气保护下蒸馏,收集66 ℃~67 ℃的馏分。蒸馏时不宜蒸干,防止残余过氧化物爆炸。

处理四氢呋喃时,应先用少量进行实验,以确定其中只含有少量水和过氧化物,作用不致过于猛烈时方可进行。如过氧化物很多,应另行处理。精制后的四氢呋喃应在氮气中保存,如需久置,应加入0.025%的抗氧剂2,6-二叔丁基-4-甲基苯酚。

十三、N,N-二甲基甲酰胺(N,N-Dimethylformamide)

b. p. $=153$ ℃,$n_D^{20}=1.430\ 5$,$d_4^{20}=0.948\ 7$。

市售三级纯以上N,N-二甲基甲酰胺含量不低于95%,主要杂质为胺、氨、甲醛和水。简单蒸馏时部分会分解,产生二甲胺和一氧化碳;若有酸、碱存在,则分解加快。纯化方法:先用无水硫酸镁干燥24 h,再加固体氢氧化钾振摇干燥,然后减压蒸馏,收集76 ℃(4.79 kPa,36 mmHg)的馏分。若含水量较高,则可加入1/10体积的苯,先常压蒸馏蒸去苯、水、氨和胺,再进行减压蒸馏。若含水量较低(低于0.05%),则可用4A型分子筛干燥12 h以上,再蒸馏。二甲基甲酰胺见光可慢慢分解为二甲胺和甲醛,故宜避光贮存。

十四、二甲亚砜(Dimethyl Sulfoxide,DMSO)

b. p. $=189$ ℃,m. p. $=18.5$ ℃,$n_D^{20}=1.478\ 3$,$d_4^{20}=1.095\ 4$。

二甲亚砜为无色、无味、微带苦味的吸湿性液体,是一种优异的非质子极性溶剂,常压下加热至沸腾可部分分解。市售试剂级二甲亚砜含水量约为1%。纯化时,通常先减压蒸馏,然后用4A型分子筛干燥,或用氢化钙粉末(10 g/L)搅拌48 h,再减压蒸馏,收集64 ℃~65 ℃(533 Pa,4 mmHg)、71 ℃~72 ℃(2.80 kPa,21 mmHg)的馏分。蒸馏时,温度不宜高于90 ℃,否则会发生歧化反应生成二甲砜和二甲硫醚。二甲亚砜与某些物质(如氢化钠、高碘酸或高氯酸镁等)混合时可发生爆炸,应注意安全。

十五、二硫化碳(Carbon Disulfide)

b. p. $=46.35$ ℃,$n_D^{20}=1.631\ 9$,$d_4^{20}=1.263\ 2$。

二硫化碳是有毒的化合物(可使血液和神经组织中毒),又具有高度的挥发性和易燃性,使用时必须注意,尽量避免接触其蒸气。普通二硫化碳中常含有硫化氢、硫黄和硫氧化碳等杂质,故其味很难闻,久置后颜色变黄。一般有机合成实验中对二硫化碳要求不高,可在普通二硫化碳中加入少量研碎的无水氯化钙,干燥后滤去干燥剂,然后在水浴中蒸馏收集。若需制备较纯的二硫化碳,则可将试剂二硫化碳用

0.5%的高锰酸钾水溶液洗涤 3 次,除去硫化氢;用汞不断振荡除去硫,用 2.5%的硫酸汞溶液洗涤,除去所有恶臭(剩余的硫化氢);再经无水氯化钙干燥,蒸馏收集。纯化过程反应式如下:

$$3H_2S + 2KMnO_4 \longrightarrow 2MnO_2 \downarrow + 3S \downarrow + 2H_2O + 2KOH$$

$$Hg + S \longrightarrow HgS \downarrow$$

$$HgSO_4 + H_2S \longrightarrow HgS \downarrow + H_2SO_4$$

十六、二氯甲烷(Dichloromethane)

b. p. $= 39.7 \ ℃$,$n_D^{20} = 1.424\,2$,$d_4^{20} = 1.326\,6$。

二氯甲烷为无色挥发性液体,蒸气不燃烧,与空气混合也不发生爆炸,微溶于水,能与醇、醚混合。它可以代替醚作萃取溶剂。纯化方法:用浓硫酸振荡数次,至酸层无色为止;水洗后,用 5%的碳酸钠洗涤,然后再用水洗;以无水氯化钙干燥,蒸馏,收集 39.5 ℃~41 ℃的馏分。二氯甲烷不能用金属钠干燥,否则会发生爆炸;同时注意不要在空气中久置,以免氧化,应贮存于棕色瓶内。

十七、四氯化碳(Tetrachloromethane)

b. p. $= 76.8 \ ℃$,$n_D^{20} = 1.460\,1$,$d_4^{20} = 1.594\,0$。

普通四氯化碳中含二硫化碳约 4%。纯化方法:1 L 四氯化碳与由 60 g 氢氧化钾溶于 60 mL 水和 100 mL 乙醇配成的溶液一起在 50 ℃~60 ℃下剧烈振荡半小时;水洗后,减半量重复振荡一次;分出四氯化碳,先用水洗,再用少量浓硫酸洗至无色,然后再用水洗,用无水氯化钙干燥,蒸馏即得。四氯化碳不能用金属钠干燥,否则会发生爆炸。

十八、1,2-二氯乙烷(1,2-Dichloroethane)

b. p. $= 83.4 \ ℃$,$n_D^{20} = 1.444\,8$,$d_4^{20} = 1.253\,1$。

1,2-二氯乙烷是无色液体,有芳香气味,溶于 120 份水中,可以水形成共沸物(含水 18.5%,b. p. $= 72$ ℃),能与乙醇、乙醚和氯仿相混溶,在重结晶和萃取时是很有用的溶剂。纯化方法:可依次用浓硫酸、水、稀碱溶液和水洗涤,然后用无水氯化钙干燥,或加入五氧化二磷(20 g/L),加热回流 2 h,简单蒸馏即可。

十九、二氧六环(Dioxane)

b. p. $= 101.5 \ ℃$,m. p. $= 12 \ ℃$,$n_D^{20} = 1.422\,4$,$d_4^{20} = 1.033\,7$。

二氧六环又称二噁烷、1,4-二氧六环,与水互溶,无色,易燃,能与水形成共沸物(含量为 81.6%,b. p. $= 87.8$ ℃)。普通品中含有少量二乙醇缩醛与水。纯化方法:可加入 10%的浓盐酸,回流 3 h,同时慢慢通入氮气,以除去生成的乙醛;冷却后,加入粒状氢氧化钾直至其不再溶解;分去水层,再用粒状氢氧化钾干燥 1 天;过滤,在其中加入金属钠回流数小时,蒸馏。二氧六环可加入钠丝保存。久贮的二氧六环中可能含有过氧化物,要先除去后再处理。

二十、乙二醇二甲醚(二甲氧基乙烷,Dimethoxyethane)

b. p. $=85\ ℃,n_D^{20}=1.379\ 6,d_4^{20}=0.869\ 1$。

乙二醇二甲醚俗称二甲基溶纤剂,无色液体,有乙醚气味,能溶于水和碳氢化合物,对某些不溶于水的有机化合物是很好的惰性溶剂。其化学性质稳定,溶于水、乙醇、乙醚和氯仿。纯化方法:先用钠丝干燥,在氮气下加氢化锂铝蒸馏;或者先用无水氯化钙干燥数天,过滤,加金属钠蒸馏。可加入氢化锂铝保存,用前再蒸馏。

二十一、吗啉(Morpholine)

b. p. $=128.9\ ℃,n_D^{20}=1.454\ 0,d_4^{20}=1.007$。

纯化方法:市售吗啉与氢氧化钾(10 g/L)一起加热回流 3 h,在常压下,装入一个 20 cm 的 Vigreux 柱分馏。吗啉和其他胺类相似,需加入粒状氢氧化钾贮存。

二十二、乙腈(Acetonitrile)

b. p. $=81.6\ ℃,n_D^{20}=1.344\ 2,d_4^{20}=0.785\ 7$。

乙腈是惰性溶剂,可用于反应及重结晶。乙腈与水、醇、醚可任意混溶,与水形成共沸物(含乙腈 84.2%,b. p. $=76.7\ ℃$)。市售乙腈常含有水、不饱和腈、醛和胺等杂质,三级以上的乙腈含量高于 95%。纯化方法:可将试剂乙腈用无水碳酸钾干燥,过滤,再与五氧化二磷(20 g/L)加热回流,直至无色,用分馏柱分馏。乙腈可贮存于放有分子筛(0.2 nm)的棕色瓶中。乙腈有毒,常含有游离氢氰酸。

二十三、碘甲烷(Iodomethane)

b. p. $=42.5\ ℃,n_D^{20}=1.538\ 0,d_4^{20}=2.279$。

碘甲烷是无色液体,见光变褐色,游离出碘。纯化方法:用硫代硫酸钠或亚硫酸钠的稀溶液反复洗至无色,然后用水洗,用无水氯化钙干燥,蒸馏。碘甲烷应盛于棕色瓶中,避光保存。

二十四、苯胺(Aniline)

b. p. $=184.1\ ℃,n_D^{20}=1.586\ 3,d_4^{20}=1.021\ 7$。

苯胺在空气中或光照下颜色变深,应密封贮存于避光处。苯胺稍溶于水,能与乙醇、氯仿和大多数有机溶剂互溶。苯胺可与酸成盐,苯胺盐酸盐的熔点为 198 ℃。市售苯胺可经氧化钾(钠)干燥。为除去含硫杂质,可在少量氯化锌存在下,用氮气保护,水泵减压蒸馏[77 ℃~78 ℃(2.00 kPa,15 mmHg)]。吸入苯胺蒸气或经皮肤吸收会引起中毒症状。

二十五、苯甲醛(Benzaldehyde)

b. p. $=179.0\ ℃,n_D^{20}=1.546\ 3,d_4^{20}=1.041\ 5$。

苯甲醛为带有苦杏仁味的无色液体,能与乙醇、乙醚、氯仿相混溶,微溶于水。由于苯甲醛在空气中易被氧化成苯甲酸,使用前需经蒸馏[64 ℃~65 ℃(1.60 kPa,

12 mmHg)]。苯甲醛低毒,但对皮肤有刺激,触及皮肤可用水洗。

二十六、冰醋酸(Acetic Acid,Glacial Acetic Acid)

b. p. $=117.9$ ℃,m. p. $=16$ ℃$\sim$17 ℃,$n_D^{20}=1.371\ 6$,$d_4^{20}=1.049\ 2$。

纯化方法:将市售乙酸在 4 ℃下慢慢结晶,并在冷却下迅速过滤,压干。少量的水可用五氧化二磷(10 g/L)回流干燥几小时除去。冰醋酸对皮肤有腐蚀作用,接触到皮肤或溅到眼睛里时,要用大量水冲洗。

附录 4　常用酸碱溶液的相对密度及组成表

表 1　盐酸

HCl 质量分数/%	相对密度(d_4^{20})	100 mL 水溶液中含 HCl 质量/g	HCl 质量分数/%	相对密度(d_4^{20})	100 mL 水溶液中含 HCl 质量/g	HCl 质量分数/%	相对密度(d_4^{20})	100 mL 水溶液中含 HCl 质量/g
1	1.003 2	1.003	14	1.067 5	14.95	28	1.139 2	31.9
2	1.008 2	2.016	16	1.077 6	17.24	30	1.149 2	34.48
4	1.018 1	4.072	18	1.087 8	19.58	32	1.159 3	37.1
6	1.027 9	6.167	20	1.098	21.96	34	1.169 1	39.75
8	1.037 6	8.301	22	1.108 3	24.38	36	1.178 9	42.44
10	1.047 4	10.47	24	1.118 7	26.85	38	1.188 5	45.16
12	1.057 4	12.69	26	1.129	29.35	40	1.198	47.92

注:通常所用的浓盐酸的相对密度(d_4^{20})为 1.19。

表 2　硫酸

H_2SO_4 质量分数/%	相对密度(d_4^{20})	100 mL 水溶液中含 H_2SO_4 质量/g	H_2SO_4 质量分数/%	相对密度(d_4^{20})	100 mL 水溶液中含 H_2SO_4 质量/g	H_2SO_4 质量分数/%	相对密度(d_4^{20})	100 mL 水溶液中含 H_2SO_4 质量/g
1	1.005 1	1.005	40	1.302 8	52.11	91	1.819 5	165.6
2	1.011 8	2.024	45	1.347 6	60.64	92	1.824 0	167.8
3	1.018 4	3.055	50	1.395 1	69.76	93	1.827 9	170.0
4	1.025 0	4.100	55	1.445 3	79.49	94	1.831 2	172.1
5	1.031 7	5.159	60	1.498 3	89.90	95	1.833 7	174.2
10	1.066 1	10.66	65	1.553 3	101.0	96	1.835 5	176.2
15	1.102 0	16.53	70	1.610 5	112.7	97	1.836 4	178.1
20	1.139 4	22.79	75	1.669 2	125.2	98	1.836 1	179.9
25	1.178 3	29.46	80	1.727 2	138.2	99	1.834 2	181.6
30	1.218 5	36.56	85	1.778 6	151.2	100	1.830 5	183.1
35	1.259 9	44.10	90	1.814 4	163.3			

注:通常所用的浓硫酸的相对密度(d_4^{20})为 1.84。

表3 硝酸

HNO₃质量分数/%	相对密度(d_4^{20})	100 mL水溶液中含HNO₃质量/g	HNO₃质量分数/%	相对密度(d_4^{20})	100 mL水溶液中含HNO₃质量/g	HNO₃质量分数/%	相对密度(d_4^{20})	100 mL水溶液中含HNO₃质量/g
1	1.003 6	1.004	40	1.246 3	49.85	91	1.485 0	135.1
2	1.009 1	2.018	45	1.278 3	57.52	92	1.487 3	136.8
3	1.014 6	3.004	50	1.310 0	65.50	93	1.489 2	138.5
4	1.020 1	4.080	55	1.339 3	73.66	94	1.491 2	140.2
5	1.025 6	5.128	60	1.366 7	82.00	95	1.493 2	141.9
10	1.054 3	10.540	65	1.391 3	90.43	96	1.495 2	143.5
15	1.084 2	16.260	70	1.413 4	98.94	97	1.497 4	145.2
20	1.115 0	22.300	75	1.433 7	107.50	98	1.500 8	147.1
25	1.146 9	28.670	80	1.452 1	116.20	99	1.505 6	149.1
30	1.180 0	35.400	85	1.468 6	124.80	100	1.512 9	151.3
35	1.214 0	42.490	90	1.482 3	133.40			

注：通常所用的浓硝酸的相对密度(d_4^{20})为1.42。

表4 氢氧化钠

NaOH质量分数/%	相对密度(d_4^{20})	100 mL水溶液中含NaOH质量/g	NaOH质量分数/%	相对密度(d_4^{20})	100 mL水溶液中含NaOH质量/g	NaOH质量分数/%	相对密度(d_4^{20})	100 mL水溶液中含NaOH质量/g
1	1.009 5	1.000	18	1.197 2	21.55	36	1.390 0	50.04
2	1.020 7	2.041	20	1.219 1	24.38	38	1.410 1	53.58
4	1.042 8	4.171	22	1.241 1	27.30	40	1.430 0	57.20
6	1.064 8	6.389	24	1.262 9	30.31	42	1.449 4	60.87
8	1.086 9	8.695	26	1.284 8	33.40	44	1.468 5	64.61
10	1.108 9	11.090	28	1.304 6	36.58	46	1.487 3	68.42
12	1.130 9	13.570	30	1.327 9	39.84	48	1.505 6	72.31
14	1.153 0	16.140	32	1.349 0	43.17	50	1.525 3	76.27
16	1.175 1	18.800	34	1.319 6	46.57			

表 5　碳酸钠

Na$_2$CO$_3$ 质量分数/%	相对密度 (d_4^{20})	100mL 水溶液中含 Na$_2$CO$_3$ 质量/g	Na$_2$CO$_3$ 质量分数/%	相对密度 (d_4^{20})	100mL 水溶液中含 Na$_2$CO$_3$ 质量/g
1	1.008 6	1.009	12	1.124 4	13.49
2	1.019 0	2.038	14	1.146 3	16.05
4	1.039 8	4.159	16	1.168 2	18.69
6	1.060 6	6.364	18	1.190 5	211.43
8	1.081 6	8.654	20	1.213 2	24.26
10	1.102 9	11.03			

表 6　常用的酸和碱

溶液	相对密度 (d_4^{20})	质量分数/%	物质的量浓度/(mol/L)	溶解度/(g/100 mL)
浓盐酸	1.119	37	12.0	44.0
恒沸点盐酸(252 mL 浓盐酸＋200 mL 水,沸点 100 ℃)	1.11	20.2	6.1	22.2
10%盐酸(100 mL 浓盐酸＋320 mL 水)	1.05	10	2.9	10.5
5%盐酸(150 mL 浓盐酸＋380.5 mL 水)	1.03	5	1.4	5.2
1mol/L 盐酸	1.02	3.6	1	3.6
恒沸点氢溴酸(沸点 126 ℃)	1.49	47.5	8.8	70.7
恒沸点氢碘酸(沸点 127 ℃)	1.70	57	7.6	97
浓硫酸	1.84	96	18	177
10%硫酸(25 mL 浓硫酸＋398 mL 水)	1.07	10	1.1	10.7
0.5 mol/L 硫酸(13.9 mL 浓硫酸稀释到 500 mL)	1.03	4.7	0.5	4.9
浓硝酸	1.42	71	16	101
10%氢氧化钠	1.11	10	2.8	11.1
浓氨水	0.90	28.4	15	25.9

有机化学实验

附录5 压力单位换算表

单位	Pa	kPa	MPa	bar	mbar	kgf/cm²	cmH₂O	mmH₂O	mmHg	p.s.i
Pa	1	10^{-3}	10^{-6}	10^{-5}	10^{-2}	10.2×10^{-6}	1.02×10^{-3}	101.97×10^{-3}	7.5×10^{-3}	0.15×10^{-3}
kPa	10^{3}	1	10^{-3}	10^{-2}	10	10.2×10^{-3}	10.2	101.97	7.5	0.15
MPa	10^{6}	10^{3}	1	10	10^{4}	10.2	1.02×10^{-3}	101.97×10^{3}	7.5×10^{3}	0.15×10^{3}
bar	10^{5}	10^{2}	10^{-1}	1	10^{3}	1.02	1.02×10^{-3}	10.2×10^{3}	750.06	14.5
mbar	10^{2}	10^{-1}	10^{-4}	10	1	1.02×10^{-3}	1.02	10.2	0.75	14.5×10^{-3}
kgf/cm²	98066.5	98.07	98.07×10^{-3}	0.98	980.67	1	1000	10.000	735.56	14.22
cmH₂O	98.06	98.07×10^{-3}	98.07×10^{-6}	0.98×10^{-3}	0.98	10^{-3}	1	10	0.74	14.22×10^{3}
mmH₂O	9.806	9.807×10^{-3}	9.807×10^{-6}	98.07×10^{-6}	10^{-4}	0.1	1	1	73.56×10^{-3}	1.42×10^{-3}
mmHg	133.32	133.32×10^{-3}	133.32×10^{-6}	1.33×10^{-3}	1.33	1.36×10^{-3}	1.36	13.6	1	19.34×10^{-3}
p.s.i	6894.76	6.89	6.89×10^{-3}	68.95×10^{-3}	68.95	70.31×10^{-3}	70.31	703.07	51.71	1

附录6 水的蒸气压表(0 ℃～100 ℃)

$t/℃$	$p/mmHg$	$t/℃$	$p/mmHg$	$t/℃$	$p/mmHg$	$t/℃$	$p/mmHg$
0	4.579	15	12.788	30	31.82	45	71.88
1	4.926	16	13.634	31	33.70	46	75.65
2	5.294	17	14.53	32	35.66	47	79.60
3	5.685	18	15.477	33	37.73	48	83.71
4	6.101	19	16.477	34	39.90	49	88.02
5	6.543	20	17.535	35	42.18	50	92.51
6	7.013	21	18.65	36	44.56	51	97.20
7	7.513	22	19.827	37	47.07	52	102.1
8	8.045	23	21.068	38	49.69	53	107.2
9	8.609	24	22.377	39	52.44	54	112.5
10	9.209	25	23.756	40	55.32	55	118.0
11	9.844	26	25.209	41	58.34	56	123.8
12	10.518	27	26.739	42	61.50	57	129.8
13	11.231	28	28.349	43	64.80	58	136.1
14	11.987	29	30.043	44	68.26	59	142.6

$t/℃$	p/mmHg	$t/℃$	p/mmHg	$t/℃$	p/mmHg	$t/℃$	p/mmHg
60	149.4	71	243.9	82	384.9	93	588.6
61	156.4	72	254.6	83	400.6	94	610.9
62	163.8	73	265.7	84	416.8	95	633.9
63	171.4	74	277.2	85	433.6	96	657.6
64	179.3	75	289.1	86	450.9	97	682.1
65	187.5	76	301.4	87	468.7	98	707.3
66	196.1	77	314.1	88	487.1	99	733.2
67	205.0	78	327.3	89	506.1	100	760.0
68	214.2	79	341.1	90	525.8		
69	223.7	80	355.1	91	546.1		
70	233.7	81	369.7	92	567.0		

附录7　有机化学文献和手册中常见的英文缩写

英文缩写	注释	英文缩写	注释
abs	绝对的	b. p.	沸点
A(ac)	酸	s	可溶的
Ac	乙酰（基）	s	秒
ace	丙酮	sl	微溶
al	醇	so	固体
B	碱	sol	溶液
aq	水的	solv	溶剂
Bz	苯	THF	四氢呋喃
cryst.	结晶	Tol. (to.)	甲苯
DCM	二氯甲烷	v	非常
DMF	二甲基甲酰胺	w	水
dil.	稀释	δ	微溶
Et	乙基	∞	无限溶
h	小时	C. P.	化学纯
liq	液体	A. R.	分析纯
mL	毫升	G. R.	优级纯
m. p.	熔点		

参考文献

[1] 朱靖,肖咏梅,马丽. 有机化学实验[M]. 北京:化学工业出版社,2011.

[2] 姚刚. 有机化学实验[M]. 北京:化学工业出版社,2015.

[3] 曾向潮. 有机化学实验[M]. 4版. 武汉:华中科技大学出版社,2015.

[4] 周忠强. 有机化学实验[M]. 北京:化学工业出版社,2015.

[5] 郗英欣,白艳红. 有机化学实验[M]. 西安:西安交通大学出版社,2014.

[6] 马楠,杨宇辉. 有机化学实验[M]. 北京:化学工业出版社,2018.